U0177339

CHANGJIANGLIUYUHONGSHUIZIYUANLIYONGYANJIU

长江流域洪水资源利用研究

郑守仁 仲志余 邹强 丁毅 编著

图书在版编目(CIP)数据

长江流域洪水资源利用研究 / 郑守仁, 仲志余, 邹强等编著.
—武汉：长江出版社，2015.11

ISBN 978-7-5492-3911-5

Ⅰ.①长… Ⅱ.①郑… ②仲… ③邹… Ⅲ.①长江流域—水资源利用—研究 Ⅳ.①TV213.9

中国版本图书馆 CIP 数据核字(2015)第 273153 号

长江流域洪水资源利用研究　　郑守仁 仲志余 邹强 等编著

责任编辑：王秀忠 江南
装帧设计：刘斯佳
出版发行：长江出版社
地　　址：武汉市解放大道 1863 号　　邮　　编：430010
网　　址：http://www.cjpress.com.cn
电　　话：(027)82926557(总编室)
　　　　　(027)82926806(市场营销部)
经　　销：各地新华书店
印　　刷：武汉精一佳印刷有限公司
规　　格：787mm×1092mm　1/16　13.5 印张　286 千字
版　　次：2015 年 11 月第 1 版　2018 年 1 月第 1 次印刷
ISBN 978-7-5492-3911-5
定　　价：68.00 元

(版权所有　翻版必究　印装有误　负责调换)

前 言

长江发源于青藏高原的唐古拉山主峰格拉丹冬雪山西南侧，干流全长6300余km，总落差约5400m，横贯我国西南、华中、华东三大区，流经青海、四川、西藏、云南、重庆、湖北、湖南、江西、安徽、江苏、上海等11个省（自治区、直辖市）注入东海，支流展延至贵州、甘肃、陕西、河南、浙江、广西、广东、福建等8个省（自治区）。流域面积约180万km^2，约占我国国土面积的18.8%。2012年，流域总人口42727万，占全国的32.3%；城镇化率42%，地区生产总值84778亿元，占全国的34.0%，人均地区生产总值19842元；耕地面积4.62亿亩，占全国的25.3%；粮食总产量1.63亿t，占全国的32.5%。

长江流域水能资源理论蕴藏量30.5万MW，年均发电量2.67万亿kW·h，约占全国的40%，其中技术可开发装机容量28.1万MW，年均发电量1.30万亿kW·h，分别占全国的47%和48%。长江水系通航河流3600多条，总计通航里程约7.1万km，占全国内河通航里程的56.0%，是我国水资源配置的战略水源地、实施能源战略的主要基地、珍稀水生生物的天然宝库、连接东中西部的“黄金水道”和改善我国北方生态与环境的重要支撑点，在我国经济社会发展和生态环境保护中占有极其重要的战略地位。治理好、利用好、保护好长江，不仅是长江流域4亿多人民的福祉所系，也关系到全国经济社会可持续发展的大局，具有十分重要的战略意义。

长江流域多年平均年降水量约1100mm，多年平均入海水量9190亿m^3（不含淮河入江水量）。长江流域年均水资源总量约为9960亿m^3，占我国水资源总量的35%，水资源总量虽然相对丰富，但流域内人均占有水资源量约2330m^3，仅略高于全国平均水平。长江流域大部分地区为典型的季风气候区，年内降雨季节分配极不均匀，大部分降水都集中在汛期的5—10月，且多以洪水的形式出现，而在其余月份降水则较少，长江干流汛期5—10月的径流量占年径流总量的约70%，而枯水

期仅占30%左右，长江流域洪涝干旱问题突出，时常发生连旱连涝、旱涝交替、旱涝并发等灾害。近年来长江上游径流量偏少，2003—2013年宜昌站多年平均年径流量3961亿m^3，较初步设计采用的多年(1877—1990年)平均年径流量4510亿m^3，减少549亿m^3，占12.2%；随着长江上游干支流控制性水库逐步兴建，受其汛末或汛后蓄水影响，9—10月减少径流量占同期径流量的20%以上。

随着人口增长和社会经济发展，水资源利用量与污水排放量不断增加，长江流域水资源时空分布不均与沿江居民生活生产用水需求矛盾逐渐突出，水资源供需关系紧张，水资源短缺问题已成为社会经济可持续发展的主要制约因素之一。对于集自然资源、环境要素与致灾因子三性一体的洪水而言，一方面洪水可能会带来危害，大洪水可能造成土地与人口淹没、河道冲刷、堤防溃决等灾害；另一方面洪水又是重要的淡水资源，洪水的利害两重性构成了对经济社会可持续发展与生态环境修复起着关键作用的矛盾体。在长江流域开展洪水资源利用研究，在确保流域防洪安全的前提下，依靠现代洪水预报调度技术，适度利用洪水资源，不仅是缓解长江流域水资源供需矛盾的迫切需求，也是充分发挥长江流域水能资源优势、改善流域生态环境的迫切需求，而且对缓解我国北方水资源短缺、保障我国水安全也具有十分重要的战略意义。

目前，从水利工程条件来看，随着长江流域综合治理工程的全面实施，流域已基本建成了长江干支流堤防、水库、蓄滞洪区、河道整治等组成的综合防洪工程体系，这不仅对流域的防洪减灾发挥了重要作用，而且也为实施洪水资源利用提供了良好的工程条件；从科技条件来看，随着水文气象预报技术创新、洪水预报的精度和可靠性不断提高、洪水预见期延长，为进一步优化洪水调度方式提供了必要的技术保障；从思想观念来看，几千年与自然灾害的斗争史告诫我们，应时时刻刻提防特大洪水，避免灾难性后果，在保障防洪安全的前提下，适度承担风险，规范洪水调控行为，利用洪水资源，由“洪水控制”转向“洪水管理”，实现“人水和谐”。

面对新的经济社会发展形势和防洪形势，2012年国务院批复的《长江流域综合规划(2012—2030年)》明确指出，“根据2011年中央1号文件关于到2020年基本建成防洪抗旱减灾体系、水资源合理配置和高效利用体系、水资源保护和河湖健康保障体系和有利于水利科学发展的制度体系的总体要求，加快长江流域控制性水利水电工程(能控制洪水、调蓄水资源、对河流或河段洪水和水资源起调控作用的工程)建设,强化控制性水利水电工程的调度管理,增强应对洪涝旱灾害能力,提高水资源利用效率,维护良好水环境",并要求"加强洪水风险管理及洪水资源化、水量分配技术指标体系、水资源统一调度等重大科学技术研究"。国家防汛抗旱总指挥部办公室(简称国家防办)洪水资源利用调研组提出的《洪水资源化调研报告》也指出,"洪水资源化具有崭新的时代性,是治水理念更新的产物,是经济社会发展的客观需要,是新时期治水理论指导下的实践,是与时俱进、开拓创新的结果,是针对传统水利、传统做法而提出的,是兴利与除害结合、防洪与抗旱并举在新时期的一个具体体现"。

长江水利委员会郑守仁院士依据《中国工程院2014年咨询研究项目指南》的要求,申报开展"长江流域洪水资源利用及其减小风险的对策"研究项目,经中国工程院审批,列为土木水利与建筑工程学部2014年度咨询研究项目。该项目旨在分析长江流域洪水资源利用潜力,探讨长江流域洪水资源有效利用的途径和方式,并提出长江流域洪水资源利用风险对策措施。项目的研究方法和理论探索具有一般性的科学意义,对长江流域洪水资源利用的建议可供主管部门决策参考,具有十分重要的指导意义。

该项目主要研究内容包括:①长江上游来水来沙变化及利用洪水资源的可行性研究;②三峡工程利用长江洪水资源发挥效益的可行性研究;③长江流域洪水资源利用与减小防洪风险的对策研究;④三峡工程利用洪水资源与减小风险的对策研究等。

该项目研究目标包括:①揭示长江上游来水来沙变化特性,定量评估长江洪水资源利用潜力,论证长江流域洪水资源利用的可行性;②提出三峡工程利用长江洪水资源的必要性和可行性;③揭示长江流域洪水资源特性,提出长江流域不同区域洪水资源利用方式,提出减小风险的长江洪水资源利用总体策略;④分析三峡工程洪水资源利用对防洪、泥沙、生态等方面的风险,提出减小风险的三峡工程利用洪水资源的对策。

本书主要根据该项目研究成果报告,并结合相关研究成果报告进行充实完善。

目　录

1 研究的必要性

1.1 洪水资源利用相关概念辨析

目前学术界在洪水资源利用的基本概念方面存在一定的争论和分歧。本研究首先对现有洪水资源利用相关概念进行归纳、比较和整理，采用目前普遍认同的定义和内涵。

一般而言，洪水，是指河流湖泊在较短时间内发生流量急剧增加、水位明显上升的水流现象。洪水时常来势凶猛，具有很大的自然破坏力。为此，研究洪水特性，掌握其发生发展规律，积极采取有效的洪水资源利用及其风险防范措施，是研究洪水的主要目的。

洪水资源，是指一定区域由当地降水形成的天然河川洪水径流。

洪水资源利用，是指人们在水资源一般性开发利用的基础上对以往难以利用的洪水资源进一步挖掘潜力，在不成灾的情况下尽量利用水库、拦河闸坝、自然洼地、人工湖泊、地下水库等蓄水工程拦蓄洪水，以及延长洪水在河道、蓄滞洪区的滞留时间，恢复河流及湖泊、洼地的生态环境，以及最大可能补充地下水。其本质就是将目前超出人类和环境适应范围或者超出目前调控能力范围的水量，通过新的技术手段和管理方法进行利用，实现洪水由灾害水向资源水和环境水的转化。具体在水库实际运行中，结合先进的气象水文预报手段，通过调整水库汛限水位运行方式或优化水库调度方式，达到更好地利用洪水资源的目的。

洪水资源利用风险，是指在特定的时空环境条件下，在利用洪水资源解决水资源短缺和维系河流健康的过程中，所发生的非期望事件及其发生的概率并由此产生的损失程度。

从以上洪水资源利用相关概念辨析中不难看出，较常量水资源利用而言，洪水资源具有鲜明的资源性和风险性的多重特点。一方面，面对日益严峻的水资源短缺问题，在常量水资源无法满足区域人民基本生活和社会经济发展的现实面前，洪水所具有的大量水资源特性赋予了其鲜明的资源属性。另一方面，洪水资源在赋予较大资源效益的同时也不可避免地带来较大风险，既有天然条件下固有的洪水风险，也有采取洪水资源利用措施后所带来的附加风险，包括上游入库洪水不确定性风险、水库调度决策不确定性风险、洪水资源利用效益计算参数不确定性风险以及生态环境影响风险等。洪水的资源性和风险性既相互矛盾又相互依存，减少洪水灾害损失、提高洪水资源利用水平是解决流域水资源短缺问题和增强流域防洪减灾能力的重要措施，是当前流域水资源管理面临的新课题。因此，洪水资源利用必须引入风险分析理论，解决好洪水资源量、是否有条件利用、如何利用、利用风险、减小风险的对策措施等一系列科学问题，实现风险共担、利益共享，为洪水资源利用的决策管理提供重

要的依据。

总体而言,洪水资源利用是降水时空分配不均和水资源短缺矛盾突出双重驱动下的客观要求,从国外的研究现状来看,已普遍开展了洪水资源利用的局部实践,包括水库洪水资源利用、蓄滞洪区洪水资源利用和局部区域洪水资源利用,但流域层面上系统开展洪水资源利用的相关研究不多。目前我国关于洪水资源利用的研究主要针对的是海河、黄河等北方地区的河流,长江流域洪水资源利用的研究十分薄弱,主要对单个水库的洪水资源利用开展过初步研究。所以,长江流域洪水资源利用争议也比较多,迫切需要创新的方法和技术来指导。

1.2 洪水资源利用思想进展

洪水资源利用古已有之,其在经济、社会甚至军事等方面的应用屡见不鲜。2200 多年前,战国时期秦国的李冰父子巧妙地利用河流作用原理,修建了都江堰工程,遵循道家"道法自然""天人合一"的思想,实现了防洪、分沙与水资源利用相统一的科学治水理念,使都江堰成为一个典型的兴利除害综合水利工程,将川中平原变成为丰俭由人的天府之国和富庶之地。从明代起,在黄河上有引导地利用洪水,束水攻沙、分洪淤滩的治河方略形成,认为"以人治河,不若以河治河也。夫河性急,借其性而役其力,则浅可深,治在吾掌耳"。到清康熙年间,经靳辅、陈潢在明潘季驯治河基础上的发展与完善,黄河上形成了以缕堤束水攻沙,遥堤防洪,结合隔堤、滚水坝、减水坝等有控制地利用洪水刷槽淤滩的治河防洪体系。民国时期,李仪祉先生曾著《沟恤》《利用洪水与蓄水地下》等文,明确提出了洪水利用和洪水资源化,认为北方地区历来苦于干旱,丰欠不保,而每逢大雨,则河流陡涨,较平时水量大数倍、十数倍、数十倍不止,任其顺河直泻大海,殊为可惜;若洪水破堤而出,无所约束,危害更大。

从世界范围来看,水资源供求矛盾在全球范围内有加剧之势,洪水风险的客观性逐渐被人们认识,对洪水及其环境和生态作用的认识不断加深,各国在采取工程措施防洪减灾的同时,开始不断重视洪泛区管理、洪水保险、洪水风险图、洪水预报预警系统、洪水行政立法管理等非工程措施的防洪减灾,普遍由"防御洪水"转变为"洪水管理",实现"以人为本""人与洪水和谐相处"的指导理念。美国 1993 年大水之后,在人烟稀少、资产密度较低的高风险区没有对水毁堤防加固或重建,让洪水迂回滞留于曾经被堤防保护的土地中,既利用了洪水的生态环境功能,同时减轻了其他重要地区的防洪压力。日本自 20 世纪 60 年代起,力图实现"安全确保"的防洪方略,经过 30 多年的经营,建立起了较高标准的防洪工程体系,近来认识到通过防洪工程确保安全既不可能也不经济,防洪观念转变为在一定防洪标准下的"风险选择"策略。在洪水资源利用方面采取了雨洪就地消化,在原渠道化的河道上人为造滩、营造湿地、培育水生物种以求形成类似于自然状态的"多自然河川"等措施。

我国对洪水的态度,从新中国成立开始在思想基本上没有把洪水当作一项资源来考虑,考虑更多的是如何确保江河大堤的安澜,能够将洪水尽快排入大海。20 世纪后期以来,面临水资源供求矛盾加剧、洪水损失增加的情势，我国的防洪策略也有所改变，已经有意识地采取一些工程措施和非工程措施来实现洪水利用，而并非一味地将洪水放入大海。1998年长江、松花江流域发生大洪水后，我国对洪水问题进行了深刻思考，对防洪工作重新做了战略性的调整。在防洪策略调整上的重大突破是：在建设方面，强调在流域生态系统重建的大框架下部署防洪建设；在管理方面，运用系统论理论和风险管理方法，从控制洪水向洪水管理转变。防洪建设已从注重堤防、水库等工程建设，转变为注重完整的防洪体系的建设。从试图完全消除洪水灾害、"入海为安"，转变为承受适度的风险，制定合理可行的防洪标准、防御洪水方案和洪水调度方案，综合运用各种措施，确保标准内防洪安全，遇超标准洪水把损失减少到最低限度。洪水并非完全有害，它还是江河物质输移的载体，是维系流域生态系统平衡的重要条件。在像中国这样缺水的国度里，洪水还是可利用水资源的重要组成部分。为此，近年来洪水调度由单纯的防洪减灾向结合洪水资源利用方向转变。这标志着我国的防洪思想已经实现了单纯认为"洪水为灾"到认为"洪水还可以作为一种资源"的转变，这一转变对防洪策略必将产生根本性的影响，对我国实现洪水资源化的进程具有积极的推动作用。

几千年与自然灾害的斗争史告诫我们，彻底地控制和消除洪水灾害进而一劳永逸地解决洪灾问题都是不现实的、不可能的。为了防洪减灾，美国曾进行大规模的防洪工程建设，但巨额资金的投入并未有效控制洪水，相反洪灾损失不断增加。这是由于社会经济的发展和人口规模的增加，土地开发利用和经济布局没有考虑洪水风险，易损性增加，且以防洪为目的修建的水利工程改变了河流湖泊的自然水文特性，加剧了洪水灾害的频次和范围。中国历代都主要依靠兴建水利工程达到抵御洪水的目的，但工程措施并不能从根本上避免洪灾的发生和不能完全消除洪灾风险，也难免会弱化洪水的资源化利用。这些治水的经验和教训都证明，在提倡实行工程防洪的同时，应学会与洪水共存，承受适度的洪灾风险，将单纯的防洪抢险转变为全流域的风险管理，从"洪水控制"向"洪水管理"转变，实现"人水和谐"，留给洪水必要的行洪路径和空间，充分发挥洪水资源化利用、生态环境修复、地下水资源回补等优势，同时通过工程措施和非工程措施尽力将洪灾损失减少到最低限度。

从古今中外防洪减灾的历史看，人们处理洪水的方式和态度，随着历史的发展和社会的进步逐渐发生变化，大致经历了三个不同的阶段：一是被动地适应洪水的阶段。在这个时期，世界各地普遍人口稀少，社会生产力低下，人类改造自然的能力很低，因而普遍采用了适应自然的策略，洪水视同猛兽，来了只有躲避。二是控制与防御阶段。随着社会的发展和生产力的提高，定居点逐步扩大，人们对土地的需求逐渐增加，于是开始向洪水通道和调蓄洪水的湖泊进军，导致江河调蓄洪水的场所越来越小。三是有意识地主动适应洪水的阶段。面对全球不断发生的严重洪涝灾害，人们发现尽管不断地增加对防洪减灾的投入，不断地加高加固堤防，但根治洪水灾害的梦想仍无法实现。非但如此，随着人类社会经济的不断发展，洪水灾害所造成的经济损失仍与日俱增，从而陷入经济发展与洪水灾害相互竞争的恶性循环。简言之，人类与洪水的关系经历了农业社会的躲避和防守，工业社会的抗拒和征服，在知识时代的今天，人与洪水的关系应该是协调共处和利用洪水。人与洪水协调共处和洪水资源化应当成为 21 世纪新的防洪理念。

1.3 洪水资源利用方式发展进程

从 20 世纪 50 年代起，新中国开始分三个阶段开展了大规模的水利工程基础建设，到目前已经形成了较为完整的防洪减灾体系，对洪水的控制和水资源的利用有了长足的发展。进入 20 世纪 90 年代以来，随着我国国民经济的快速发展、城市化进程的推进和人口的大量增加，各行各业对水的需求不断增长，水资源短缺现象越来越严重，在北方地区尤为突出。许多地方都积极开展了洪水资源利用的探索与试验性实践。

1.3.1 工程性洪水资源利用实践

(1)兴建水库、拦蓄洪水

据水资源综合规划，全国 27375 亿 m^3 的河川径流量中，年内分配主要集中在夏季，其中北方集中程度更高。北方地区多年平均连续最大 4 个月河川径流量占全年的比例一般在 60%～80%，其中海河、黄河区部分测站超过了 80%，西北诸河区部分测站可达 90%。南方地区多年平均连续最大 4 个月河川径流量占全年的 50%～70%。兴建水库，对洪水进行有效控制，并合理再分配自然水量，是洪水利用的主要途径。截至到 2000 年，全国已建成大中小型水库 8 万多座，塘坝等工程 585 万座，蓄水工程总库容达 5756 亿 m^3，兴利库容 3134 亿 m^3，分别为多年平均年径流量的 22%和 12%。从整体看，我国蓄水工程对天然径流的调蓄控制能力低于美国、加拿大、俄罗斯、墨西哥等水资源开发利用水平较高的国家，仍有发展空间和开发的必要。

(2)蓄滞洪区、迟滞洪水

长江中下游有蓄滞洪区 40 处，黄河下游 6 处，淮河流域 27 处，海河流域 26 处，4 个流域的蓄滞洪区共有 99 个，总蓄滞洪量 970 亿 m^3。蓄滞洪区适时分蓄洪水、削减洪峰，对保障重点地区、大中城市和重要交通干线防洪安全，最大程度地减少灾害损失发挥了十分重要的作用。海河的蓄滞洪区应用表明，合理的蓄滞洪区内的规划建设及科学调度，不但可降低灾害损失，并且可以回补地下水，将洪水资源充分利用。

(3)拦河闸坝、河渠互济

河道上修闸建坝拦蓄汛期雨洪及河道互济，尽可能减少弃泄水量，既可减轻河道防洪负担，又可达到汛雨利用的效果，充分利用洪水资源，改善周边环境，增长洪水与地面的接触时间，增加地下水的补给。如，北京市在潮白河上建设了 9 个梯级拦河闸(橡胶坝)，总蓄水容量 2000 万 m^3。这些水面的建成，有效地利用了洪水资源，极大地改善了沿河城市景观，成为北京著名的旅游度假区，是流域内一道亮丽的风景线。

(4)小型水利、集雨蓄水

利用地面及小型水利、水保工程拦蓄雨洪。山区充分运用林草植被、梯田、鱼鳞坑、水平沟和水池、水窖、谷坊、塘坝等水土保持工程截蓄利用雨水，力争洪水少下山，清水缓出川；平原充分利用地埂、地堰、林网畦田等田间工程拦蓄雨水，减少洪涝灾害。如，保定市挖水池水窖蓄集雨水、完善渠网、拦蓄洪水为重点的集雨工程建设，共开挖水窖近 1.4 万个，修建蓄水池 850 个，建塘坝等引蓄水工程 400 多处，解决了山区 15 万人的饮水困难和近 10 万亩耕地的点播灌溉问题。

(5)水土保持、蓄水兴利

通过封山育林、退田还林、合理放牧、修筑梯田等，尽量截流雨水，减少山洪，增加枯水径流，保持地面土壤防止冲刷，减少下游河床淤积，不但对防洪有利，还能增加山区灌溉水源。如，渭河流域坡面治理措施，在 1970—1980 年共拦蓄径流 63.8 亿 m^3，平均每年拦蓄径流 3.19 亿 m^3；内蒙古自治区清水河县单台子乡大树沟面积 $18km^2$，造林 $1133hm^2$（行间种牧草），1984 年夏，3 小时连续降雨 56 毫米，沟内未发生洪水，沟坝地小麦获丰收。

(6)河道串调、回补湿地

在流域中下游，利用各分流入海的河道及各个河系间的沟通，调剂各河之间水资源丰缺，合理安排洪涝水的蓄泄，变洪涝水为资源水。如，黑龙江省引嫩工程江东灌区六干渠翁海渡槽改建成交叉枢纽，经六干渠和翁海排水渠向扎龙湿地应急补水，2001 年补水 1.05 亿 m^3，有效缓解了湿地缺水状况；吉林省 2003 年从第二松花江、嫩江共计引蓄洪水 10.58 亿 m^3，向向海、莫莫格等五大湿地补水，有效保护了湿地。

(7)城市雨洪、避害兴利

城市化使地表径流的总量和洪峰流量显著增加，可能造成城市流域及下游地区的洪水泛滥。利用人工方式采取工程措施，如通过雨水集流、入渗回灌、雨水贮存、管网运输及调蓄利用等过程，使城市雨水资源化，可减小城市径流量，削减洪峰量，延滞汇流时间，同时可实现增加城市水源补给。如，北京市水利学校根据学校地形、附近污水管线、绿地位置、景观湖布置等条件，收集包括操场、绿地、道路、建筑屋面等方面的雨水，用于冲洗操场、进行绿化等。

1.3.2 非工程性洪水资源利用实践

(1)水库优化调度

水库优化调度是指在保证水利枢纽自身安全的前提下，依据水库承担任务的主次，按照水资源综合利用原则，合理运用水库调蓄能力，对河流天然径流进行调节，充分发挥水库的综合兴利效益。随着我国水利枢纽建设的快速发展，长江流域、黄河流域、珠江流域等规划建设的各大水电基地陆续建成，水库优化调度一直是工程界和学术界的热点问题。

随着供需水矛盾的加剧，近年来，国内工程界和学术界对洪水资源利用的研究逐渐增加，并已经取得相当成果。目前，国内洪水资源利用主要基于现有的水利工程设施，结合卫星、气象、径流预报等非工程措施，研究改变水库运行综合调度方式来实现洪水资源利用。

(2)蓄滞洪区主动运用

蓄滞洪区可以作为洪水资源利用的重要手段，通过效益对比分析，调整其调度运用方案，在发生洪水时有目标地主动分洪，让区内部分洼地湿地适当受淹，以达到回补地下水、提高地下水位的目的。海河流域“96·8”大水后，第二年虽然春旱严重，但得益于1996年蓄滞洪区的启用，小麦仍获丰收。一年淹带来三年丰，这个事例促使人们重新认识蓄滞洪区的作用，在加强蓄滞洪区等分洪工程安全建设的同时，有计划地建设好分泄、滞蓄洪水的河道工程，搞好调洪补水，回补平原地下水源。

(3)政策、法规与科学规划

合理的规划也是洪水资源利用的手段。规划防洪与兴利的关系，根据综合利用的原则，尽可能地开发水资源，达到除害兴利的要求。合理地规划土地利用，通过天然地形地貌和水土保持规划、用水规划，也能够充分利用雨水资源。建立健全相关法律、法规，加大宣传，培养国民的水素养，规范人的生产和生活活动，主动防范和适应洪水风险。要逐步提高社会公众的参与意识。

(4)风险管理

洪水资源利用，与风险同在，要与风险管理结合起来，做到风险分担、利益共享。在水资源短缺、水环境恶化日趋严重的背景下，洪水资源利用是缓解这一矛盾必不可少的途径。但任何区域或部门在治水中如果一味追求自身利益最大化，都可能危及他人或以牺牲生态环境为代价。

1.4 长江流域洪水资源利用存在的主要问题

长江流域水资源较为丰富，但长江流域径流主要由降雨形成，年内分配不均，汛期干流水量占年径流量的70%～75%，支流则占55%～80%，年际变化大。长江流域经济社会发展，对水资源需求利用提出了新的更高要求，传统的洪水资源利用不能适应经济社会发展的需求，时空分布不均，供水工程不足，仍存在以下几个方面的问题。

(1)长江流域的防洪形势仍然严峻

长江流域面积大，长江洪水发生的时间一般是下游早于上游，江南早于江北。按暴雨地区分布和移动情况，长江洪水可分为区域性大洪水和全流域大洪水2种类型，其中区域性大洪水是由一两次区域性暴雨形成的，发生在某些支流或干流某一河段的大洪水，有洪峰高，洪量大、洪水过程历时较短的特点，在长江上、中、下游均可发生，造成某些支流或干流局部河段的洪水灾害，这类洪水发生的几率较多；全流域大洪水是由连续多场大面积暴雨形成的，长江上游和中下游地区同时发生较大洪水，干支流洪水遭遇，形成长江中下游峰高量大、历时长、灾害严重的大洪水或特大洪水，如1931年、1954年、1998年大洪水等。

20世纪以来，长江发生了多次大洪水，形成严重的洪涝灾害。1931年长江流域性洪水受灾面积达13万km^2，淹没农田5090万亩，受灾民众2850万人，死亡14.5万人；1954年长江流域性洪水导致长江中下游淹没农田4755万亩，受灾人口1888万，死亡3万余人，京广铁路中断运行达100天；1998年长江又一次发生了流域性洪水，中下游溃决堤垸1975座，淹没耕地358.6万亩，倒塌房屋212.85万间，受灾人口231.6万，死亡1562人。1935年发生在长江中游的区域性洪水，淹没农田2263万亩，受灾人口1103万，死亡14万人；1981年洪水为长江上游洪水，淹没农田1311万亩，死亡888人，伤13010人。

随着三峡工程的投入运行，长江中下游防洪能力有了较大的提高，特别是荆江河段防洪形势有了根本性的改善。长江干支流主要河段现有防洪能力大致达到：荆江地区依靠堤防防御10年一遇洪水；三峡工程建成后，通过三峡水库调蓄，遇100年一遇及以下洪水可使沙市水位不超44.50m，不需启用荆江地区蓄滞洪区，荆江河段堤防标准可提高至防御100年一遇洪水；遇1000年一遇或类似1870年特大洪水，通过三峡水库的调节，可控制枝城泄量不超过80000m^3/s，配合荆江地区蓄滞洪区的运用，可控制沙市水位不超45.0m，保证荆江河段行洪安全。城陵矶河段依靠堤防防御10～20年一遇洪水，考虑本地区蓄滞洪区的运用，可防御1954年洪水；遇1931年、1935年、1954年大洪水，通过三峡水库的调节，可减少分蓄洪量和土地淹没，一般年份基本上可不分洪(各支流尾闾除外)。武汉河段依靠堤防防御20～30年一遇洪水，考虑河段上游及本地区蓄滞洪区的运用，可防御1954年洪水(其最大30天洪量约200年一遇)；由于上游洪水有三峡工程的控制，可以避免荆江大堤溃决后洪水对武汉的威胁；因三峡水库的调蓄、城陵矶附近地区洪水调控能力的增强，提高了长江干流洪水调度的灵活性，配合丹江口水库和武汉市附近地区的蓄滞洪区运用，可避免武汉水位失控。湖口河段依靠堤防防御20年一遇洪水，考虑河段上游及本地区蓄滞洪区运用，可满足防御1954年洪水的需要。

虽然长江流域的防洪能力有了很大的提高，但长江防洪仍面临着如下主要问题和挑战：一是长江中下游河道安全泄量与长江洪水峰高量大的矛盾仍然突出，三峡工程虽有防洪库容221.5亿m^3，但相对于长江中下游巨大的超额洪量，防洪库容仍然不足，遇1954年大洪水，中下游干流还有约400亿m^3的超额洪量需要妥善安排，而大部分蓄滞洪区安全建设滞后，一旦启用损失巨大；二是长江上游、中下游支流及湖泊防洪能力偏低，不少中小河流尚未得到系统有效治理，防洪能力仍然偏低；三是山洪灾害防治还处于起步阶段，山洪灾害分布广、汇流快、冲击大、毁坏重，防御难度很大，防洪非工程措施建设滞后；四是三峡及上游其他控制性水利水电工程建成后长江中下游长河段、长时期的冲淤调整，对中下游河势、江湖关系带来较大影响，尚需加强观测，并研究相应的对策措施；五是近些年来，受全球气候变暖影响，长江流域部分地区极端水文气候事件发生频次增加、暴雨强度加大，一些地区洪灾严重；六是流域经济社会与城市化快速发展，人口与财富集中，一旦发生洪灾，损失越来越大。

(2)长江流域干旱缺水问题频繁发生

长江流域虽水资源丰沛，但由于时空分配不均匀，局部地区干旱现象也时有发生，据统计，长江流域水旱灾害的频次总体上是相当的，旱灾造成的损失也是相当严重的。据历史记录统计，在1163—1987年间的825年中，长江中下游的梅雨期共出现旱涝灾害494次，其中大旱62次，大涝63次，涝185次，旱184次，正常321次。相对于北方干旱和半干旱地区而言，长江流域属气候湿润地区，虽然旱情严重程度轻一些，但旱灾所造成的经济损失严重，社会影响巨大。

随着经济社会的快速发展和人们对水资源安全要求的提高，水资源相对丰富的长江流域近些年来也经常出现缺水问题。水旱灾害的年、季交替越来越突出，水旱灾害不仅频次相当，而且具有明显的年、季交替特征。不仅存在旱涝灾害同年发生的现象，而且水旱程度具有向两极发展的趋势，也就是说极端灾害性的水文事件增多。2006年长江上游重庆地区发生的重大干旱事件，不仅严重影响了工农业的正常生产，甚至造成居民生活用水困难；还有2007年初长江上游重庆嘉陵江呈现50年来最低枯水位，严重影响航运，而在2007年秋季，中游及两湖部分地区发生了约50年一遇的严重干旱；2009—2011云贵两省连续干旱，2011年上半年长江中游干旱以及两湖地区连续多年出现干旱和枯水期小流量过程等。

随着经济社会发展对水资源需求的增加和气候变化的影响，局部地区不同程度存在资源性缺水、区域性缺水、季节性缺水和工程性缺水问题，旱涝并存、旱涝急转较为突出，长江流域抗旱保供水任务艰巨繁重。

(3)枯水期来水不足对供水与生态产生了不利影响

长江流域水资源保护虽然取得了长足的发展，但与长江流域所处的重要地位和经济社会发展的要求还远不相适应，突出表现在枯水季节由于取水量增加，河道内流量减少，加上污染物的排放，使得部分江段水污染严重，对用水安全和水生态系统产生了不利影响。

虽然目前长江流域年均用水总量不到年径流总量的20%，例如2005年长江流域总用水量为1842.2亿m^3，约相当于年径流总量的19%，但由于70%的径流发生在汛期，推算实际上在非汛期的用水量占同期径流的比重已经达到30%以上，部分支流河段甚至达到50%以上。由于枯水季节本身河道径流就比较少，加上取用水量大，河道所剩流量难以满足污水稀释和水生动植物栖息所需要的生态基流，这也是水环境恶化的主要原因之一。

长江流域水体水质总体良好，但水体富营养化有加重的趋势。长江流域沿江各城市已经在加大污染管理力度，但仍有大量污水不经处理就排入江河，造成河道水体污染加剧，流域内城市附近的湖泊、水库富营养化程度普遍较高，水库、河流“水华”事件不断发生，因旱所致的生态环境退化的现象也令人担忧，如2007年枯水季节鄱阳湖和洞庭湖干枯现象，对湖区水生生物及鸟类等造成了严重影响。还有，随着长江流域极端干旱事件频率增加，长江口地区枯水期咸水倒灌日趋严重。

总而言之，现阶段长江流域综合管理面临着难以协调的矛盾，即"水多成患"的洪涝与"水少成忧"的干旱并重，且流域用水安全对防洪抗旱提出了更高的新要求，水资源统一调度管理制度亟待健全、长江流域洪水资源化总体策略亟待完善。要缓解以上矛盾局面，促进人水之间的全面和谐，加强洪水资源利用是十分必要的。目前加强水资源综合利用和解决干旱缺水问题，已经成为长江流域综合管理所面临的一项长期而重要的任务。

1.5 长江流域洪水资源利用的重要性

流域洪水资源利用是发挥洪水资源特性、缓解水资源短缺、减少洪旱灾害损失、实现水资源优化配置和可持续开发利用的重要措施。评价当前长江流域洪水资源利用现状和利用潜力，有针对性地制定科学有效的洪水资源利用总体策略，提出长江流域洪水资源利用对策措施，协调长江流域洪水资源利用与防洪安全、生态环境保护的关系，具有很重要的现实意义。具体而言，长江流域洪水资源利用的重要性体现在以下几个方面。

(1)缓解流域内的水资源供需紧张的迫切需要

长江流域水资源总量较丰沛，但时空分布不均，部分地区和枯水时段水资源供需矛盾突出。且随着经济社会的快速发展，加之用水方式粗放、用水效率不高，废污水排放量巨大，且逐年增长，流域内的水资源供需矛盾不断加剧。洪水资源利用是缓解水资源供需矛盾的有效途径。

通过工程与非工程措施相结合的方式，在一定程度上使洪水在时空上适度均化，在保障防洪安全的前提下发挥水库的综合效益，使部分还没有得到有效利用的水资源在空间和时间上进行合理的再分配，可以将更多具有潜在危害的洪水转化为可安全利用的水源，供给水库下游抗旱、湿地生态环境保护等，以弥补枯水期、干旱年水资源的短缺以及经济发展对水资源的需求，是解决枯季干旱缺水的有效保障。

(2)为南水北调提供充足的水源，以缓解北方枯季水资源供求的迫切需要

长江流域是我国水资源配置的战略水源地、连接东中西部的"黄金水道"和改善我国北方生态与环境的重要支撑点，南水北调东、中、西线，滇中调水、引汉济渭、引江入巢济淮、江苏沿海引江等众多跨流域调水工程均以长江干支流为水源，长江流域在我国经济社会发展中的战略地位十分突出。

洪水是最具有挖掘潜力的水资源，尤其是在洪水资源比较充沛的长江流域，既要保证有充足的水源，又要努力提供优质的水源，以支持北方经济社会的发展。在夏季，从长江向北方调水问题不大，但在冬季北方最缺水的时候，又恰是长江的枯季，调水就会影响到长江中下游特别是河口地区的水资源及环境安全，因此需要将长江洪水留存到枯水季节向北方调水。可见，加强洪水资源利用也是缓解我国水资源短缺问题的重要举措之一。

(3)减轻枯水季节水环境承载压力，改善生态环境的迫切需要

长江流域是我国独特而重要的水生生物种质资源库，保留了我国主要的淡水鱼类种质

资源。近年来，由于人类活动的干扰，导致了水生境改变，水生生物的多样性有明显的下降趋势，存在鱼类种群数量萎缩、种质资源退化等问题。长江干流近岸水域污染趋势未能得到遏制，部分支流污染严重，流域内湖库富营养化仍在发展，水生态安全受到威胁。同时，近半个多世纪以来，长江流域湿地退化严重，湿地作为鱼类、水禽等重要栖息地的环境条件正逐步丧失。

开展洪水资源利用，将汛期洪水留作枯水期的径流，利用汛期洪水换水排污、洪枯调节、余缺互补和改善下游防洪、灌溉、供水，以及对枯水季节下游湖泊湿地进行生态补水，避免湖泊干枯造成的生态影响，有利于保护流域生态系统的良性循环，保障下游生态环境用水要求，满足河段内自然保护区、景观、湿地、鱼类产卵场等敏感区域的需水要求。

(4)提高长江流域水能资源利用效率的迫切需要

长江流域水能资源总量丰富，水能资源开发建设条件优越，水能资源构成以大型水电站为主，电站规模庞大，其中大型水电站主要集中在上游，中小型水电站遍布全流域，大多数水电站具有综合利用效益。长江流域水能开发兼有一次能源建设与二次能源建设的双重功能，是水资源综合利用的重要组成部分，对综合治理开发江河有促进作用。

但长江流域水能资源利用程度仍然不高，尤其是长江上游金沙江、雅砻江、大渡河等水能资源富集河流的开发潜力巨大，有待提高长江流域水能资源的利用程度。同时，长江流域干支流来水多集中在汛期，因防洪需要，汛期大量洪水不得不排弃，而汛后蓄水时可蓄水量非常有限。通过加强水库科学调度来加大洪水资源利用水平，充分发挥水库的防洪、发电、航运、供水等综合效益，可以有效增加水库水能资源利用效率。还有，随着长江流域水库群的不断建设运行，加强水库群优化调度、统一调度，发挥水库群在洪水资源利用中的高效性，也是十分必要的。

综上，长江流域水资源时空分布不均与用水需求矛盾逐渐突出，随着三峡工程和干支流一批大中型水利水电工程陆续建成投运，在保障流域防洪安全的前提下，通过科学调度将长江的洪水资源在时间和区域上进行合理的分配，以解决流域内不同地区在不同季节的供水需求，实现长江流域水资源优化配置，十分必要。随着经济社会的发展，洪水资源在人类生活生产中的地位日益重要，指导防洪抗旱的理念也在实践中发生变化，只要科学合理地利用洪水，洪水是可以成为造福人类的优势资源的。

2 长江流域总体情况

2.1 流域概况

长江干流全长6300余km，流域总面积180万km^2，约占我国大陆总面积的18.8%。长江流域水资源总量9960亿m^3，人口、GDP和水资源量分别占我国总量的32.3%、34.0%、35.1%，在我国经济社会发展中占有非常重要的地位。

长江流域位于24°27′—35°54′N，90°33′—122°19′E之间，流域形状呈东西长、南北短的狭长形。流域西以芒康山、宁静山与澜沧江水系为界，北以秦岭山脉，东北以伏牛山、桐柏山、大别山与黄河及淮河流域为界，南以南岭山脉、黔中高原、大庾岭、武夷山、天目山等与珠江及闽浙水系为界。长江流域横跨我国西部、中部和东部，沟通内陆和沿海，幅员辽阔、资源丰富。长江自江源至湖北宜昌称上游，长约4504km，集水面积约100万km^2，其中直门达至宜宾称金沙江，长约3481km，集水面积47.32万km^2；宜昌至江西鄱阳湖出口湖口称中游，长约955km，集水面积约68万km^2；湖口至入海口为下游，长约938km，集水面积约12万km^2。

长江流域地势西高东低，形成三级阶梯。青南川西高原、横断山区和陇南川滇山地为第一级阶梯，高程一般在3500～5000m。云贵高原、秦巴山地、四川盆地和鄂黔山地为第二级阶梯，高程一般在500～2000m。淮阳低山丘陵、长江中下游平原和江南低山丘陵组成第三级阶梯，除部分山峰高程接近或超过1000m外，高程一般在500m以下。

流域内的地貌类型众多，有山地、丘陵、盆地、高原和平原。流域的山地、高原和丘陵约占84.7%，其中高山高原主要分布于西部地区，中部地区以中山为主，低山多见于淮阳山地及江南丘陵地区，丘陵主要分布于川中、陕南以及湘西、湘东、赣西、赣东、皖南等地。平原占13.3%，主要以长江中下游平原、肥东平原和南阳盆地为主，汉中、成都平原高程在400m以上为高平原，河流湖泊等水面占4%。

流域内湖泊众多，总面积约为22000km^2，这些湖泊主要分布在中下游干流两岸，其中鄱阳湖最大，面积为3965km^2，控制赣、抚、饶、信、修五水的来水量。其次为洞庭湖，纳湘、资、沅、澧四水的水量，面积为2740km^2。太湖居第三位，面积2460km^2。其余不足1000km^2。这些湖泊对长江中下游洪水起着重要的调节作用。

长江流域除西部青藏高原外，大部分地区属亚热带季风气候区，气候温和湿润，雨量丰沛，流域内水资源极为丰富，除满足本流域的供水需求外，还承担了南水北调优化我国水资源配置的责任。然而受季风气候影响，长江流域降雨时空分布不均，降雨与作物生长期不相

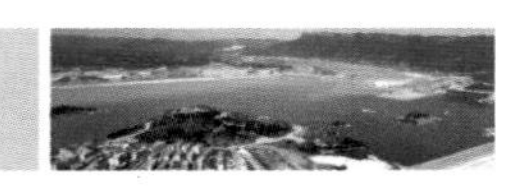

适应，干旱、洪涝灾害时有发生。其中长江流域中下游平原地区是我国洪涝灾害最为严重的地区之一，上游四川盆地的洪涝灾害也较为突出。

长江是我国内河航运最发达的水系，沟通着东、中、西部和长江南北地区。干支流通航里程约 7.1 万 km，占全国内河通航总里程的 56%，其中Ⅲ级以上航道 3920km，Ⅳ级航道 3130km，分别占全国的 45.4%和 46.8%。2007 年长江水系水路完成客运量 12820 万人、旅客周转量 38.6 亿人·km；完成货运量 18.5 亿 t、货物周转量 28168 亿 t·km。特别是长江三峡水库建成蓄水后，长江宜昌至重庆的航道得到彻底改善，输运能力得到大幅提高，三峡船闸的单向年通过能力将达 5000 万 t 以上。长江是我国的“黄金水道”，航运能力巨大，若长江干线航运完全开发，运能将达 30 亿 t 以上，约相当于 10 条京广铁路的运输能力。

2.1.1 干支流水系及控制性水库规划

长江支流众多，有 7000 多条，其中流域面积 1000km^2 以上的支流有 437 条；超过 1 万 km^2 的有 49 条；超过 8 万 km^2 的有雅砻江、岷江、嘉陵江、乌江、沅水、湘江、汉江、赣江等 8 条，其中雅砻江、岷江、嘉陵江和汉江 4 条支流的流域面积都超过 10 万 km^2。长度超过 500km 的支流有 18 条，其中超过 1000km 的有雅砻江、大渡河、嘉陵江、乌江、沅江、汉江等 6 条，以汉江最长为 1577km。多年平均流量在 100m^3/s 以上的支流有 90 条，其中 1500m^3/s 以上的有雅砻江、岷江、嘉陵江、乌江、湘江、沅水、赣江、汉江等 8 条。这些密布在长江南北两侧的支流与长江干流组成了庞大的长江水系。长江流域主要河流特征指标表见表 2.1-1。长江流域水系图见图 2.1-1。

表 2.1-1　　长江干流及主要支流水系特征值表

流域			河流名	河流集水面积（万 km^2）	河流长度（km）	天然落差（m）	多年平均年径流量（亿 m^3）	多年平均流量（m^3/s）	多年平均年降雨量（mm）	多年平均水面蒸发量（mm）
上游	干流	江源至宜昌	长江上游	100	4504	5370	4510.0	14100	1100	296
		直门达至宜宾	金沙江	47.32	3481	5142	1450.0	4600	720	1000
		宜宾至宜昌	川江	50	1033					
	支流		雅砻江	12.84	1571	3870	596.0	1890	848	974
			横江	1.48	307	2080	93.3	296	1040	874
			岷江	13.58	735	3560	882.0	2790	1090	796
			大渡河	9.08	1155	4175	495.0	1570	963	858
			沱江	2.87	702	2829	124.0	393	1010	633
			赤水河	2.04	460	1588	97.4	309	1000	708
			嘉陵江	16.00	1120	2300	663.0	2100	934	681
			乌江	8.79	1037	2124	505.0	1600	1150	728

续表

流域			河流名	河流集水面积（万 km^2）	河流长度（km）	天然落差（m）	多年平均年径流量（亿 m^3）	多年平均流量（m^3/s）	多年平均年降雨量（mm）	多年平均水面蒸发量（mm）
中游	干流	宜昌至湖口	长江中游	68	955					
		枝城至城陵矶	荆江		360					
	支流		清江	1.67	428	1430	133.0	421	1450	675
			汉江	15.5	1577	1962	490.0	1550	904	791
		洞庭湖水系		26.28						
			湘江	9.47	844	756	656.0	2080	1480	783
			资水	2.81	713	972	230.0	729	1500	682
			沅水	8.92	1022	1462	641.0	2030	1360	701
			澧水	1.85	388	620	146.0	463	1550	657
		鄱阳湖水系		16.22						
			赣江	8.28	819	937	687.0	2180	1580	941
			抚河	1.65	340	581	147.0	466	1730	983
			信江	1.59	361	750	184.0	583	1850	891
			饶河	1.54	299		153.0	485	1850	818
			修水	1.47	419	305	123.0	390	1660	857
下游	干流	湖口至入海口	长江下游	12	938					
	支流		水阳江	1.03	254					
			青弋江	0.72	309					
			漳河	0.14	95					
			巢湖	1.35	54.5					
			滁河	0.80	269					

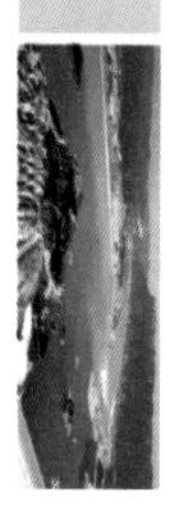

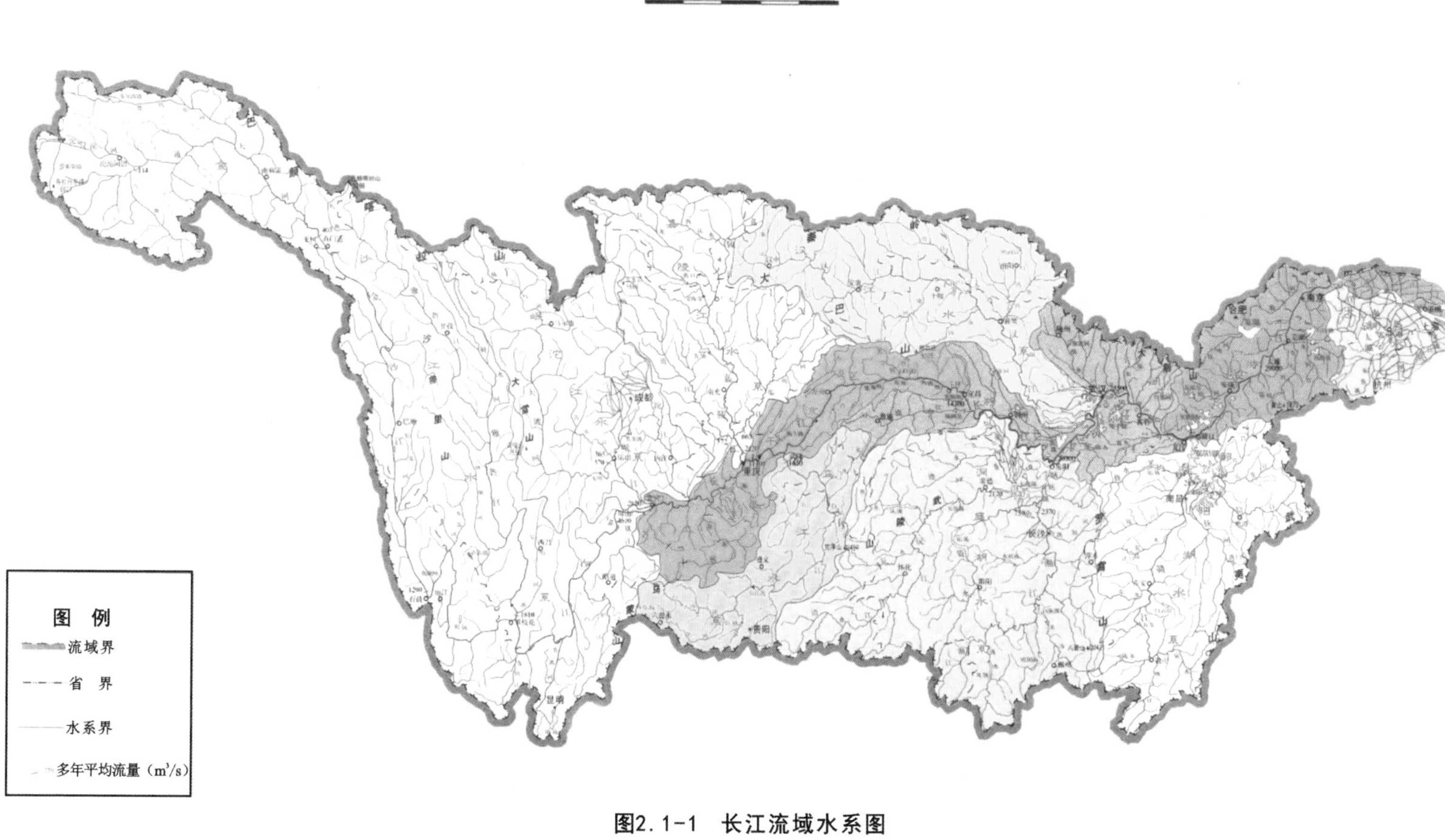

图2.1-1 长江流域水系图

长江流域中对长江中下游防洪和水资源调度影响较大的控制性水库主要分布在长江干流金沙江、长江干流宜宾至宜昌河段、雅砻江、岷江、大渡河、嘉陵江、乌江和清江。

(1)金沙江

金沙江为长江上游干流,其治理开发任务为发电、供水与灌溉、防洪、航运、水资源保护、水生态与环境保护、水土保持、山洪灾害防治、旅游等,其中发电、供水与灌溉和防洪为主要任务。按《金沙江干流综合规划报告》,初步拟定金沙江上游河段(直门达至石鼓)采用8级开发方案。金沙江中、下游河段(石鼓至宜宾)分13级开发,分别为虎跳峡河段梯级、梨园、阿海、金安桥、龙开口、鲁地拉、观音岩、金沙、银江、乌东德、白鹤滩、溪洛渡、向家坝等梯级。

(2)长江干流宜宾至宜昌河段

长江干流宜宾至宜昌河段俗称川江,其主要开发任务是防洪、发电与航运,结合发展水产养殖与旅游,并为南水北调创造条件。按照《长江流域综合规划(2012—2030年)》,规划川江段采用小南海、三峡、葛洲坝等3级开发的方案。三峡工程2008年实施175m水位试验性蓄水运行以来,已开始全面发挥防洪、发电、航运等巨大的综合利用效益。

(3)雅砻江

雅砻江为典型的峡谷型大河流,水量丰沛,落差集中,水力资源丰富,开发任务以发电为主,同时控制本河段洪水,以分担长江干流防洪任务,上游河段还要分担南水北调西线调水任务,适当兼顾工农业用水。按雅砻江干流水电规划,雅砻江干流按23级开发,其中两河口、锦屏一级、二滩等具有较大的径流调节能力,三大水库建成后,可实现梯级水库完全年调节,并可增加金沙江下游及长江干流梯级的保证出力和发电量,发电效益十分显著,同时可预留一定防洪库容,分担长江中下游防洪任务。

(4)岷江(含大渡河)

岷江干流水量丰沛,水能资源丰富。上游以发电为主,尽可能满足中下段灌溉、防洪、城市及工业用水的要求;中游以灌溉为主,结合防洪、工业用水进行河道整治;下游以灌溉为主,兼有航运、发电等综合利用要求。按有关规划,岷江干流26级开发,主要控制性水库有紫坪铺水库。

支流大渡河干流主要开发任务为发电,兼顾航运与灌溉,并分担长江中下游防洪任务,上游河段还有分担南水北调西线调水的任务。大渡河干流采用37级开发的方案,主要控制性水库有双江口、瀑布沟等。

(5)嘉陵江

嘉陵江干流的开发任务是:灌溉、防洪、航运、发电和水土保持等综合利用。嘉陵江干流规划28级开发,主要控制性水库有亭子口、草街等。

(6)乌江

乌江干流开发的主要任务是发电,其次为航运,兼顾防洪及其他。乌江干流规划11级开发，主要控制性工程有洪家渡、东风、乌江渡、构皮滩、思林、沙沱、彭水等。目前已建成普定、引子渡、洪家渡、东风、乌江渡和索风营、构皮滩、彭水、思林、沙沱、银盘等水电站。

(7)清江

清江干流的开发任务主要是发电、防洪和航运。清江干流规划13级开发，主要控制性工程有水布垭、隔河岩、高坝洲等，目前均已经建成。

(8)洞庭湖水系

洞庭湖水系开发任务主要是防洪与治涝、供水与灌溉、水资源保护、发电、航运、水土保持和水利血防等。

(9)汉江

汉江开发任务主要是防洪与治涝、供水与灌溉、跨流域调水、水资源与水生态环境保护、发电、航运、水土保持和水利血防等。

已初步形成以堤防为基础，以石泉、安康、丹江口等水库拦蓄，杜家台及中游民垸分蓄洪，配合东荆河分流和河道整治的防洪格局。南水北调中线一期工程已于2014年12月正式通水，多年平均调水量为95亿m^3。

汉江干流采用15级进行水电开发，继续建设黄金峡、旬阳、白河、孤山、新集、雅口、碾盘山等7级。

(10)鄱阳湖水系

鄱阳湖水系开发任务主要是防洪与治涝、供水与灌溉、发电、航运、水土保持、水资源保护。

三峡水库完建后，初步形成了以三峡水库为骨干的长江中下游防洪体系，干支流控制性水库基本情况见表2.1-2。

表2.1-2　长江流域干支流控制性水库基本情况表

河流	序号	水库	正常蓄水位(m)	防洪限制水位(m)	死水位(m)	调节库容(亿m^3)	防洪库容(亿m^3)
金沙江中游	1	梨园	1618		1605	0.83	1.73
	2	阿海	1504	1493.3	1492	2.38	2.15
	3	金安桥	1418	1410	1398	3.46	1.58
	4	龙开口	1298	1289	1290	1.13	1.26
	5	鲁地拉	1223	1212	1216	3.76	5.64
金沙江下游	6	溪洛渡	600	560	540	64.6	46.5
	7	向家坝	380	370	370	9.03	9.03

续表

河流	序号	水库	正常蓄水位(m)	防洪限制水位(m)	死水位(m)	调节库容(亿 m^3)	防洪库容(亿 m^3)
雅砻江	8	锦屏一级	1880	1859	1800	49.1	16
	9	二滩	1200	1190	1155	33.7	9
岷江(含大渡河)	10	紫坪铺	877	850	817	7.74	1.67
	11	瀑布沟	850	841	790	38.82	15
嘉陵江(含白龙江)	12	宝珠寺	588	583	558	13.4	2.8
	13	亭子口	458	447	438	17.5	10.6
	14	草街	203	200	178	4.87	2
乌江	15	洪家渡	1140		1076	33.61	1.55
	16	东风	970		936	4.91	0
	17	乌江渡	760		720	13.6	0
	18	构皮滩	630	628.12	590	29.52	4
	19	思林	440	435	431	3.17	1.84
	20	沙沱	365	357	353.5	2.87	2.09
	21	彭水	293	287	278	5.18	2.32
长江	22	三峡	175	145	155	165	221.5
清江	23	水布垭	400	391.8	350	23.83	5
	24	隔河岩	200	192.2	160	19.75	5
汉江	25	安康	330	325	305	16.77	9.8
	26	丹江口	170	160～163.5	150	163.6～190.5	110～81.2

根据《长江流域综合规划(2012—2030年)》的总体规划要求，上游干支流建库除承担所在河流(河段)的防洪任务外，还应配合三峡水库对长江中下游发挥作用。规划对长江上游干支流水库采取分期预留防洪库容，上游水库以拦蓄洪水基流的方式配合三峡拦洪，并结合洪水遭遇情况采取逐步蓄水方式。7月份长江上游干支流水库共预留防洪库容340～360亿 m^3，其中金沙江干流石鼓—宜宾段梯级水库预留防洪库容223.9亿 m^3；雅砻江预留防洪库容50～60亿 m^3；岷江预留防洪库容30～40亿 m^3。根据长江流域防洪规划，这些防洪水库从8月份开始逐步有限制地蓄水，既可使长江中下游在成灾洪水多发期长江上游有较大防洪库容用于拦洪，又可实现防洪和蓄水的较好结合，为枯水期提供足够的水源。同时，对长江中下游具有防洪作用的水库也进行了防洪库容预留。总体而言，长江流域承担防洪任务的重要水库基本情况见表2.1-3。

表 2.1-3　　长江流域规划承担防洪任务的重要水库情况表

水系名称	水库名称	所在河流	控制流域面积（万 km²）	规划预留最大防洪库容（亿 m³）	防洪库容合计（亿 m³）	备注
长江	虎跳峡河段	金沙江		58.6	452.81	规划新建
	梨园		22.0	1.73		
	阿海		23.5	2.15		
	金安桥		23.74	1.58		
	龙开口		23.97	1.26		在建
	鲁地拉		24.73	5.64		
	观音岩		25.65	5.42		
	乌东德		40.61	24.4		规划新建
	白鹤滩		43.03	75.0		
	溪洛渡		45.44	46.5		
	向家坝		45.88	9.03		在建
	三峡	干流	100	221.5		
雅砻江	上游梯级	干流		5.0	50	规划新建
	两河口		5.96	20		
	锦屏一级		9.67	16		已建
	二滩		11.64	9		已建
岷江	十里铺	干流	1.35	1.0	30	规划新建
	紫坪铺		2.27	1.67		
	下尔呷	大渡河	1.55	8.7		已建
	双江口		3.93	6.63		规划新建
	瀑布沟		7.27	11		在建，防洪库容现为7.3亿m³，拟扩大到11亿m³
	上寨	绰斯甲河	1.03	1.0		规划新建
乌江	构皮滩	干流	4.33	4	10.25	已建
	思林		4.86	1.84		在建
	沙沱	干流	5.45	2.09		
	彭水		6.9	2.32		
嘉陵江	宝珠寺	白龙江	2.84	2.8	21.89	已建
	升钟	西河	0.18	2.7		
	亭子口	干流	6.26	14.4		在建，正常蓄水位以下防洪库容为10.6亿m³
	草街		15.61	1.99		在建
清江	姚家坪		0.19	0.80	10.8	规划新建
	水布垭		1.09	5		已建
	隔河岩		1.44	5		
沮漳河	漳河		0.22	3.43	3.43	已建

续表

水系名称	水库名称	所在河流	控制流域面积（万 km^2）	规划预留最大防洪库容（亿 m^3）	防洪库容合计（亿 m^3）	备注
洞庭湖	东江	湘江	0.47	1.58	58.08	已建
	双牌		1.03	0.58		
	涔天河		0.25	3.0		已建，防洪库容现为0.41亿 m^3，扩建扩大到3.0亿 m^3
	洮水		0.08	1.0		在建
	柘溪	资水	2.26	前汛期7.0，主汛期10.6～3.7，后汛期3.7～1.6		已建
	金塘冲		2.8	1.6		规划新建
	凤滩	沅江	1.75	2.8		已建
	五强溪		8.38	17.05		已建，防洪库容现为13.6亿 m^3，拟扩大到17.05亿 m^3
	江垭	澧水	0.37	7.4		已建
	皂市		0.3	7.8		在建
	宜冲桥		0.58	2.5		规划新建
	凉水口		0.1	1.32		
	新街		0.06	0.85		
陆水	陆水		0.34	2.29	2.29	已建
汉江	安康		3.86	3.6	124.01	已建
	丹江口		9.52	110		已建
	鸭河口	白河	0.3	5.21		已建
	潘口	堵河	0.9	4		在建
	三里坪	南河	0.2	1.2		
富水	富水		0.25	8.53	8.53	已建
鄱阳湖	柘林	修水	0.93	15.72	41.17	已建，防洪库容现为4.37亿 m^3，拟扩大到15.72亿 m^3
	流口	信江	1.04	3.2		规划新建
	万安	赣江	3.69	10.19		已建，防洪库容现为5.33亿 m^3，拟扩大到10.19亿 m^3
	峡江		6.29	6		规划新建
	廖坊	抚河	0.71	3.1		已建
	浯溪口	饶河	0.29	2.96		规划新建
皖河	花凉亭	长河	0.19	8.44	8.44	已建
菜子湖	下浒山	大沙河	0.04	0.44	0.44	规划新建

续表

水系名称	水库名称	所在河流	控制流域面积（万 km^2）	规划预留最大防洪库容（亿 m^3）	防洪库容合计（亿 m^3）	备注
青弋江	陈村	青弋江	0.28	9.55	9.55	已建
水阳江	港口湾	西津河	0.11	4.11	4.11	已建
巢湖	龙河口	杭埠河	0.11	3.03	4.17	已建
	大房郢	南淝河	0.02	0.48		
	董铺		0.02	0.66		
滁河	黄栗树	襄河	0.03	1.05	1.88	已建
	沙河集	清流河	0.03	0.83		
全流域合计（亿 m^3）					841.85	

2.1.2 暴雨洪水特性分析

2.1.2.1 暴雨特性

长江流域雨季集中在5—10月，暴雨出现时间一般中下游早于上游，江南早于江北。降雨分布的一般规律是：5月雨带主要分布在湘、赣水系；6月中旬至7月中旬雨带徘徊于长江干流两岸，中下游为梅雨季节，上游雨带呈东西向分布，江南雨量大于江北；7月中旬至8月上旬，雨带移至四川和汉江流域，上游除乌江降水稍微减少以外，其他地区都有所增加，主要在四川西部呈东北、西南向带状分布；8月中下旬，雨带北移至黄河、淮河流域，长江流域有时出现伏旱现象；9月，雨带又南旋回至长江中上游，长江上游降水中心从四川西部移到东部，川西雨量大为减少。

长江中下游南岸2—3月就开始有暴雨出现，而汉江、嘉陵江、岷江、沱江、乌江则4月才开始出现暴雨；雅砻江和大渡河部分地区只有7月、8月才有暴雨发生。暴雨结束时间与开始时间相反，自流域西北向东南推迟。长江上游和中游北岸大多于9—10月结束，仅三峡区间、嘉陵江上游结束于10月下旬，个别年份可至11月上旬结束，如1996年11月上旬三峡区间、乌江流域均出现暴雨。长江中下游南岸多于11月结束。

长江流域年暴雨日的年际变化比年降水量的年际变化大得多，长江上游更为显著。暴雨区分布除金沙江巴塘以上、雅砻江和大渡河上游共约35万 km^2 地区因地势高、水汽条件基本无暴雨外，其他广大地区均有暴雨。其分布趋势为：上游四川盆地西北部边缘向盆地腹部及西部高原递减，中下游自东南向西北递减。山区多于河谷和平原，迎风坡多于背风坡。

2.1.2.2 洪水特性

长江流域洪水主要由暴雨形成，上游直门达以上很少有洪水。直门达至宜宾为金沙江，其洪水由暴雨和融冰化雪共同形成。上游宜宾至宜昌河段，有川西暴雨区和大巴山暴雨区，暴雨频繁，岷江、嘉陵江分别流经这两个暴雨区，洪峰流量大，暴雨走向大多和洪水流向一致，使岷、沱江和嘉陵江洪水相互遭遇，易形成寸滩、宜昌站峰高量大的洪水。宜昌至螺山河段的洪水主要来自长江上游洪水。清江、洞庭湖水系中有湘西北、鄂西南暴雨区，暴雨主要出现在6—7月和5—6月，相应清江和洞庭湖水系的洪水也出现在6—7月间。螺山至汉口河段洪水，主要来自螺山以上，汉江洪水亦为其重要组成部分。汉口的大洪水是由长江中、上游多次暴雨过程形成的。汉口以下流域有大别山和江西两个暴雨区，江西暴雨区暴雨频繁，雨量大，范围广，暴雨出现时间早，相应鄱阳湖水系洪水出现时间也较早。大通以下为感潮河段，受上游来水和潮汐的双重影响，江阴以下河段高水位受潮汐影响很大，长江口水位的急剧变化主要受台风引起的风暴潮影响。支流岷江、嘉陵江、乌江、湘江、汉江及赣江多年平均年最大洪峰均超过10000m^3/s。宜昌站最大30天洪量组成中，金沙江来水约占30%，嘉陵江与岷江两水系约占38%，乌江占10%，其他占22%。大通站最大60天洪量组成中，宜昌来水占51%，洞庭湖与鄱阳湖水系分别占21%和15%，汉江占5%，宜昌—大通区间约占8%。

长江流域面积大，按暴雨地区分布和移动情况，长江洪水可分为全流域型大洪水和区域性大洪水两种类型。区域性大洪水是发生在某些支流或干流某一河段的大洪水，洪峰高，短时间洪量很大，洪水过程历时较短，如“81.7”长江上游大洪水、“35.7”长江中游大洪水、“69.7”清江大洪水、“83.10”汉江秋季大洪水、“91.7”滁河大洪水及1995年、1996年长江中下游洪水等。全流域型大洪水是由连续多场大面积暴雨形成的，长江上游和中下游地区几乎同时发生较大洪水，干支流洪水遭遇，形成长江中下游峰高量大、历时长、灾害严重的大洪水或特大洪水。如1931年、1954年、1998年大洪水等。

2.2 防洪规划

2.2.1 洪水、洪灾

长江流域的洪灾基本上由暴雨洪水形成。洪灾分布范围广，除海拔3000m以上青藏高原的高寒、少雨区外，凡是有暴雨和洪水行经的地方，都可能发生洪灾。按暴雨地区分布和覆盖范围大小，通常将长江大洪水分为两类：一类是区域性大洪水，历史上的1860年、1870年及1935年、1981年、1991年洪水即为此类；另一类为流域性大洪水，1931年、1954年、1998年和历史上的1788年、1849年洪水即属此类。不论哪一类大洪水均会对中下游构成很大的威胁。此外，山丘区由短历时、小范围大暴雨引起的突发性洪水，往往产生山洪、泥石流、滑坡等灾害，严重威胁着人民生命财产的安全。上游高海拔地区存在冰湖溃决灾害。长江河口三角洲地带受风暴潮威胁最为严重。

长江中下游沿江两岸是我国经济社会发展的重要区域，而两岸平原区地面高程一般低于汛期江河洪水位数米至十数米，洪水灾害频繁、严重，一旦堤防溃决，淹没时间长，损失大。1931年、1935年大洪水，长江中下游死亡人数分别为14.5万、14.2万；1954年洪水为长江流域百年来最大洪水，长江中下游共淹农田4755万亩，死亡3万余人，京广铁路不能正常通车达 100 天；1998 年大洪水长江中下游受灾范围遍及 334 个县（市、区）、5271 个乡镇，倒塌房屋 212.85 万间，死亡 1562 人。

长江上游和支流山丘区洪水一般具有峰高、来势迅猛、历时短和灾区分散的特点，局部区域性大洪水有时也造成局部地区的毁灭性灾害，山洪灾害常造成大量人员伤亡。1981 年 7 月，四川、重庆腹地的岷江、沱江、嘉陵江发生特大洪水灾害，受淹农田 1311 万亩，受灾人口 1584 万，死亡 888 人。2007 年 7 月 17 日，重庆市发生局部短历时特大暴雨洪灾，山区河流洪水暴涨，农作物受灾面积 350 万亩，死亡 56 人。2010 年 8 月 8 日，甘肃省甘南州舟曲县城发生特大山洪泥石流灾害，死亡 1501 人，失踪 264 人。

2.2.2 防洪形势

经过几十年的防洪建设，长江中下游已基本形成了以堤防为基础、三峡水库为骨干，其他干支流水库、蓄滞洪区、河道整治工程及防洪非工程措施相配套的综合防洪体系，防洪能力显著提高。目前，长江流域共建有堤防约 34000km，其中，长江中下游 3900 余 km 干堤基本达到 1990 年国务院批准的《简要报告》确定的标准；为保障重点地区防洪安全，长江中下游干流安排了 40 处可蓄纳超额洪水约 590 亿 m^3 的蓄滞洪区，其中荆江分洪区、杜家台蓄滞洪区、围堤湖垸、澧南垸和西官垸等 5 处蓄滞洪区已建分洪闸进行控制；已建成以防洪为首要任务的主要水库有三峡、丹江口、江垭、皂市等，具有较大防洪作用的水库还有紫坪铺、五强溪、柘林、柘溪、隔河岩、水布垭、万安、漳河等；全面开展了河道整治，中下游河势基本稳定；流域内已建成报汛站超过 7000 个，初步建立了水情信息采集系统，其他通信预警系统及各种管理法律法规等非工程措施也正逐步完善。

随着三峡工程的投入运行，长江中下游防洪能力有了较大的提高，特别是荆江河段防洪形势有了根本性的改善。长江干支流主要河段现有防洪能力大致达到：荆江地区依靠堤防可防御 10 年一遇洪水，通过三峡水库调蓄，遇 100 年一遇及以下洪水可使沙市水位不超过 44.50m，不需启用荆江地区蓄滞洪区；遇 1000 年一遇或类似 1870 年特大洪水，通过三峡水库的调节，可控制枝城泄量不超过 $80000m^3/s$，配合荆江地区蓄滞洪区的运用，可控制沙市水位不超过 45.0m，保证荆江河段行洪安全。城陵矶河段依靠堤防可防御 10～20 年一遇洪水，考虑本地区蓄滞洪区的运用，可防御 1954 年洪水；遇 1931 年、1935 年、1954 年大洪水，通过三峡水库的调节，可减少分蓄洪量和土地淹没，一般年份基本上可不分洪（各支流尾闾除外）。武汉河段依靠堤防可防御 20～30 年一遇洪水，考虑河段上游及本地区蓄滞洪区的运用，可防御 1954 年洪水（其最大 30 天洪量约 200 年一遇）；由于上游洪水有三峡工程的控制，可以避免荆江大堤溃决后洪水对武汉的威胁；因三峡水库的调蓄、城陵矶附近地区洪水调控能力的增强，提高了长江干流洪水调度的灵活性，配合丹江口水库和武汉市附近地区的蓄滞洪区运用，可避免武汉水位失控。湖口河段依靠堤防可防御 20 年一遇洪水，考虑河段上游及本地区蓄滞洪区比较理想地运用，可满足防御 1954 年洪水的需要。汉江中下游依靠综合措施可防御1935年同大洪水，约相当于100年一遇。赣江可防御20～50年一遇洪水，其他支流大部分可防御10～20年一遇洪水，长江上游各主要支流依靠堤防和水库一般可防御10年一遇洪水。

虽然长江流域的防洪能力有了很大的提高，但长江防洪仍面临着如下主要问题和挑战：一是长江中下游河道安全泄量与长江洪水峰高量大的矛盾仍然突出，三峡工程虽有防洪库容221.5亿m^3，但相对于长江中下游巨大的超额洪量，防洪库容仍然不足，遇1954年大洪水，中下游干流还有约400亿m^3的超额洪量需要妥善安排，而大部分蓄滞洪区安全建设滞后，一旦启用损失巨大；二是长江上游、中下游支流及湖泊防洪能力偏低，山洪灾害防治还处于起步阶段，防洪非工程措施建设滞后；三是三峡及上游其他控制性水利水电工程建成后长江中下游长河段、长时期的冲淤调整，对中下游河势、江湖关系带来较大影响，尚需加强观测，并研究采取相应的对策措施；四是近些年来，受全球气候变暖影响，长江流域部分地区极端水文气候事件发生频次增加、暴雨强度加大，一些地区洪灾严重；五是流域经济社会快速发展与城市化进程加快，人口与财富集中，一旦发生洪灾，损失越来越大。

2.2.3 防洪治理原则、标准及目标

(1)治理原则

实行洪水风险管理，工程措施与非工程措施相结合，处理好人与洪水的关系；中下游地区是长江流域防洪的重点，应遵循“蓄泄兼筹，以泄为主”的治理方针，和“江湖两利，左右岸兼顾，上中下游协调”的原则；上游地区应坚持疏导与水库调蓄相结合，治河与治坡相结合；长江口地区风暴潮灾害防御应坚持工程措施与非工程措施相结合；山洪灾害与冰湖灾害防治应坚持群测群防，以防为主、防治结合，以非工程措施为主、非工程措施与工程措施相结合。

(2)防洪标准

长江中下游是我国重要的商品粮基地，沿江有武汉、南京、上海等大中城市和一批重要的工业企业，京广、京沪、京九等铁路以及京珠、沪蓉高速公路等从区内通过，是我国精华地区之一。根据长江中下游平原区的政治经济地位和20世纪及以前曾经出现过的洪水与洪灾情况，长江中下游总体防洪标准为防御新中国成立以来发生的最大洪水，即1954年洪水，在发生类似1954年洪水时，保证重点保护地区的防洪安全。根据荆江河段的重要性及洪灾严重程度，确定荆江河段的防洪标准为100年一遇，即以防御枝城100年一遇洪峰流量为目标，同时对遭遇类似1870年洪水应有可靠的措施保证荆江两岸干堤不发生自然漫溃，防止发生毁灭性灾害。感潮河段堤防可考虑潮水和台风影响，按相关规范确定防洪潮标准；上海市长江口南岸(含宝山区和浦东新区)、长兴岛堤防及崇明岛城市化地区堤防按200年一遇高潮位遇12级风标准建设；横沙岛堤防、崇明岛其他堤防、江苏长江口干堤按100年一遇高潮位遇11级风标准建设。

上游干流及主要支流总体防洪标准应达20年一遇，同时对流域内已发生的造成严重灾害的大洪水要有可靠的防御对策，保障重点地区防洪安全。流域内地级城市的防洪标准一般为50年一遇，县级城镇的防洪标准一般为20年一遇，重要地级、县级城市和工业重镇的防洪标准可适当提高。

中下游干流沿江的岳阳、武汉、黄冈、鄂州、黄石、九江、安庆、池州、铜陵、芜湖、马鞍山、南京、镇江等13个地级以上城市应达到整体防御1954年洪水的标准；宜昌市、荆州市防洪标准为100年一遇；南通市按100年一遇高潮位遇11级风进行堤防建设；上海市城区黄浦江干流防洪标准为1000年一遇。重庆市主城区（北碚区除外）按照50年一遇的防洪标准进行防洪护岸工程建设，通过非工程措施达到100年一遇防洪标准；宜宾市、泸州市主城区防洪标准为50年一遇，通过防洪护岸工程建设，并结合上游水库的兴建，逐步提高其防洪能力。成都、昆明、贵阳、长沙、南昌、合肥等6个支流省会城市的主城区应达到100～200年一遇的防洪标准，除主城区外的中心城区重要河段防洪标准应达到50～100年一遇外，一般河段应达到20～50年一遇的防洪标准。

（3）防洪规划目标

考虑三峡及其他控制性水利水电工程建成后对长江防洪的作用和影响，完善长江综合防洪体系。到2020年，荆江地区防洪能力达到100年一遇防洪标准，遭遇类似1870年特大洪水时，不发生毁灭性灾害。城陵矶及以下干流河段能防御1954年洪水，重要蓄滞洪区能适时按量使用。主要城市、洞庭湖区和鄱阳湖区重点圩垸、上游干流、主要支流基本达到规定的防洪标准。初步建成重点防治区监测、通信、预警等为主的非工程措施与工程措施相结合的山洪灾害防灾减灾体系。

至2030年，进一步完善综合防洪体系，减少蓄滞洪区的运用几率和使用范围，防洪能力进一步提高。遇常遇洪水和较大洪水时，可保障经济发展和社会安全，在遭遇流域性大洪水或特大洪水时，经济社会生活不发生大的动荡，生态环境不遭受严重破坏，灾害损失明显减少，不会对可持续发展进程产生重大影响。基本建成山洪灾害防灾减灾体系。

2.2.4 防洪区划分

防洪区是指洪水泛滥可能淹及的地区。长江流域防洪区面积为15.38万km^2，其中长江上游（主要包括云南、四川、贵州及重庆三省一市）面积为1.34万km^2，长江中下游防洪区面积为14.04万km^2。

长江中下游防洪区分为防洪保护区、蓄滞洪区及行洪区三类。

防洪保护区是指遇防御标准洪水时应保障防洪安全的地区，主要包括中下游干流堤防保护区，洞庭湖区、鄱阳湖区重点堤垸，主要支流城镇及尾闾地区。长江中下游防洪保护区总面积11.85万km^2、人口约9710万、耕地面积约6750万亩，分别占防洪区的84.4%、90.0%、84.8%。

蓄滞洪区是指包括分洪口在内的河堤背水面以外临时贮存洪水的低洼地区及湖泊等。蓄滞洪区主要分布在长江中下游干流及部分支流，总面积 1.35 万 km^2，内有人口约 740 万、耕地面积约 828 万亩，长江中下游干流地区安排了 40 个蓄滞洪区，总面积 1.2 万 km^2，区内人口约 686 万、耕地约 712 万亩，有效蓄洪容积约 590 亿 m^3。

行洪区是指除防洪保护区和蓄滞洪区以外遇大洪水时洪水泛滥淹及的长江干流及主要支流两岸堤防之间的洲滩民垸、洞庭湖及鄱阳湖区的一般圩垸。长江中下游行洪区总面积为 8400km^2，内有耕地约 384 万亩、人口约 334 万。

2.2.5 防洪体系及布局

(1)中下游干流

长江中下游采取合理地加高加固堤防，整治河道，安排与建设平原蓄滞洪区，结合兴利修建干支流水库，逐步建成以堤防为基础、三峡水库为骨干，其他干支流水库、蓄滞洪区、河道整治相配合，平垸行洪、退田还湖、水土保持等工程措施与防洪非工程措施相结合的综合防洪体系。

长江中下游 4 个主要控制站的防洪控制水位分别为沙市 45.00m、城陵矶 34.40m、武汉 29.73m 和湖口 22.50m。关于城陵矶防洪控制水位，从江湖关系变化对城陵矶附近区防洪形势的影响、三峡工程及上游干支流水库建设对城陵矶附近区的防洪作用等方面进行了专题研究，认为上游干支流控制性水库建成后，对中下游河道冲淤和水位的影响，还有待实际洪水检验，总的趋势应是在同等洪水条件下城陵矶附近水位会有所降低。因此，城陵矶防洪控制水位近期仍宜维持 34.40m，今后可根据中下游河湖冲淤调整、江湖关系变化及上游水库建设的实际情况，对城陵矶防洪控制水位再做进一步研究，并论证是否需要调整。

在三峡工程建成前，遇 1954 年洪水，长江中下游需妥善安排约 492 亿 m^3 超额洪量，其中荆江地区 54 亿 m^3，城陵矶附近区 320 亿 m^3(洪湖、洞庭湖区各分蓄 160 亿 m^3)，武汉附近区 68 亿 m^3，湖口附近区 50 亿 m^3(鄱阳湖区、华阳河各 25 亿 m^3)。三峡工程建成后，按照三峡工程初步设计的防洪调度方式。遇 1954 年洪水，长江中下游总分蓄洪量为 336～398 亿 m^3。

近年来，江湖关系有所变化，根据现状各方面条件，在三峡工程初步设计的基础上，对三峡水库试验蓄水期防洪调度方案又进行了研究，考虑了对城陵矶补偿的防洪调度方式。遇 1954 年洪水，相应长江中下游总分洪量约为 400 亿 m^3，其中城陵矶附近分洪量约 300 亿 m^3。若进一步考虑长江上游干支流溪洛渡、向家坝、乌东德、白鹤滩、亭子口等水库相继建成，长江中下游总分洪量将明显减少，但由于河道冲刷程度不一，导致上下游河段泄流能力增加幅度不一，超额洪量可能出现区域调整，今后需在加强原型观测和科学研究的基础上，采取应对措施。

(2)上游干流及主要支流

长江上游干流及主要支流结合兴利，兴建控制性防洪水库，在承担本地区防洪任务的同时，尽可能承担长江中下游干流的防洪任务；对病险水库分期分批除险加固；整治干支流河道；对需保护的较重要城镇和重要地区，筑堤护岸；加强中小河流治理和山洪灾害防治；加强水土保持；强化水情测报及其他防洪非工程措施建设。

2.3 长江流域治理概况

新中国的成立，开创了长江治理开发与保护的新纪元。60余年的治江历程大致分为4个阶段：第一阶段1949—1957年，为逐步恢复阶段；第二阶段1958—1977年，为曲折前进阶段；第三阶段1978—1997年，为改革发展阶段；第四阶段1998年至今，即深入推进阶段。分述如下：

第一阶段1949—1957年。新中国成立之初，针对当时严峻的防洪形势而又残破不堪的长江堤防，大力进行堵口复堤和堤防的整修加固工作，与此同时开展了基本资料搜集整理、分析研究和长江中下游平原区防洪排渍规划工作。流域各省大力恢复、整修堤防，使长江中下游干支流河道堤防高程达到当地1949年或1931年最高洪水位超高1m的标准；大力兴修蓄洪垦殖工程，主要有洞庭湖大通湖蓄洪垦殖工程、荆江分洪工程、汉江杜家台分洪工程；恢复和整修了小型水利设施，有重点地兴建小型排灌工程，仅四川、湖北、湖南3个省即修建塘堰等小型水利设施300多万处；兴建了陕南石门水库、湖北黑屋湾水库等以灌溉为主要任务的大型水库和江西上犹江水电站、四川龙溪河狮子滩水电站等水力发电工程。

第二阶段1958—1977年。长江水利建设以江河治理、农田水利建设为中心，兼顾水资源利用，由于受“大跃进”热潮和“文化大革命”的影响，历经曲折，但仍取得了重要发展，特别是长江流域综合利用规划和一些骨干性工程建设取得了明显的进展。长江流域共建成大、中、小型水库4万余座，开工建设大型水库106座。其中，1958年9月丹江口水利枢纽动工兴建，还相继建成了鸭河口、白莲河、柘溪、漳河、富水、陈村、柘林、黄龙滩、花凉亭等一批库容10亿m^3以上的大型水库，凤滩、乌江渡、东江、升钟、安康、万安等具有防洪、灌溉、发电等综合效益的大型水利枢纽在此期间开工建设。这一时期还大规模兴建了防洪排涝工程、灌溉工程，开展了中下游干流河道崩岸治理和护岸工程，实施了下荆江裁弯工程。

第三阶段1978—1997年。此阶段治江工作全面开展，投入进一步加大，已有工程效益得到巩固提高。三峡、葛洲坝、南水北调等一批骨干工程建设取得积极进展。1988年底葛洲坝工程完建，1994年12月，三峡工程主体工程正式开工。长江流域陆续建成或开工兴建了东江、万安、隔河岩、五强溪、二滩等大型水利枢纽工程；加强了长江堤防和防洪排涝工程建设，并对重点水库实施了除险加固；进一步治理洞庭湖、鄱阳湖，加固重点垸堤，整治尾闾洪道；加强长江上游重点水土流失区的小流域治理；开展了长江中下游重点河段的整治。这些标志着长江治理开发和水资源综合利用进入了一个新的历史时期。

第四阶段1998年至今。在成功抗御1998年长江流域性特大洪水后，作出灾后重建、整治江湖、兴修水利的重大战略部署，大幅度增加了对长江水利的投入。根据以防洪为中心的

“治江三阶段”主要任务基本付诸实施的实际，提出了“维护健康长江，促进人水和谐”的新时期治江思路，按照“在保护中促进开发、在开发中落实保护”的原则，统筹保护与开发，协调生态与发展，加快防洪减灾、水资源综合利用、水资源及水生态与环境保护、流域综合管理四大体系建设，逐步实现保障防洪安全、合理开发利用、维系优良生态、稳定河势河床四大战略目标。

2.4　重要控制性水库概况

(1)二滩水电站

二滩水电站是以发电为主的综合利用水利枢纽，处于雅砻江下游，坝址距雅砻江与金沙江的交汇口 33 公里(见图 2.4-1)。根据防洪规划，二滩水库的防洪任务为：①确保枢纽自身防洪安全；②配合三峡等水库承担长江中下游的防洪任务；③配合金沙江水库群减轻川渝河段防洪压力。

图 2.4-1　二滩水电站鸟瞰图

水库运行调度原则为：6 月 1 日至 7 月 31 日控制库水位不超过 1190.0m，8 月份一般情况下水库运行水位为 1195.0m。当长江中下游发生大洪水时，适时拦蓄雅砻江来水，减少进入三峡水库的洪量；若川渝河段发生大洪水时，适时进行拦洪、削峰和错峰，减轻川渝河段防洪压力；水电站水位达到 1200.0m 之后实施保枢纽安全调度。9 月中旬可蓄至正常蓄水位 1200m。非汛期水库根据兴利需求进行调度。

(2)溪洛渡水电站

溪洛渡水电站是我国“西电东送”的骨干电源点，是长江防洪体系中的重要工程(见图 2.4-2)。溪洛渡水电站以发电为主，兼顾防洪、拦沙和改善下游航运条件等。工程开发目标一方面用于满足华东、华中、南方等区域经济发展的用电需求，实现国民经济的可持续发

展;另一方面兴建溪洛渡水库是解决川渝防洪问题的主要工程措施,配合其他措施,可使川渝沿岸的宜宾、泸州、重庆等城市的防洪标准显著提高。同时,与下游向家坝水库在汛期共同拦蓄洪水,可减少直接进入三峡水库的洪量,增强了三峡水库对长江中下游的防洪能力,在一定程度上缓解了长江中下游防洪压力。

设计阶段拟定的调度原则为:汛期(6—9月上旬)水库水位按不高于汛期限制水位560m运行;9月中旬开始蓄水,每日的库水位上升速率不低于2m,并控制电站出力不低于保证出力,9月底水库水位蓄至600m;12月下旬至5月底为供水期,5月底水库水位降至死水位540m。

图 2.4-2 溪洛渡水电站鸟瞰图

(3)向家坝水电站

向家坝水电站是金沙江干流梯级开发的最下游一个梯级电站(见图2.4-3),坝址上距溪洛渡河道里程为156.6km,下距宜宾市33km。向家坝水电站的开发任务以发电为主,同时改善通航条件,结合防洪和拦沙,兼顾灌溉,并具有为上游梯级溪洛渡电站进行反调节的作用。

设计阶段拟定的调度原则为:汛期6月中旬至9月上旬按汛期限制水位370m运行,9月中旬开始蓄水,9月底蓄至正常蓄水位380m;10—12月一般维持在正常蓄水位或附近运行;12月下旬至6月上旬为供水期,一般在4、5月份来水较丰时回蓄部分库容,至6月上旬末水库水位降至370m。

图 2.4-3 向家坝水电站鸟瞰图

(4)亭子口水利枢纽

亭子口水利枢纽位于四川省广元市苍溪县境内(见图 2.4-4),下距苍溪县城约 15km,嘉陵江干流开发中唯一的控制性工程,是以防洪、发电及城乡供水、灌溉为主,兼顾航运,并具有拦沙减淤等效益的综合利用工程。

亭子口水利枢纽坝址控制流域面积 61089km²,占南充市以上流域面积的 81.4%,占武胜水文站以上流域面积的 78.5%,占北碚以上流域面积的 39%,控制了嘉陵江中游地区洪水的主要来源,提高嘉陵江中下游地区防洪能力是亭子口水利枢纽重要的工程任务之一。嘉陵江是长江上游洪水的主要来源之一,且与长江干流洪水遭遇频繁。亭子口水利枢纽除承担嘉陵江中下游的防洪任务外,还要配合三峡水库对长江中下游防洪发挥重要作用。

图 2.4-4 亭子口水利枢纽鸟瞰图

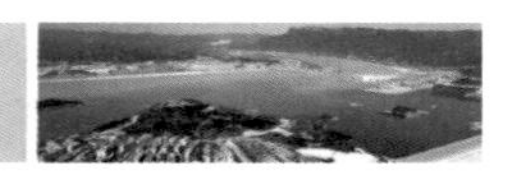

(5)三峡水利枢纽

三峡水利枢纽是长江干流开发最末一梯级(见图 2.4-5),是长江流域防洪系统中关键性控制工程。三峡工程建成后,能有效调控长江上游洪水,提高中游各地区防洪能力,特别是使荆江地区防洪形势发生了根本性变化:可使荆江河段达到 100 年一遇的防洪标准,遇超过 100 年一遇至 1000 年一遇洪水,包括类似历史上最大的 1870 年洪水,可控制枝城泄量不超过 80000m^3/s,在荆江分洪区和其他分蓄洪区的配合下,可防止荆江河段发生干堤溃决的毁灭性灾害;城陵矶附近分蓄洪区的分洪几率和分洪量也可大幅度减少,可延缓洞庭湖淤积,长期保持其调洪作用。

图 2.4-5　三峡水库枢纽鸟瞰图

以下是三峡水库防洪调度方式。在三峡论证和初步设计阶段对三峡水库防洪调度方式进行了大量的研究,将对荆江河段补偿调度方式作为三峡水库的设计调度方式,同时也初步提出了对城陵矶河段进行补偿调度的设想;在三峡水库优化调度方案研究中除了对初步设计阶段所拟定的三峡对荆江河段的调度方式进行复核外,还结合近期的江湖关系变化,对城陵矶补偿库容分配、补偿流量、控制水位等做了进一步研究,该方案于 2009 年 10 月由水利部报国务院批准实施。

1)三峡水库对荆江补偿调度方式

根据三峡工程防洪规划,由三峡工程对长江洪水进行调控,使荆江地区防洪标准达到 100 年一遇,在遭遇 1000 年一遇或者类似 1870 年洪水时,控制枝城泄量不大于 80000m^3/s,在分蓄洪区的配合运用下保证荆江河段行洪安全,避免发生毁灭性灾害。根据防洪目标,三峡水库对荆江补偿调度采取分级补偿调度方式。

①遇 100 年一遇以下洪水,按控制沙市水位 44.5m 进行补偿调节,相应控制补偿枝城泄量为 56700m^3/s。

②遇 100 年一遇以上至 1000 年一遇洪水，在水库达到 100 年一遇洪水的蓄洪水位后，按相应控制补偿枝城最大流量不超过 80000m^3/s 进行补偿调节，配合采取荆江分洪措施控制沙市水位 45m。

③洪水超过 1000 年一遇或水库水位已达 175m，则以保证大坝安全为原则，水库按泄流能力下泄，不再考虑下游防洪要求。

2）三峡水库兼顾城陵矶补偿的调度方式

对城陵矶补偿调度是考虑下游来水较大，在保证遇特大洪水时荆江河段防洪安全前提下，尽可能提高三峡工程对一般洪水的防洪作用，减少城陵矶地区的分洪量。三峡水库优化调度方案在三峡初步设计的基础上，进一步对城陵矶防洪补偿调度方式进行了深入研究。

经研究，将三峡工程的防洪库容 221.5 亿 m^3 自下而上划分为三部分：第一部分预留库容 56.5 亿 m^3 用作既对城陵矶防洪补偿也对荆江防洪补偿；第二部分预留库容 125.8 亿 m^3 仅用作对荆江防洪补偿；第三部分预留库容 39.2 亿 m^3 作为对荆江特大洪水进行调节。将相应于第一部分防洪库容蓄满的库水位称为“对城陵矶防洪补偿控制水位”（相应水位为 155m），将相应于第一部分与第二部分防洪库容之和的库水位称为“对荆江防洪补偿控制水位”（相应水位为 171m），如图 2.4-6 所示。具体防洪调度方式如下：

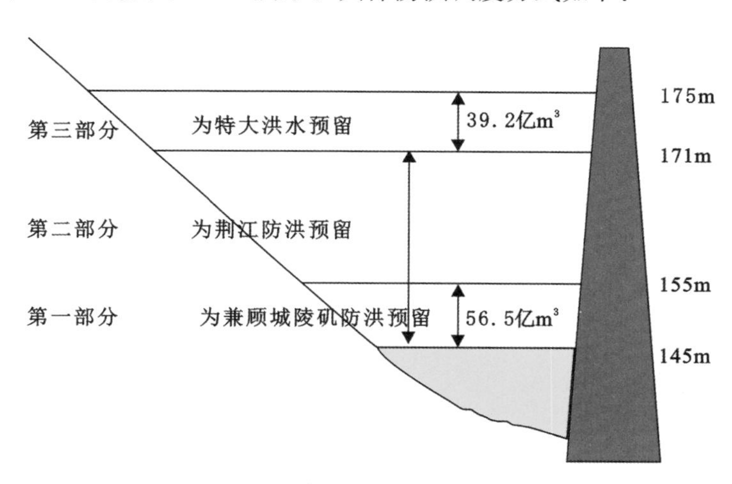

图 2.4-6　三峡水库防洪库容分配示意图

①当三峡水库水位低于“对城陵矶防洪补偿控制水位”时，水库当日泄量为：

当日荆江补偿的允许泄量及第三日城陵矶补偿的允许泄量二者中的小值（在一般情况下，城陵矶补偿的允许泄量均小于荆江补偿的允许泄量）。

$q_1 = 56700 -$ 当日宜—枝区间流量

$q_2 = 60000 -$ 第三日宜—城区间流量

实际下泄量 $q = \min(q_1, q_2)$

但如果 $q < 25000m^3/s$，则取为 $25000m^3/s$。

②当三峡水库水位高于“对城陵矶防洪补偿控制水位”而低于“对荆江防洪补偿控制水

位”时，三峡工程当日下泄量等于当日荆江补偿的允许泄量，即 $q=56700-$ 当日宜—枝区间流量。

③当三峡水库水位高于“对荆江防洪补偿控制水位”时，水库当日下泄量按 $q=80000-$ 当日宜—枝区间流量，但不大于当日实际入库流量(此时荆江地区采取分蓄洪措施，控制沙市水位不高于45.0m)。

④当三峡水库水位超过175m时，则以保证大坝安全为主，对洪水适当调节下泄。

2.5 长江上游干支流沿江重要城镇

根据《防洪标准》(GB 50201)，上游干流及主要支流总体防洪标准应达20年一遇，同时对流域内已发生的造成严重灾害的大洪水要有可靠的防御对策，确保重点地区防洪安全。上游岷江、嘉陵江及乌江等支流，防护对象主要为沿江城镇，拟定地级城市防洪标准为50年一遇，县级城镇防洪标准为20年一遇。位于上游干流的城市重庆市，根据淹没区非农业人口和损失的大小，结合城市所处地位的重要性，确定主城区防洪标准为100年一遇以上。宜宾市、泸州市防洪标准为50年一遇。

(1)川渝河段

①宜宾市

宜宾市按市中区50年一遇的标准修建了堤防，柏溪区及菜坝区按20年一遇的标准修建了堤防。远景随着上游水库特别是金沙江溪洛渡、向家坝等梯级水库的建成运用，将进一步提高城市防洪标准。

②泸州市

泸州市长江北岸高坝工业区和沱江右岸中心城区按50年一遇的标准修建了堤防，沱江左岸及长江南岸区按20年一遇的标准修建了堤防。随着上游水库的兴建，防洪标准可进一步得到提高。

③重庆

重庆市位于长江上游，主城区坐落于长江与嘉陵江交汇处，两江将主城区分割为南岸、渝中、江北三大片区。根据《防洪标准》，同时考虑到城区所处的具体地形，拟定重庆市主城区防洪标准为100年一遇。主城区外的市域中心城区重要河段防洪标准为50年一遇，一般河段防洪标准为20年一遇。

(2)嘉陵江干流中下游

①南充市

嘉陵江及右岸支流桓子河将南充市城区分为3块，分别为顺庆区、嘉陵区和高坪区。经综合分析，确定顺庆区、嘉陵区、高坪区防洪标准均采用50年一遇。

②阆中市

阆中市城区现状和2010年发展规划的城镇人口均在20万以下，但该市为国务院命名的国家级历史文化名城，城区内有国家级历史文物和明清时期的古建筑群，受洪水淹没易造成损坏，且难以复原，参照《防洪标准》的有关规定，阆中市的城市等级为Ⅳ级，防洪标准采用50年一遇。

③苍溪、南部、仪陇、蓬安、武胜等5座县城

根据《防洪标准》规定，苍溪、南部、仪陇、蓬安、武胜等5座县城的城市等级为Ⅳ级，防洪标准采用20年一遇。

(3)乌江干流中下游

①思南县

思南县位于乌江中下游、贵州省东北部。根据《防洪标准》规定，思南县城防洪标准为20年一遇。

②沿河县

沿河县位于贵州省东北角，总体地势较陡，是一个典型的依山而建的山城。由于受地形影响，沿河县城沿河两岸建筑物建基面高程较低，是沙沱水电站下游和彭水水电站库区的重要防洪对象。《防洪标准》规定，沿河县城防洪标准为20年一遇。

③彭水县

彭水县位于重庆市东南部，根据《彭水县城防洪规划》，彭水县防洪标准为20年一遇。

④武隆县

武隆县位于重庆市东南边缘，根据《重庆市武隆县城市防洪规划》，武隆县防洪标准为20年一遇。

2.6 长江中下游重点河段及地区

(1)荆江河段

荆江河段是长江防洪形势最严峻的河段，历来是长江乃至全国防洪的最重点。自明代荆江大堤基本形成以来，堤内逐步成为广袤富饶的荆北大平原。荆江南岸是洞庭湖平原，万一大堤溃决或被迫分洪，将造成极为严重的洪灾。

荆江河段防洪控制点为沙市站，沙市站保证水位为45.0m。目前荆江河段两岸堤防已达到设计标准。北岸荆江大堤堤顶高程超设计水位(沙市水位45.0m，相应城陵矶34.4m的水面线)2.0m；南岸松滋江堤、荆南长江干堤超设计水位1.5m(其中荆南长江干堤下段为荆江分蓄洪区围堤，按蓄洪水位42.0m超高2.0m)。

根据目前沙市站水位流量关系曲线，沙市水位45.0m，相应城陵矶34.4m时，沙市泄量约为53000m^3/s，比《简要报告》采用的50000m^3/s略大，枝城流量约为60600m^3/s。沙市水位44.5m，相应城陵矶33.95m时，沙市泄量约50000m^3/s,，枝城流量约为57300m^3/s，比三峡工程论证阶段采用枝城控制流量56700m^3/s略大。

沙市控制水位若提高至45.0m，将增加城陵矶附近分洪量，对城陵矶河段防洪不利。为充分发挥三峡工程的防洪作用，三峡工程调度运用时，沙市控制水位仍采用44.5m。

(2)城陵矶地区

城陵矶地区受长江干流和洞庭湖“四水”洪水的共同影响，是长江中下游流域洪灾最频发的地区，区域周围分布着众多蓄滞洪区，一旦启用，损失较大。因此，城陵矶地区防洪目标为最大限度地减少该地区的分洪量。

城陵矶河段防洪控制点为城陵矶站，城陵矶(莲花塘)站保证水位为34.4m。由于该站为一水位站，相应某一水位的泄量是采用城陵矶与螺山水位相关，再用螺山水位流量关系查得，因此，螺山水位流量关系实际上反映了城陵矶河段的泄流能力。螺山水位流量的影响因素十分复杂，根据螺山水位流量关系研究成果，现状水位流量关系线与《简要报告》采用成果相比，在中低水，同流量水位有所抬高，随着螺山流量的逐渐增大，抬高值减小。

三峡工程可行性研究阶段，在研究对城陵矶补偿调度时，控制城陵矶水位34.4m，相应螺山流量采用60000m^3/s。根据1980—2002年大水年螺山实测的水位流量资料，点绘螺山水位流量实测点据可见，点据成带状分布，在城陵矶流量60000m^3/s时，水位为32.4～34.6m，平均为33.5m。城陵矶(莲花塘)站至螺山站落差为0.95m，相应城陵矶水位34.4m，螺山水位为33.45m，与33.5m相差不大，即城陵矶水位34.4m，相应螺山流量约为60000m^3/s，本阶段研究仍沿用三峡工程论证阶段采用的城陵矶控制泄量。

目前城陵矶河段两岸堤防已达设计标准。为增强城陵矶河段洪水调度的灵活性，北岸监利、洪湖江堤(龙口以上)、两岸岳阳长江干堤堤顶高程比《简要报告》规定再增加0.5m，堤顶超高采用2.0m，堤防防御洪水的安全度大大提高。

(3)武汉河段

武汉市位于江汉平原东部，长江与汉江出口交汇处，内联九省，外通海洋，承东启西，联系南北，是我国内地最大的水、陆、空交通枢纽，素有“九省通衢”之称。长江与汉江将武汉市分割为汉口、武昌、汉阳三片，防洪自成体系。武汉市区规划堤防总长195.77km，按相应汉口水位29.73m，超高2m加高加固。

武汉河段防洪控制点为汉口站，汉口站保证水位为29.73m。防洪规划实施后，堤防防御标准为20～30年一遇，更大的洪水依靠分蓄洪来控制，在规划的蓄滞洪区理想运用条件下，可防御1954年洪水(汉口最大30天洪量约200年一遇)。三峡工程建成后，可减少蓄滞洪区使用机会，进一步提高其防洪能力。

《简要报告》中考虑武汉市地位的重要性，汉口站分洪控制水位采用29.5m，相应泄量采用71600m^3/s。根据目前汉口站水位流量关系线分析，汉口站水位29.5m时，相应泄量约为73000m^3/s，比《简要报告》采用的71600m^3/s相比略大。

(4)湖口河段

湖口河段防洪控制点为湖口站，其保证水位22.5m。目前湖口河段两岸堤防已达设计标准。经过加高加固，堤防防御洪水的安全度已大大提高。《简要报告》中湖口站水位22.5m时，相应泄量采用83500m^3/s。根据目前湖口站水位流量关系线分析，湖口站水位22.5m时，相应泄量约为83000m^3/s，与《简要报告》采用的83500m^3/s相接近。

2.7 中下游蓄滞洪区概况

根据长江中下游防洪方案的研究，遇1954年型洪水，在三峡工程发挥作用前，长江中下游地区需妥善安排约492亿m^3超额洪量，其中荆江地区需分洪54亿m^3，城陵矶附近区320亿m^3(洪湖、洞庭湖区各分蓄160亿m^3)，武汉附近区68亿m^3，湖口附近区50亿m^3(鄱阳湖区、华阳湖各25亿m^3)。为此，安排了荆江地区、城陵矶附近区、武汉附近区、湖口附近区等四片共40个蓄滞洪区，总面积1.22万km^2，耕地面积711.8万亩，人口约632.5万，有效蓄洪容积约589.65亿m^3。详见表2.7-1。

表2.7-1　　长江流域蓄滞洪区基本情况表

序号	蓄滞洪区	蓄洪水位(m)	蓄洪面积(km^2)	耕地面积(万亩)	人口(万)	有效容积(亿m^3)
	总计		11894.3	711.8	632.53	589.65
一	荆江地区		1465.3	90.2	88.67	71.60
1	荆江分洪区	42.00	921.34	49.31	58.18	54.00
2	涴市扩大区	43.00	96.00	8.66	6.12	2.00
3	人民大垸	38.50	362.00	24.75	19.04	11.80
4	虎西备蓄区	42.00	86.00	7.51	5.34	3.80
二	城陵矶附近区		5770.51	363.97	295.32	344.75
1	洞庭湖地区		2973.11	239.60	165.80	163.81
	西洞庭湖区	36.00～44.61	780.49	59.97	45.30	48.38
	南洞庭湖区	34.83～35.41	907.40	80.51	55.20	53.09
	东洞庭湖区	34.61～36.69	1074.22	84.39	57.37	51.93
	江南陆城	33.50	211.00	14.73	7.92	10.41
2	洪湖蓄滞洪区	32.50	2797.4	124.37	129.52	180.94
三	武汉附近区		2943.88	164.48	175.84	122.10
	西凉湖	31.00	1095.00	37.14	48.64	42.30
	东西湖	29.50	444.00	22.14	29.50	20.00
	武湖	29.10	277.90	18.64	14.59	18.10
	张渡湖	28.30	309.00	39.45	30.37	10.00
	白潭湖	27.50	204.00	11.81	39.98	8.80
	杜家台	30.00	613.98	35.3	12.75	22.90
四	湖口附近区		1714.55	93.16	72.69	51.20
1	鄱阳湖区		549.55	30.72	16.68	26.20
	康山圩	22.55	312.37	15.20	6.17	15.70
	珠湖圩	22.54	152.49	8.00	9.39	5.60
	黄湖圩	23.26	49.28	4.63	0.29	2.90
	方州斜塘圩	22.67	35.41	2.89	0.82	2.00
2	华阳河分蓄洪区	19.20	1165	62.44	56.01	25.00

注：西洞庭湖区包括：围堤湖、六角山、九垸、西官、安澧、澧南、安昌、安化、南顶、和康、南汉；南洞庭湖区包括：民主、共双茶、城西、北湖、义合、屈原；东洞庭湖区包括：集成安合、钱粮湖、建设、建新、君山、大通湖四垸。

2.7.1 荆江地区蓄滞洪区

荆江地区蓄滞洪区包括荆江分洪区、涴市扩大分洪区、人民大垸及虎西备蓄区四处。蓄洪面积1465.3km^2，耕地面积90.2万亩，人口88.7万，有效蓄洪面积71.60亿m^3。

(1)荆江分洪区

荆江分洪区地处长江中游的荆江和虎渡河之间，位于湖北省公安县境内，东西平均宽13.6km，南北长68km，面积921km^2。设计蓄洪水位42.0m，有效蓄洪容量54.00亿m^3。分洪区于1952年经中央政务院批准建成，主体工程有208km围堤，太平口进洪闸(北闸)和虎渡河控制闸(南闸)。太平口进洪闸已完成加固工程，进洪能力相应沙市水位45.00m(冻结吴淞高程，以下除特别注明外均为冻结吴淞高程)为7700m^3/s，必要时还可在腊林洲扒堤，增加分洪流量。

荆江分洪区是荆江防洪系统的重要组成部分，它的主要作用是蓄纳上游来水超过上荆江安全泄量的超额洪水，即枝城来水经松滋，虎渡两口分泄后，沙市洪水位将超过45.00m，并预报上游来水有继续增大的趋势的情况下，经中央批准后运用，以确保荆江大堤的防洪安全，并减轻洞庭湖区和武汉市的洪水威胁。

(2)涴市扩大分洪区

涴市扩大分洪区东起荆州区太平口与荆江分洪区隔河(虎渡河)相望，西抵涴里隔堤，北滨长江，南至里甲口。1963年由水电部报国务院批准实施。东西平均宽5.33km，南北长17.2km，面积96km^2。设计蓄洪水位43.00m，有效蓄洪容量2.00亿m^3。主体工程有涴市至甲里口隔堤、涴市至太平口长江干堤和太平口至里甲口虎西堤，堤防总长52.6km。分洪区进洪口门拟在隔堤北端下游约500m处的江堤上，设计分洪流量5000m^3/s。

扩大分洪区是当长江干流枝城来量大于75000～80000m^3/s时予以运用的，它的主要作用是补充荆江分洪区进洪流量的不足，与荆江分洪区联合运用以扩大分洪效果。

(3)虎西备蓄区

虎西备蓄区建于1954年，是荆江分洪区的补充部分。该区位于虎渡河以西，上起大至岗，下迄黄山头，西以山岗为界。东西平均宽约3.3km，南北长28km，面积约86km^2，设计蓄洪水位42.0m，有效蓄洪容量3.80亿m^3。主体工程有大至岗—黄山头虎西堤、大至岗—黄山头的山岗堤。进洪口拟在虎西堤的肖家咀。

在荆江分洪区水位达设计水位或接近设计水位，而预报分洪量可能超过2亿～3亿m^{3}时，在控制南闸下泄流量不超过3800m^3/s条件下，扒开虎东堤和虎西堤，使洪水进入备蓄区，以补充分洪区容量不足。

(4)人民大垸蓄滞洪区

人民大垸蓄滞洪区位于荆江中段左岸，北依荆江大堤，南濒长江，上起江陵柳口，下抵监利杨家湾，总面积362km^2，总蓄洪容量11.80亿m^3。蓄滞洪区内分上、下人民大垸，分洪口门在新厂下约4km的上人民大垸支堤茅林口，桩号33+800～36+500，设计口门宽度2700m，设计分洪流量20000m^3/s。

人民大垸也是荆江分洪工程的组成部分，当涴市扩大分洪区运用，并且在无量庵扒堤吐洪后，原则上人民大垸必须运用，等量分（蓄）无量庵泄入荆江的洪水。

2.7.2 城陵矶附近区蓄滞洪区

城陵矶附近蓄滞洪区由洪湖蓄滞洪区及洞庭湖区24个蓄滞洪区组成，蓄洪面积5770.5km^2，耕地面积363.9万亩，人口295.3万，有效蓄洪面积344.75亿m^3。

（1）洞庭湖蓄滞洪区

在1980年长江中下游防洪座谈会上，明确洞庭湖区承担蓄洪160亿m^3的任务，为此湖南省确定钱粮湖、民主、共双茶垸等24个垸（场）为蓄洪区。其蓄洪面积2834km^2，有效蓄洪总容量163.81亿m^3，蓄洪垸堤防总长1214.6km。

洞庭湖区蓄洪堤垸相对独立，并具有双重功能。一是分蓄干流洪水；二是对四水局部洪水起调蓄作用。一般可根据干流及四水的洪水频率、超额洪水大小逐个运用。

经过多年建设，蓄洪垸堤防防洪能力有了一定提高，但均未达标。安全建设方面：修筑安全台和顺堤台109.65万m^2；兴建公用、民用避水楼4761栋、避水面积81.63万m^2；转移道路1102.5km，转移桥梁3654.3m；解决了部分群众转移问题。

（2）洪湖蓄滞洪区

洪湖蓄滞洪区是处理城陵矶附近地区超额洪水，保障荆江大堤、武汉市防洪安全的一项重要工程措施。洪湖蓄滞洪区位于长江中游荆江河段北岸的洪湖市、监利县境内，由监利洪湖江堤、东荆河堤和洪湖主隔堤围成。蓄洪面积2797.4km^2，设计蓄洪水位32.50m，蓄洪容积180.94亿m^3。遇长江中下游防洪对象1954年洪水，承担分蓄超额洪量160亿m^3的分洪任务。

洪湖蓄滞洪区围堤总长334.51km，其中监利洪湖长江干堤长226.85km，东荆河堤长42.84km，主隔堤长64.82km。洪湖主隔堤一期工程于1972年冬动工兴建，1980年基本建成。由于主隔堤约有16km堤段建在软弱地基上，堤身长期失稳，屡加屡垮。1986年经水电部批准，续建主隔堤遗留工程。东荆河堤未达设计标准，监利洪湖长江干堤已完成加高加固任务，达到设计标准。

根据国务院国发〔1999〕12文批准的《关于加强长江近期防洪工程建设的若干意见》提出的"1996年和1998年长江防洪突出矛盾主要集中在城陵矶附近，尽快在这里集中力量建设蓄洪水约100亿m^3的蓄滞洪区，不仅能大大缓解该处的防洪紧张局面，而且对洞庭湖的防洪和保护武汉市及荆江大堤的安全都将起到重要作用。经研究，根据湖北、湖南两省对等的原则，各安排约60亿m^3的蓄滞洪区，洞庭湖选择钱粮湖、共双茶垸、大通湖东垸等分洪垸，洪湖分蓄洪区划出一块先行建设"的要求，规划将洪湖自上而下分隔成东、中、西三块，在

分块蓄洪同整体蓄洪关系协调的基础上对东块先行建设，以适应不同类型洪水的分洪需要，达到灵活运用，减少分洪损失的目的。

东分块位于洪湖蓄滞洪区的东部，从长江干堤至东荆河堤筑一条东隔堤，与东荆河堤及长江干堤一起形成封闭圈，拟在套口建闸进洪(原洪湖蓄滞洪区第二期工程设计选定的分洪口门)，在新滩口补元建闸退洪。堤线布置为：自长江干堤的腰口闸(桩号 485+000)至洪湖主隔堤的金传湾(桩号 8+000)，堤线长 24.52km。区内总面积 889.74km^2，有效蓄洪容积 61.86 亿 m^3，蓄洪水位 32.5m。

中分块主要利用洪湖湖泊蓄滞洪水，西侧隔堤为西分块西隔堤，长 49.85km；东侧隔堤为东分块东隔堤，长 24.52km；上、下隔堤堤线总长 74.37km。上、下两隔堤与监利洪湖长江干堤、洪湖主隔堤形成封闭蓄洪圈。区内蓄洪总面积 1018.99km^2，其中湖泊面积 597.78km^2(占总蓄洪面积的 58.66%)，蓄洪水位 32.5m，有效蓄洪容积 66.83 亿 m^3。进洪闸设在监利洪湖长江干堤桩号 520+000 处，退洪线路考虑了两条：一条线路利用新堤大闸退洪入长江，退洪流量 800m^3/s；另一条线路通过内荆河退洪，退洪流量 500m^3/s。

西分块是在洪湖蓄滞洪区的西部分出一块，主要属湖北监利县管辖，进退洪采用一闸兼用，闸址拟在监利洪湖长江干堤桩号 533+000 处，根据分块区域地形和渠系交叉情况，分块隔堤线路布置为：由螺山镇顺螺山电排渠西岸延伸至八一渔场后，向西转至洪湖主隔堤的毛太桥村，堤线长 49.85km，隔堤与洪湖主隔堤及监利洪湖江堤形成封闭蓄洪圈。区内蓄洪水位 32.5m，蓄洪总面积 888.63km^2，有效蓄洪容积 52.25 亿 m^3。

2.7.3 武汉附近区蓄滞洪区

武汉附近蓄滞洪区位于长江中游，由杜家台、西凉湖、武湖、涨渡湖、白潭湖和东西湖等 6 个蓄滞洪区组成，行政区划湖北省管辖。蓄滞洪区总蓄洪面积 2943.9km^2，耕地 164.5 万亩，有效蓄洪容积 122.10 亿 m^3，人口 175.8 万。

(1)杜家台蓄滞洪区

杜家台蓄滞洪区位于长江左岸、汉江下游右岸的武汉蔡甸、汉南区及仙桃市境内，总面积 613.98km^2，蓄洪水位 30.0m，有效蓄洪容积 22.90 亿 m^3。分洪区于 1956 年建成，由杜家台分洪闸、引渠、黄陵矶泄洪闸和蓄滞洪区围堤(长 177.37km)组成。杜家台分洪闸设计水位 35.12m(闸上，下同)，校核水位 35.45m，相应流量分别为 4000m^3/s、5300m^3/s；黄陵矶闸设计流量 2700m^3/s。杜家台蓄滞洪区是长江中下游防洪工程体系的重要组成部分。

杜家台分蓄洪工程自 1956 年建成以来，共运用 21 次，分洪总量 196.74 亿 m^3，为保障汉江下游和武汉市的防洪安全发挥了巨大作用。

(2)西凉湖蓄滞洪区

西凉湖蓄滞洪区位于长江南岸的咸宁、蒲圻、嘉鱼和武汉市江夏区境内，包括西凉湖、斧头湖、鲁湖等湖泊，蓄洪面积约 1095km^2，蓄洪水位 31.00m，有效蓄洪容积 42.30 亿 m^3。分洪口门在嘉鱼县潘家湾镇肖家洲，设计口门宽 1000m，设计分洪流量 10000m^3/s，最大分洪流量 14350m^3/s。

(3)东西湖蓄滞洪区

东西湖蓄滞洪区位于武汉市西北面，西靠长江，东临府环河，蓄洪面积 444km^2，蓄洪水位 29.50m，有效蓄洪容积 20.00 亿 m^3。该蓄滞洪区于 1958 年围垦而成，围堤由汉江干堤、东西湖围堤和张公堤组成，总长 114.3km，进退洪形式均为扒口，进洪扒口位置在汉江干堤北堤熊家台与彭家台之间，口门设计宽度 560m，设计进洪流量 5000m^3/s，退洪口门设在东西湖围堤桩号 12＋000 处，设计口门宽度 180m，设计退洪流量 2500m^3/s。

(4)武湖蓄滞洪区

武湖蓄滞洪区位于长江北岸的武汉市黄陂、新洲区境内，蓄洪面积 277.9km^2，蓄洪水位 29.1m，有效蓄洪容积 18.10 亿 m^3。蓄滞洪区于 1969 年围垦建成，围堤总长 37.24km，进洪口门选在窑头沟与香炉山之间的沙口，进洪口门宽 500m，进洪流量 5000m^3/s。

(5)涨渡湖蓄滞洪区

涨渡湖蓄滞洪区位于长江北岸的武汉市新洲区境内，与武湖蓄滞洪区毗邻，蓄洪面积 309km^2，蓄洪水位 28.3m，有效蓄洪容积 10.00 亿 m^3。该蓄滞洪区于 1954 年围垦建成，围堤总长 95.6km，进洪口门选在堵龙堤挖沟近，进洪口门宽 580m，进洪流量 5000m^3/s。

(6)白潭湖蓄滞洪区

白潭湖蓄滞洪区位于长江北岸的黄州市境内，与涨渡湖蓄滞洪区毗邻，蓄洪面积 204km^2，蓄洪水位 27.5m，有效蓄洪容积 8.80 亿 m^3。该蓄滞洪区于 1953 年围垦建成，围堤总长 71.125km，进洪口门选在江堤祖师殿附近，进洪口门宽 550m，进洪流量 5000m^3/s。

2.7.4 湖口附近区蓄滞洪区

湖口附近蓄滞洪区由江西省鄱阳湖方洲斜塘、黄湖等 4 个蓄洪区和安徽省华阳河蓄滞洪区组成，蓄洪面积 1714.55km^2，耕地面积 93.16 万亩，人口 72.69 万，有效蓄洪容积 51.20 亿 m^3。

(1)康山蓄滞洪区

康山蓄滞洪区位于鄱阳湖东南岸，赣江南支、抚河、信江三河汇流口下游尾闾，属上饶市余干县管辖。蓄滞洪区围堤由北面临湖的康山大堤、南面的不连续隔堤和垭口组成，全长 39.13km。康山蓄滞洪区围堤全长 36.20km，蓄洪面积 312.37km^2，有效蓄洪容积 15.70 亿 m^3。

分洪口门设在康山大堤桩号 17＋500～18＋200 之间，口门宽约 700m。

(2)珠湖蓄滞洪区

珠湖蓄滞洪区位于鄱阳湖东岸，饶河出口附近，属上饶市波阳县管辖。蓄滞洪区主要由低矮丘陵和湖泊平原组成，区内水面宽阔，山丘众多，属典型滨湖丘陵地貌。全区总集雨面积 256km^2。区内蓄洪水位为 22.54m，蓄洪面积 152.49km^2，有效蓄洪容积 5.60 亿 m^3。蓄滞洪区围堤主要为西面的珠湖大堤，建于 1985 年，全长 19.56km，堤内外均临水。分洪口门

位置设在珠湖联圩桩号 14+100～14+600(白沙洲附近),口门宽 500m。

(3)黄湖蓄滞洪区

黄湖蓄滞洪区位于南昌县蒋巷联圩东北部,属南昌县管辖。全区总集雨面积 49.28km^2。区内蓄洪水位为 23.26m,蓄洪面积 49.28km^2,有效蓄洪容积 2.90 亿 m^3。黄湖蓄滞洪区围堤建于 1964 年,由临湖和临河两段堤防组成,总长 27.13km。分洪口门设在蒋巷联圩桩号 59+600～59+800,口门宽 200m。

(4)方洲斜塘蓄滞洪区

方洲斜塘蓄滞洪区位于新建县赣西联圩西北部,属新建县铁河乡管辖。全区总集雨面积 39.05km^2。区内蓄洪水位为 22.67m,蓄洪面积 35.41km^2,有效蓄洪容积 2.00 亿 m^3。蓄滞洪区围堤于 1962 年兴建,由临湖和临河两段堤防组成,全长 14.21km,其中临河堤 7.21km,临湖堤 7.0km。分洪口门设在赣西联圩铁河闸与方洲电排站之间,口门宽 170m。

(5)华阳河蓄滞洪区

华阳河蓄滞洪区位于长江中下游交界处的鄱阳湖入江口北岸,地跨安徽、湖北两省,是由华阳河流域内大部分的湖泊和沿湖垦区所组成的。区内蓄洪水位为 19.20m 时,蓄洪面积 1165km^2,有效蓄洪容积 25.00 亿 m^3。蓄滞洪区围堤由黄广大堤 2.55km、同马大堤 83.77km、东隔堤 8.14km、西隔堤 38.94km 共同组成,全长 133.40km。目前除西隔堤未达设计标准外,其余堤防均达到设计标准。同马大堤上建有华阳闸和杨湾闸等 6 座涵闸,排水流量 882m^3/s,西隔堤上建有 10 座排水闸,排水流量 1100m^3/s。

3 长江流域水沙特性及变化分析

3.1 长江上游来水特性及变化

3.1.1 干支流控制站径流分析

长江干流宜昌以上为上游，长 4504km，流域面积约 100 万 km^2，宜宾以上干流金沙江大多属峡谷河段，长 3464km，落差约 5100m，约占干流总落差的 95%，汇入的主要支流有北岸的雅砻江。宜宾至宜昌段长约 1040km，沿江丘陵与阶地互间，汇入的主要支流，北岸有岷江、嘉陵江，南岸有乌江，奉节以下为雄伟的三峡河段，两岸悬崖峭壁，江面狭窄。长江上游主要控制站径流量和输沙量与多年均值比较见表 3.1-1 所示。

表 3.1-1 长江上游主要控制站径流量和输沙量含沙量统计分析

项目		金沙江向家坝	岷江高场	沱江富顺	长江朱沱	嘉陵江北碚	长江寸滩	乌江武隆	三峡入库寸滩+武隆
径流量（亿 m^3）	1990 年前	1440	882	129	2660	704	3520	495	4015
	1991—2002 年	1506	815	110	2672	529	3339	532	3871
	变化率	5%	−8%	−15%	0%	−25%	−5%	8%	−4%
	2003—2013 年	1364	788	129	2500	665	3264	414	3678
	变化率	−5%	−11%	0%	−6%	−6%	−7%	−16%	−8%
	多年平均	1439	850	125	2631	660	3442	487	3929
输沙量（10^4 t）	1990 年前	24600	5260	1170	31600	13400	46100	3040	49140
	1991—2002 年	28100	3450	372	29300	3720	33700	2040	35740
	变化率	14%	−34%	−68%	−7%	−72%	−27%	−33%	−27%
	2003—2013 年	12900	2860	518	15900	3180	18100	527	18627
	变化率	−48%	−46%	−56%	−50%	−76%	−61%	−83%	−62%
	多年平均	23000	4400	864	27800	10000	38500	2310	40810
含沙量（kg/m^3）	1990 年前	1.71	0.596	0.907	1.19	1.9	1.31	0.614	1.25
	1991—2002 年	1.87	0.423	0.345	1.1	0.703	1.01	0.384	0.939
	变化率	9%	−29%	−62%	−8%	−63%	−23%	−37%	−25%
	2003—2013 年	0.947	0.362	0.477	0.635	0.478	0.554	0.127	0.547
	变化率	−45%	−39%	−47%	−47%	−75%	−58%	−79%	−56%
	多年平均	1.62	0.522	0.729	1.06	1.52	1.12	0.479	1.06

注：1. 变化率为各时段均值与 1990 年前均值的相对变化；2. 1990 年前均值除朱沱站 1990 年前统计年份为 1956—1990 年（缺 1967—1970 年）外，其余统计值为三峡初步设计值；3. 北碚站于 2007 年下迁 7km；屏山站 2012 年下迁 24km 至向家坝站；李家湾站 2001 年上迁约 7.5km 至富顺；4. 多年均值统计年份：向家坝站（屏山站）为 1956—2013 年，高场站为 1956—2013 年，富顺站（李家湾站）为 1957—2013 年，朱沱站为 1954—2013 年（缺 1967—1970 年），北碚站为 1956—2013 年，寸滩站为 1950—2013 年，武隆站为 1956—2013 年。

长江上游径流主要来源于干流金沙江，主要支流岷江、嘉陵江、乌江和沱江，其中金沙江（屏山站）多年平均径流量为1439亿m^3，岷江（高场站）多年平均径流量为850亿m^3，嘉陵江（北碚站）、乌江（武隆站）和沱江（富顺站）多年平均径流量依次为660亿m^3、487亿m^3和125亿m^3。

通过不同阶段的分析表明（见图3.1-1），20世纪90年代以来，长江上游径流量变化呈减少趋势，与1990年前均值相比，在1991—2002年，虽然金沙江和乌江径流来水量略有增加，但沱江、岷江和嘉陵江来水量不断减少，综合作用下，三峡入库（寸滩＋武隆）径流量减少约4%。三峡工程蓄水以来，2003—2013年金沙江、沱江、岷江、乌江、嘉陵江来水都明显减少，与1990年前均值相比分别减少5%、11%、6%和16,%，朱沱和北碚站均减少6%，综合作用下，三峡入库（寸滩＋武隆）径流量减少8%。

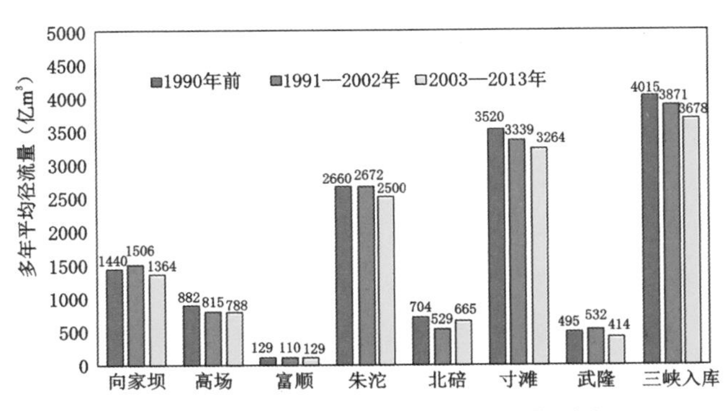

图3.1-1　长江上游主要控制站径流量对比图

3.1.2　三峡水库坝址来水特性

三峡工程初步设计采用宜昌站1877—1990年共114年实测流量统计，多年平均流量为14300m^3/s，多年平均径流量4510亿m^3。根据宜昌站来水长系列（1877—2013年）逐日平均流量资料，统计不同系列年平均平均流量，并与初设系列进行比较（见表3.1-2）。分析表明，1991年以后系列较初设系列，均有不同程度减小，且减少呈逐年增大趋势。

表3.1-2　三峡水库坝址来水分析

系列		初设系列 1877—1990	长系列 1877—2013	1877—2002	1991—2002	1991—2013	2003—2013	2008—2013
流量（m^3/s）	多年平均流量	14300	14100	14200	13590	13100	12560	12570
	与初设系列相比		−200	−100	−710	−1200	−1740	−1730
径流量（亿m^3）	多年平均径流量	4510	4440	4480	4287	4130	3961	3964
	比初设系列相比		−70	−30	−223	−380	−549	−546
	相差百分比		1.55%	0.70%	−4.94%	−8.43%	−12.17%	−12.11%

从水文特性看，长江来水在年内分配很不均匀。据1877—2013年长系列实测资料统计，宜昌站年内径流量主要集中在主汛期7—8月，汛期6—9月径流量占年径流量的60%以上。而径流量最少的3个月为1—3月，3个月径流量只占年径流量的7.7%。年水量分布过程见表3.1-3和图3.1-2。从来水分布看，7、8月主汛期来水最大，9月来水还较丰沛，10月来水开始明显减少。

表 3.1-3 宜昌站年水量分布过程表

月	1	2	3	4	5	6	7	8	9	10	11	12	年
平均流量(m^3/s)	4400	4000	4500	6700	11700	18400	29900	27500	25900	18800	10300	6000	14100
水量(亿 m^3)	118	97	121	174	313	477	801	737	672	504	267	161	4440
比例(%)	2.6	2.4	2.7	4.0	7.0	10.9	17.8	16.4	15.4	11.2	6.1	3.6	100.0

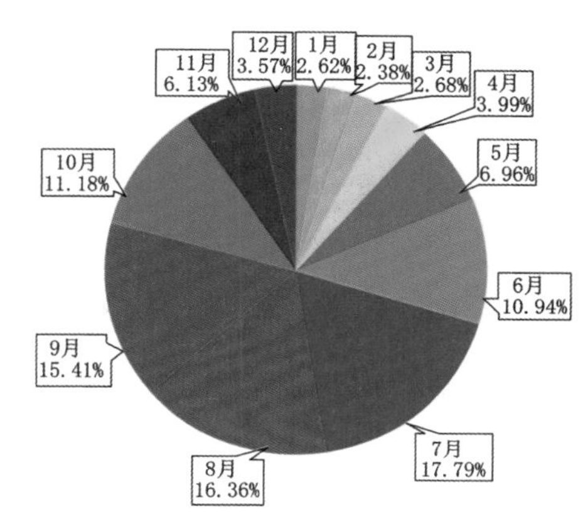

图 3.1-2 宜昌站年水量分布图

对长系列径流分年进行频率统计，特枯年份见表 3.1-4。计算表明，2006 年、2011 年和 2013 年，来水偏枯，径流量减少。

从三峡水库来水流量滑动平均过程图(图 3.1-3)可以明显看出，进入 90 年代后，曲线呈下探特征，尤其是 2000 年以后，长江来水进入了一个相对枯水时段，枯水年份较多。

总体而言，由以上干支流控制站和三峡入库的来水量分析可知，20 世纪 90 年代以来，长江上游来水量有明显减少趋势，而考虑到宜昌站年内径流量主要集中在汛期 6—9 月，对这一时期开展洪水资源利用是非常重要的。

表 3.1-4 三峡水库特枯年份情况统计表

年份	年平均流量(m^3/s)	年径流量(亿 m^3)	经验频率
2006 年	9500	2996	99.3%
1942 年	10600	3343	98.5%
1900 年	10700	3374	97.8%
2011 年	10800	3406	97.1%
1884 年	11000	3469	96.4%
1994 年	11000	3469	95.6%
1936 年	11200	3532	94.9
1972 年	11300	3564	94.2
1997 年	11500	3627	93.4
1959 年	11600	3658	92.7
1969 年	11600	3658	92.0
2013 年	11700	3690	91.2

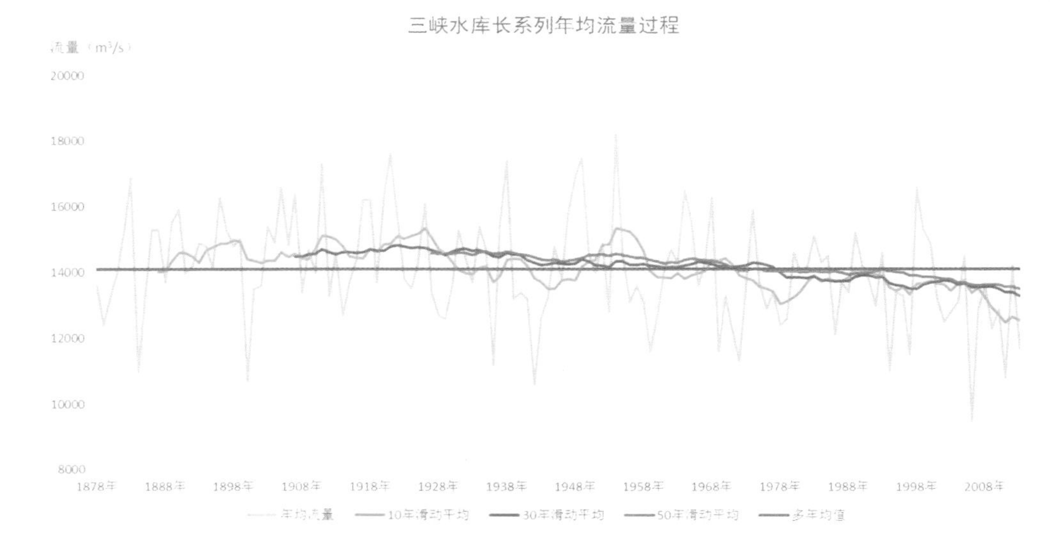

图 3.1-3　三峡水库长系列年均流量滑动平均过程

3.2　主要支流洪水特性

3.2.1　雅砻江洪水特性

雅砻江流域洪水主要由暴雨形成。雅砻江流域 5—10 月为汛期，内年最大洪水多发生在 6—9 月。雅砻江洪水过程多呈双峰或多峰型，一般单峰过程 6～10d，双峰过程 12～17d。雅砻江上游洪峰不突出，涨落缓慢，持续时间长；下游地区洪峰尖高，涨落较剧，持续时间短。

雅砻江洪水组成分三种情况：一是全流域性大洪水，主雨区先在上游发生，后向下游移动，雅江以上来水可占下游小得石洪水的 40%以上；二是上游来水为主，雨区主要是在雅江以上高原区，特点为雨区大，历时长，强度小，如 1904 年洪水；三是雅江—小得石区间来水为主，雨区主要在中下游一带，雅江以上来水量小，只占小得石的 20%，如 1965 年洪水。

形成雅砻江全流域特大洪水，需上游地区、理塘河以及泸宁—小得石等三部分地区同时涨水，如三者缺一，只能形成局部地区大洪水或较大洪水。

3.2.2　金沙江洪水特性

金沙江洪水主要由暴雨形成，上游地区有部分冰雪融水补给。金沙江洪水一般发生在 6—11 月，尤以 7—9 月最为集中。据石鼓站和屏山站实测洪水资料统计，金沙江上段年最大洪峰流量发生时间主要集中在 7、8 月份，两个月出现年最大洪峰流量的频率占 85%。金沙江下段年最大洪峰流量发生时间主要集中在 8、9 月份，两个月出现年最大洪峰流量的频率占 80%。

金沙江的洪水主要来自雅砻江的下游及石鼓、小得石—屏山区间。在屏山站的洪水组成中，金沙江石鼓以上占 25%～33%，支流雅砻江小得石以上占 27%～35%，石鼓、小得石—屏山区间占 26%～37%，而流域面积比分别为 46.7%、25.8%、27.5%。

金沙江汛期洪水总量一般约占宜昌以上洪水总量的三分之一。长江流域1954年特大洪水金沙江8月份的30d洪量占宜昌站洪量的50%,7月、8月的60d洪量占宜昌站洪量的46%。

3.2.3 岷江(大渡河)洪水特性

岷江流域洪水主要由暴雨形成,洪水出现的时间与暴雨相应,洪水发生的地区、量级亦与暴雨密切相关。岷江干流下游河段年最大洪峰流量最早发生于6月,最晚发生于9月,年最大洪水发生时间以7、8月最多。岷江流域内一次洪水的历时较长,洪水过程线多复峰。据高场水文站1961、1975、1981年等年份大洪水资料分析,一次洪水历时一般7~21d,洪峰历时5~6h。

岷江上游(河源—都江堰市)洪水,汶川以上地区的雨强、雨量均较小,且发生时间多与汶川以下地区暴雨出现时间不相应,洪水不容易发生遭遇,对汶川以下影响有限。汶川以下地区基本属鹿头山暴雨区,该区发生大暴雨或特大暴雨时,汶川以上相应时间也出现较大降雨,易形成岷江干流上游的特大洪水。

岷江中游(都江堰市—乐山市)洪水主要包括岷江干流、大渡河干流、青衣江等三部分洪水。大多情况是平原地区发生大暴雨时,周边小支流和上游下段部分地区同时出现暴雨或大雨,干、支流组合洪水往往形成乐山以上干流大洪水或特大洪水,如1955年洪水、1961年洪水。

岷江下游汛期洪水量级的大小受鹿头山暴雨和青衣江暴雨的影响。如青衣江暴雨区内的南河、青衣江及大渡河干流与岷江干流洪水同时遭遇,则岷江下游将会产生特大洪水,致使下游沿江城镇遭受严重洪灾。岷江干流下游洪峰持续历时为半天左右。在岷江流域,常有一次暴雨笼罩邻近流域的情况。如1917年岷江干流中下游特大洪水,青衣江上中游亦为大洪水,下游则为特大洪水。1934、1964、1981年等均为岷江、沱江同时发生大洪水。

大渡河流域主汛期为6—9月,洪水主要由降水形成。年最大流量多出现在6、7月份,以7月份出现的机会最多,约占50%,8月份出现年最大流量的机会较少,约占10%,9月份又相对较多,约占20%。大渡河干流较大洪水主要来源于中下游,也有来自上游或由上游和中下游组合而成的。因受高程、地形及地理位置的影响,大渡河上游大多数地区基本未出现过暴雨。中下游处于青弋江、马边河及安宁河暴雨区的波及范围,暴雨出现机会较多,是洪水的主要来源地区。

青弋江一次暴雨可笼罩全流域。暴雨中心常出现在中、下游的雅安至夹江之间,尤以峨眉山西北麓的周公河、花溪河出现最多。青衣江流域面积较大、小支流众多,洪水汇集快,易形成大洪水。

3.2.4 嘉陵江洪水持性

嘉陵江洪水主要由暴雨形成,主要发生在汛期5—10月。年最大洪峰多发生在7—9月,最早可出现在5月,最迟可出现在10月,尤以7月出现机会最多。8月份流域受太平洋副高压控制,常有伏旱,年最大洪峰发生机会相对较少,9月份以后由于极峰南旋,有时呈准静止锋，流域出现秋季洪水，年最大洪峰流量出现机会仅次于7月。10月虽然发生年最大洪峰的机会较少，但也会出现如1975年10月3日特大的后期洪水。

嘉陵江流域支流众多，特别是合川段渠江和涪江分别从左右岸汇入嘉陵江后，形成巨大的扇形水系，汇流速度快，加之嘉陵江干流及渠江和涪江均位于四川省有名的暴雨区，因此极易形成大洪水。嘉陵江下游洪水过程多呈双峰或多峰形，洪水历时单峰3～5d，复峰可达7～12d，峰顶持续时间大约4h左右。

3.2.5 乌江洪水特性

乌江流域为降水补给河流，洪水主要由暴雨形成。年最大洪峰流量出现在汛期5—10月，集中于6、7两月，尤以6月中、下旬发生的机会最多。乌江下游一次洪水过程约20d，其中大部分水量集中在7d内，7d洪量占15d洪量的65%以上，3d洪量占7d洪量的60%，而一天洪量占3d洪量的40%，大水年份则更为集中。

乌江流域多年平均汛期洪量和七天洪量的地区组成较为均匀。江界河以上各区间洪量占武隆站洪量小于其集水控制面积比，以下各区间洪量占武隆洪量大于其集水控制面积比。乌江流域大水年因暴雨分布不均，洪水地区组成较多年平均情况有所差异，如1999年鸭池河至江界河区间洪量占武隆洪量略大于其控制面积比。

乌江武隆站相应宜昌站年最大7d、15d洪量分别占1.2%～24.3%、1.6%～25.5%，变化幅度较大，平均为8.5%与9.5%，稍大于武隆站与宜昌站的集水面积比。据1951—2000年50年资料分析，两站年最大7d、15d洪量遭遇次数分别为8次、12次，占总数的16%和24%，洪水遭遇的机会较少。近代1909、1935年宜昌与武隆同时出现较大洪水，只是部分洪水遭遇。

3.3 长江流域主要干支流洪水遭遇分析

3.3.1 金沙江与岷江洪水遭遇分析

以金沙江屏山站、岷江高场站、两江汇口下游李庄站为分析依据站，选用1953—2012年李庄站年最大洪量时间为主，考虑洪水传播时间，分别统计屏山、高场站相应发生的时段洪量，得到李庄站洪水多年平均组成情况，见表3.3-1。李庄站洪水年最大3d以上时段洪量以金沙江为主，且时段越长，金沙江占的比重越大，岷江洪水比重远大于其面积比重。

表3.3-1 李庄站洪水组成情况

站名	1d		3d		7d		占李庄的面积比重(%)
	洪量(亿m³)	占李庄%	洪量(亿m³)	占李庄%	洪量(亿m³)	占李庄%	
屏山	11.57	44.4%	37.38	53.6%	89.3	59.6%	75.9%
高场	11.4	43.7%	25.73	36.9%	48.1	32.1%	21.2%

注：以李庄站年最大洪量时间为主，统计屏山、高场相应的时段洪量。

分别统计1953—2012年屏山、高场、李庄年最大洪水发生的时间，李庄站年最大洪水时相应屏山和高场站出现年最大洪水的次数,屏山与高场年最大洪水发生遭遇的次数,成果见表 3.3-2。

表 3.3-2　　屏山与高场洪量遭遇统计表(1953—2012 年)

站名	1d 洪量		3d 洪量		7d 洪量	
	次数	%	次数	%	次数	%
李庄洪水时屏山相应出现	7	11.7%	23	38.3%	41	68.3%
李庄洪水时高场相应出现	25	41.7%	23	38.3%	17	28.3%
屏山与高场遭遇	2	3.3%	4	6.7%	9	15.0%

由表 3.3-2 可见,金沙江与岷江年最大洪水随着时段增长发生遭遇概率增大。在 60 年实测系列中,屏山、高场站年最大 1d 洪量仅有 1966 年、2012 年发生了遭遇;年最大 3d 洪量有 4 年发生了遭遇,占 6.7%;年最大 7d 洪量有 9 年发生了遭遇,占 15.0%。

金沙江屏山站与岷江高场站洪水发生遭遇的典型年量级情况见表 3.3-3。可以看出,除 1966 年洪水以外,其余遭遇年份洪水量级均较小,组合的洪水量级也不大。1966 年 9 月洪水,金沙江和岷江 3d 洪量分别相当于 33 年和 5～10 年一遇洪水,组合的洪水达 50 年一遇,是两江遭遇的典型。2012 年 7 月洪水,金沙江与岷江洪水年最大洪水遭遇,尽管金沙江与岷江洪水量级不大,但组合后形成李庄洪水洪峰达到 48423m^3/s,为实测第三大洪水。

表 3.3-3　　屏山、高场站发生遭遇洪水情况表(1953—2012 年)　　(洪量:亿 m^3)

项目	年份	屏山			高场		
		洪　量	起始日期	重现期(年)	洪　量	起始日期	重现期(年)
1d 洪量	1966	24.7	9 月 1 日	33	20.8	9 月 1 日	5～10
	2012	14.3	7 月 22 日	<5	15.1	7 月 23 日	<5
3d 洪量	1966	73.7	8 月 31 日	33	53.0	8 月 31 日	5～10
	1971	33.6	8 月 17 日	<5	27.9	8 月 16 日	<5
	1992	26.3	7 月 13 日	<5	27.1	7 月 14 日	<5
	2012	42.5	7 月 22 日	<5	36.5	7 月 22 日	<5
7d 洪量	1960	81.1	8 月 3 日	<5	96.0	7 月 31 日	5～10
	1966	163.1	8 月 29 日	近 50	96.6	8 月 30 日	5～10
	1967	55.5	8 月 8 日	<5	52.3	8 月 8 日	<5
	1971	72.1	8 月 15 日	<5	51.8	8 月 12 日	<5
	1976	77.7	7 月 6 日	<5	50.4	7 月 5 日	<5
	1991	117.1	8 月 13 日	5	82.4	8 月 9 日	<5
	1994	60.0	6 月 21 日	<5	38.6	6 月 20 日	<5
	2005	115	8 月 11 日	<5	61.3	8 月 8 日	<5
	2006	58.4	7 月 8 日	<5	32.5	7 月 5 日	<5

3.3.2 金沙江与嘉陵江洪水遭遇分析

以 1954—2012 年寸滩站年最大洪量时间为主,分别统计朱沱、北碚相应的时段洪量,得到寸滩站洪水多年平均组成情况,见表 3.3-4。由表可见,寸滩年最大洪水均以金沙江来水为主,嘉陵江北碚站洪量时段越长所占的比重越小,但洪量所占比重远大于其面积比重。

表 3.3-4　　寸滩站洪水组成情况(1954—2012 年)

站名	1d		3d		7d		占寸滩站的面积比重(%)
	洪量(亿 m³)	占寸滩%	洪量(亿 m³)	占寸滩%	洪量(亿 m³)	占寸滩%	
朱沱	24.4	59.4%	69.4	61.3%	150	66.8%	80.2%
北碚	16.3	39.4%	42.5	37.2%	71.8	31.9%	18.0%
寸滩	41.5		114		225		

根据 1954—2012 年屏山、北碚站年最大洪水发生的时间，分析 59 年期间年最大洪水遭遇次数和遭遇洪水量级，统计成果见表 3.3-5 和表 3.3-6。

表 3.3-5　　金沙江与嘉陵江洪水遭遇次数和概率

站名	1d 洪量		3d 洪量		7d 洪量		统计年限
	次数	概率(%)	次数	概率(%)	次数	概率(%)	
屏山与北碚	1	1.69	1	1.69	6	10.2	1954—2012

表 3.3-6　　金沙江与嘉陵江洪水遭遇年份分析

项目	年份	北碚			屏山		
		流量/洪量	起始日期	重现期(年)	流量/洪量	起始日期	重现期(年)
日均流量(m³/s)	1997	7600	7 月 21 日	<5	18000	7 月 20 日	<5
3d 洪量(亿 m³)	1992	59.3	7 月 16 日	<5	26.3	7 月 13 日	<5
7d 洪量(亿 m³)	1959	48.4	8 月 12 日	<5	79.0	8 月 12 日	<5
	1966	73.6	8 月 31 日	<5	163	8 月 29 日	近 50
	1982	81.0	7 月 27 日	<5	83.9	7 月 23 日	<5
	1983	107	7 月 31 日	5～10	61.4	8 月 1 日	<5
	1992	98.6	7 月 14 日	<5	59.7	7 月 13 日	<5
	2004	94.3	9 月 4 日	<5	91.0	9 月 6 日	<5

由金沙江与嘉陵江洪水遭遇年份、发生时间、洪水量级和重现期可知：

①金沙江、嘉陵江年最大 1d 洪量仅有 1997 年发生了遭遇；年最大 3d 洪量仅有 1992 年发生了遭遇；年最大 7d 洪量有 6 年发生了遭遇，占 10.2%。可见 1d、3d 洪量两江遭遇概率较低。

②除 1966 年以外，两江遭遇洪水的量级较小。1966 年，屏山站年最大 7d 洪水为近 50 年一遇的洪水，该年屏山站与岷江年最大洪水也发生遭遇，故金沙江、岷江和嘉陵江三江年最大洪水发生遭遇，但嘉陵江洪水仅为小于 5 年一遇常遇洪水，形成寸滩站年最大洪水为 20 年一遇，未进一步造成恶劣遭遇。

3.3.3 寸滩与宜昌洪水相关性

根据宜昌站年最大 1d、3d、7d 洪量发生时间，考虑洪水传播时间，逐年统计 1951—2012 年寸滩站相应发生的时段洪量，得到多年平均情况下寸滩站 1d、3d 洪水及占宜昌站洪水的比重，见表3.3-7。寸滩站1d洪量占宜昌站比重小于其面积比，寸滩站3d、7d洪量占宜昌站比重与其面积相当。

表3.3-7　1951—2012年寸滩站多年平均时段洪量占宜昌站的比重

站名	与宜昌站面积比	1d		3d		7d		比重平均(%)
		洪量(亿m³)	占宜昌(%)	洪量(亿m³)	占宜昌(%)	洪量(亿m³)	占宜昌(%)	
寸滩	86.2%	26.5	63.9	109	87.1	219	83.5%	78.2
宜昌		41.5		125		262		

统计1951—2012年共62年内寸滩站与宜昌站年最大洪水发生的时间，并分析两站年最大洪水发生遭遇的次数与量级，成果见表3.3-8至表3.3-9。

表3.3-8　寸滩站与宜昌年最大洪水同时发生的概率统计表

站名	3d洪量		7d洪量		15d洪量		30d洪量	
	次数	概率(%)	次数	概率(%)	次数	概率(%)	次数	概率(%)
寸滩与宜昌	44	71.0	45	72.6	49	80.3	51	83.6

表3.3-9　宜昌发生年最大3d洪水、寸滩相应发生的年份　（洪量：亿m³）

年	寸滩			宜昌		
	3d洪量	起始日期	重现期	3d洪量	起始日期	重现期
1951	131.5	7月11日		133.7	7月14日	
1952	137.1	9月13日		134.5	9月15日	
1955	136.7	7月15日		131.5	7月17日	
1957	124.6	7月19日		135.6	7月21日	
1958	148.5	8月22日	5年	148.8	8月24日	
1959	137.5	8月13日		133.7	8月16日	
1960	124.2	8月4日		131.2	8月6日	
1961	142.1	6月29日		129.9	7月2日	
1965	126.6	7月15日		123.7	7月17日	
1966	151.5	9月2日	5～10年	151.7	9月4日	5年
1968	147.6	7月4日		141.9	7月6日	
1970	101.1	7月30日		113.0	7月31日	
1971	88.8	8月17日		84.8	8月20日	
1972	88.4	7月11日		87.5	7月14日	
1973	121.0	7月2日		124.9	7月4日	
1974	131.8	8月10日		151.8	8月12日	5年
1975	112.1	10月2日		113.6	10月4日	
1976	82.7	7月19日		124.4	7月21日	
1977	84.6	7月8日		97.1	7月11日	
1978	106.1	7月5日		106.7	7月8日	
1980	124.1	8月25日		139.7	8月28日	
1981	193.7	7月15日	60年一遇，实测第一位	172.5	7月18日	10～20年

续表

年	寸滩			宜昌		
	3d 洪量	起始日期	重现期	3d 洪量	起始日期	重现期
1982	111.5	7月29日		146.9	7月30日	
1983	129.0	8月1日		129.9	8月3日	
1984	131.6	7月7日		138.2	7月9日	
1986	83.5	7月4日		108.3	7月6日	
1987	146.4	7月20日		146.5	7月23日	
1988	103.2	9月3日		116.4	9月5日	
1989	134.5	7月11日		153.5	7月12日	5～10年
1990	96.2	7月1日		103.3	7月3日	
1991	127.1	8月11日		129.9	8月14日	
1992	123.6	7月15日		121.6	7月18日	
1994	72.2	7月11日		78.8	7月13日	
1995	95.6	8月13日		99.0	8月15日	
1999	113.8	7月17日		139.6	7月19日	
2000	120.7	7月15日		131.0	7月17日	
2001	104.2	9月5日		101.9	9月7日	
2002	94.3	8月14日		125.6	8月17日	
2003	113.6	9月2日		118.4	9月3日	
2004	137.9	9月6日		149.5	9月8日	
2006	66.1	7月8日		73.3	7月9日	
2009	130.6	8月4日		139.1	8月6日	
2010	147.7	7月19日	5年	163.5	7月20日	5～10年
2011	95.2	9月20日		102.7	9月20日	

由 3.3-8 至表 3.3-9 可知：

①寸滩站洪水与宜昌站洪水同时发生的概率高，年最大 3d 洪量有 44 年同时发生，占 71.0%；年最大 7d 洪量有 45 年同时发生，占 72.6%；年最大 15d 洪量有 49 年同时发生，占 80.3%；年最大 30d 洪量有 51 年同时发生，占 83.6%。

②从年最大洪水的量级来看，一般宜昌站发生较大洪水时，寸滩站的洪水量级也较大。1981 年宜昌站 3d 洪量为 10～20 年一遇，相应寸滩站发生洪水为 60 年一遇，为实测最大洪水。

通过统计宜昌站与寸滩站年最大 3d、7d、15d、30d 洪量的相关关系可知，随着统计时段的增长，两站相关关系增强，30d 洪量相关关系较好。

3.3.4 金沙江与洞庭湖洪水遭遇分析

选择金沙江屏山站与洞庭湖出口城陵矶站为代表站，进行金沙江与洞庭湖流域洪水遭遇分析。两站洪水传播时间按相差6d计算。统计1951年以来城陵矶站年最大洪水发生的时间,并统计屏山站年最大洪水与城陵矶站年最大洪水发生遭遇的次数和量级,统计成果见表3.3-10至表3.3-11。

表3.3-10　屏山站与城陵矶站洪水遭遇概率

屏山站与城陵矶	3d洪量		7d洪量		15d洪量		30d洪量	
	次数	频率	次数	频率	次数	频率	次数	频率
	2	3.40%	5	8.60%	11	19.00%	14	24.10%

表3.3-11　屏山站与城陵矶站洪水遭遇情况表

项目	年份	屏山站年最大			城陵矶年最大		
		屏山(亿m³)	起始时间	重现期(理论值)	城陵矶(亿m³)	起始时间	重现期(实测值排序)
3d洪量	1957	55.4	8月7日	5～10	74.1	8月12日	
	2002	56.5	8月16日	5～10	89.4	8月22日	5～10
7d洪量	1957	118	8月6日	5年	170	8月10日	
	1960	81.1	8月3日		127	8月12日	
	1981	97	7月17日		131	7月26日	
	1988	82.5	9月2日		183	9月10日	
	2002	121	8月15日	5～10年	194	8月22日	5～10
15d洪量	1951	188	7月13日		304	7月20日	
	1954	240	7月25日	5～10年	535	7月27日	实测第一位
	1957	220	8月2日	5年	337	8月4日	
	1960	159	7月29日		250	8月11日	
	1970	200	7月16日		391	7月15日	
	1976	149	7月5日		301	7月15日	
	1981	173	7月15日		254	7月22日	
	1988	168	9月2日		374	9月5日	
	1997	190	7月9日		283	7月21日	
	2002	207	8月9日		371	8月20日	
30d洪量	1951	332	7月12日		556	7月17日	
	1952	314	8月17日		752	8月26日	10～20
	1955	402	7月22日	5～10年	647	8月12日	
	1957	395	7月19日	5～10年	631	7月30日	
	1961	267	8月9日		467	8月25日	
	1970	382	7月16日	5年	667	7月13日	5
	1976	259	6月28日		551	7月5日	
	1980	336	8月15日		651	8月7日	
	1988	307	8月22日		679	8月30日	5～10
	1992	207	7月1日		530	6月27日	
	1996	322	7月19日		776	7月16日	实测第二位
	1997	311	7月5日		476	7月12日	
	2002	382	7月25日	5年	588	8月10日	
	2008	338	8月9日		390	8月20日	

注:上表中重现期为空的均小于5年一遇。

由表 3.3-10 至表 3.3-11 可见：

①从遭遇洪水的频率分析，15d 及以上时段年最大洪水，屏山站与城陵矶遭遇的概率较高；

②从遭遇洪水的量级分析，一般而言，金沙江与洞庭湖同时发生较大洪水遭遇的年份较少，或者说一江发生较大，而另一江为一般性洪水；

③两站遭遇且 15d 以上洪量量级较大仅为 1954 年。1954 年，屏山站与城陵矶站 15d 洪量发生遭遇，屏山站 15d 洪量（240 亿 m^3）相当于 5～10 年一遇，城陵矶 15d 洪量（535 亿 m^3）为实测系列第一位。

3.3.5 金沙江与汉江洪水遭遇分析

选择金沙江屏山站与汉江皇庄为代表站，进行金沙江与汉江流域洪水遭遇分析。两站洪水传播时间按相差 136h，约 5.5d 计算。统计汉江皇庄站年最大洪水发生的时间，并分析屏山站年最大洪水与皇庄站年最大洪水发生遭遇的次数，统计成果见表 3.3-12 至表 3.3-13。

表 3.3-12　　金沙江屏山站与汉江皇庄站洪水遭遇概率

3d 洪量		7d 洪量		15d 洪量		30d 洪量	
次数	频率	次数	频率	次数	频率	次数	频率
4	6.9%	7	12.1%	15	25.9%	14	24.1%

表 3.3-13　　金沙江屏山站与汉江皇庄站洪水发生遭遇情况统计表

项目	年份	屏山年最大			皇庄年最大		
		屏山（亿 m^3）	起始时间	重现期（理论值）	皇庄（亿 m^3）	起始时间	重现期（按实测值排序）
3d 洪量	1962	53.7	8 月 11 日	5	20.8	8 月 18 日	
	1982	37.2	7 月 24 日		26	7 月 31 日	
	1992	26.3	7 月 13 日		5.91	7 月 19 日	
	1998	59.8	8 月 12 日	5～10	20.6	8 月 16 日	
7d 洪量	1952	83	9 月 2 日		81.6	9 月 9 日	5～10
	1953	81.1	7 月 25 日		72.4	8 月 2 日	5～10
	1962	117	8 月 10 日	近 5 年	32.5	8 月 17 日	
	1978	75.3	8 月 4 日		11.6	8 月 12 日	
	1982	83.9	7 月 23 日		59.2	7 月 31 日	
	1992	59.7	7 月 13 日		13.3	7 月 15 日	
	1997	95.2	7 月 16 日		13.7	7 月 19 日	

续表

项目	年份	屏山年最大			皇庄年最大		
		屏山（亿 m^3）	起始时间	重现期（理论值）	皇庄（亿 m^3）	起始时间	重现期（按实测值排序）
15d 洪量	1952	167	8月30日		124	9月9日	5～10
	1953	147	7月24日		99.4	8月1日	
	1954	240	7月25日	5～10	143	8月5日	实测第四位（10～20年）
	1962	247	8月10日	5～10	52.4	8月17日	
	1964	176	9月11日		183	9月24日	实测第一位
	1978	157	8月1日		22.8	8月12日	
	1979	164	9月2日		77.1	9月14日	
	1982	166	7月20日		92.4	7月25日	
	1988	168	9月2日		45.1	9月9日	
	1992	121	7月8日		27.1	7月14日	
	1993	232	8月23日	5～10	26.4	9月1日	
	1996	176	7月22日		61.3	8月4日	
	1997	190	7月9日		22.9	7月18日	
	1998	270	8月9日	10～20	78.4	8月16日	
	2005	206	8月9日		121	8月21日	5～10
30d 洪量	1952	314	8月17日		186	8月18日	5～10
	1953	270	7月3日		155	7月13日	
	1962	432	8月3日	5～10	77	7月31日	
	1964	323	9月12日		316	9月11日	实测第一位
	1978	279	7月20日		44.4	7月17日	
	1979	289	8月22日		106	9月6日	
	1988	307	8月22日		68.5	8月23日	
	1992	207	7月1日		50.5	7月14日	
	1993	404	8月10日	5～10	50.1	8月16日	
	1997	311	7月5日		42	6月30日	
	1998	522	8月11日	20～30	141	8月7日	
	2003	357	9月2日		195	8月31日	5～10
	2005	403	8月11日	5～10	172	8月9日	5～10
	2006	202	6月21日		44.2	6月18日	

注：上表中重现期为空的均小于5年一遇。

由表3.3-12至表3.3-13可知：

①金沙江与汉江洪水遭遇的概率略高于金沙江与洞庭湖遭遇的概率，58年实测系列中，年最大15d洪量有15年发生了遭遇，占25.9%；

②从遭遇洪水量级分析，两江遭遇时洪水量级一般均较小，或是一江发生较大洪水，而另一江为一般洪水；

③两江洪水发生遭遇且量级均较大的典型年份主要有1954年、2005年。1954年，屏山站与皇庄站15d洪量发生遭遇，屏山站相当于5～10年一遇，皇庄站也发生了10～20年一遇洪水（实测系列）；2005年，屏山站与皇庄站30d洪量遭遇，均为5～10年一遇的洪水。

3.3.6 长江中下游典型年洪水组成与遭遇研究

选取螺山、汉口站来水量较大的 1954、1968、1969、1980、1981、1983、1988、1996、1998、1999、2002 年为典型，通过统计屏山站、宜昌、螺山站、汉口站各典型年洪水 3d、7d、15d 以及 30d 洪量，分析长江中下游典型洪水的组成及遭遇特性，统计成果见表 3.3-14 至表 3.3-16。

表 3.3-14　　各典型年宜昌站独立、屏山站相应时段洪量统计

年份	时段	宜昌独立			屏山相应		屏/宜(%)
		$W_{宜}$(亿 m^3)	起始时间	重现期(年)	$W_{屏}$(亿 m^3)	重现期(年)	
968	3d	142	7月6日		29.1		20.50%
	7d	284	7月4日		63.8		22.40%
	15d	538	7月5日		127		23.60%
	30d	974	6月27日		279		28.70%
1969	3d	105	9月5日		35		33.30%
	7d	217	9月4日		80.7		37.10%
	15d	412	7月8日		98.9		24.00%
	30d	716	7月7日		211		29.50%
1980	3d	140	8月28日		44.3		31.70%
	7d	301	8月26日		98.7		32.80%
	15d	546	8月20日		199		36.50%
	30d	931	8月4日		293		31.40%
1981	3d	173	7月18日	10～20年	27.6		16.00%
	7d	335	7月16日	5～10年	68.8		20.50%
	15d	558	7月12日		157		28.20%
	30d	995	6月27日		310		31.20%
1983	3d	130	8月3日		22.6		17.40%
	7d	268	8月2日		57.5		21.50%
	15d	491	8月2日		119		24.20%
	30d	902	7月14日		199		22.10%
1988	3d	116	9月5日		35.2		30.20%
	7d	262	9月5日		81.9		31.20%
	15d	541	9月5日		167		30.80%
	30d	909	8月21日		294		32.30%
1996	3d	105	7月24日		31.4		29.80%
	7d	233	7月23日		86.2		37.00%
	15d	477	7月23日		174		36.50%
	30d	935	7月5日		295		31.50%
1998	3d	151	8月6日	5年	46.4		30.70%
	7d	348	8月12日	10年	126	5～10年	36.10%
	15d	728	8月6日	30年	257	10年	35.30%
	30d	1380	8月4日	50～100年	505	20年	36.60%
1999	3d	140	7月19日		36.7		26.30%
	7d	288	7月17日		86.2		30.00%
	15d	574	7月8日		182		31.80%
	30d	1118	6月30日		334		29.90%
2002	3d	126	8月17日		41.4		32.90%
	7d	282	8月15日		98.3		34.80%
	15d	542	8月13日		207		38.20%
	30d	861	8月1日		375		43.50%

注：上表中重现期为空的均小于5年一遇。

表 3.3-15　各典型年螺山总入流独立、屏山站相应时段洪量统计

年份	时段	螺山总入流独立			屏山相应		屏/螺(%)
		$W_{螺}$(亿 m^3)	起时	重现期(年)	$W_{屏}$(亿 m^3)	重现期(年)	
1954	3d	250	8月1日	100年	49.8	10～20年	20.0
	7d	573	7月29日	100年	111		19.4
	15d	1129	7月27日	5～10年	234		20.7
	30d	1975	7月15日	近150年	381		19.3
1968	3d	201	7月16日	5～10年	22.5		11.2
	7d	421	7月16日	5～10年	63.9		15.2
	15d	807	7月6日	5～10年	128		15.9
	30d	1508	6月26日	5～10	277		18.4
1969	3d	171	7月13日		20.9		12.2
	7d	374	7月14日		49.7		13.3
	15d	748	7月7日	5年	95.3		12.7
	30d	1248	6月27日		173		13.9
1980	3d	169	8月3日		18.2		10.8
	7d	367	8月2日		41.0		11.2
	15d	679	8月2日		94.5		13.9
	30d	1352	8月2日		283		20.9
1981	3d	182	7月18日		27.6		15.2
	7d	357	7月16日		68.8		19.2
	15d	619	7月15日		166		26.8
	30d	1195	6月26日		304		25.4
1983	3d	170	7月5日		15.0		8.8
	7d	358	7月13日		32.9		9.2
	15d	741	7月5日		71.3		9.6
	30d	1325	6月23日		135		10.2
1988	3d	199	9月5日	5～10年	35.2		17.7
	7d	416	9月5日	5～10年	81.9		19.7
	15d	812	9月1日	5～10年	166		20.4
	30d	1404	8月21日	5～10年	294		20.9
1996	3d	210	7月19日	10～20年	25.8		12.3
	7d	475	7月16日	30～50年	64.1		13.5
	15d	903	7月12日	30～50年	142		15.7
	30d	1590	7月4日	10～20年	291		18.3
1998	3d	230	7月24日	30～50年	41.6		18.1
	7d	452	7月21日	10～20年	106	5年	23.4
	15d	896	7月24日	20～30年	205		22.9
	30d	1746	7月22日	30～50年	465	10～20年	26.6
1999	3d	212	7月1日	20～30年	24.9		11.8
	7d	450	6月29日	10年	58.3		13.0
	15d	883	6月30日	10～20年	163		18.5
	30d	1694	6月29日	20～30年	331		19.5

续表

年份	时段	螺山总入流独立			屏山相应		屏/螺(%)
		$W_{螺}$(亿 m³)	起时	重现期(年)	$W_{屏}$(亿 m³)	重现期(年)	
2002	3d	200	8月21日	5～10年	55.4	5年	27.7
	7d	458	8月17日	20～30年	115		25.1
	15d	844	8月12日	10年	206		24.4
	30d	1300	7月28日	5年	380		29.2

注：上表中重现期为空的均小于5年一遇。

表 3.3-16　各典型年汉口总入流独立、屏山站相应时段洪量统计

年份	时段	汉口总入流独立			屏山相应		屏/汉(%)
		$W_{汉}$(亿 m³)	起时	重现期(年)	$W_{屏}$(亿 m³)	重现期(年)	
1954	3d	261	7月30日	100年	43.7		16.8
	7d	606	7月30日	100年	111		18.3
	15d	1256	7月29日	100年	238	5年	18.9
	30d	2205	7月16日	250～300	381		17.3
1968	3d	217	7月17日	10～20年	22.5		10.3
	7d	451	7月17日	10年	63.9		14.2
	15d	856	7月7日	5～10年	128		15.0
	30d	1579	6月27日	5～10	277		17.5
1969	3d	177	7月14日		20.9		11.8
	7d	389	7月15日		49.7		12.8
	15d	785	7月8日	5年	95.3		12.1
	30d	1298	6月28日		173		13.3
1980	3d	202	8月28日		44.2		21.9
	7d	431	8月26日	5～10年	103		23.9
	15d	772	8月20日		196		25.4
	30d	1479	8月3日		283		19.1
1981	3d	210	7月19日	5～10年	27.6		13.1
	7d	397	7月17日		68.8		17.3
	15d	678	7月9日		131		19.3
	30d	1295	6月27日		304		23.5
1983	3d	196	8月4日		22.6		11.5
	7d	387	7月14日		32.9		8.5
	15d	796	7月6日	5年	71.3		9.0
	30d	1465	6月28日		145		9.9
1988	3d	211	9月6日	5～10年	35.2		16.7
	7d	438	9月6日	5～10年	81.9		18.7
	15d	867	9月5日	10年	166		19.1
	30d	1511	8月21日	5～10年	288		19.1

续表

年份	时段	汉口总入流独立			屏山相应		屏/汉(%)
		$W_{汉}$(亿 m^3)	起时	重现期(年)	$W_{屏}$(亿 m^3)	重现期(年)	
1996	3d	216	7月19日	10年	26.7		12.4
	7d	493	7月17日	30～50年	64.1		13.0
	15d	945	7月13日	20～30年	142		15.0
	30d	1677	7月5日	10～20年	291		17.4
1998	3d	236	7月24日	30～50年	41.6	5年	17.6
	7d	466	7月21日	10～20年	131	5年	27.9
	15d	977	8月5日	30～50年	255	5～10年	26.2
	30d	1883	7月22日	30～50年	464	10年	24.6
1999	3d	216	7月18日	10年	34.0		15.7
	7d	458	6月29日	10年	58.3		12.7
	15d	904	6月30日	10～20年	163		18.1
	30d	1741	6月29日	10～20年	331		19.0
2002	3d	203	8月21日	5年	55.4		27.1
	7d	466	8月17日	10～20年	115		24.6
	15d	860	8月12日	5～10年	206		23.9
	30d	1326	7月28日		380		28.7

注:上表中重现期为空的均小于5年一遇。

(1)1954年典型洪水

屏山相应30d以下时段洪量平均占宜昌年最大洪量的30.1%,接近汛期多年平均水量百分比33.6%;占螺山总入流洪量的19.8%,小于汛期平均百分比24.1%;占汉口(总入流)洪量的17.8%,小于汛期平均百分比22.1%。

宜昌、螺山、汉口3d、7d、15d、30d年最大洪量均为实测系列首位,宜昌30d、螺山7d以上时段、汉口各时段洪量均超过100年一遇,属特大洪水,屏山相应为较大洪水。该次洪水主要发生在7月下旬至8月上旬,且螺山、汉口最大洪峰出现早于宜昌,宜昌以上来水在与沙市—螺山区间洪水遭遇的同时,还与汉江洪水遭遇。

遭遇情况:宜昌、螺山、汉口发生特大洪水时,相应的金沙江屏山也发生较大洪水,属全面、恶劣的洪水遭遇。

(2)1998年典型洪水

屏山相应30d以下时段洪量平均占宜昌年最大洪量的34.7%,接近汛期多年平均水量百分比;占螺山总入流年最大洪量的22.7%,接近汛期多年平均水量百分比;占汉口总入流年最大洪量的24.1%,接近汛期多年平均水量百分比。

遭遇情况:宜昌3d、7d、15d、30d洪量均为实测系列的第二位,宜昌大洪水主要来自金沙江,属较恶劣遭遇;螺山、汉口大洪水出现时,相应的屏山洪水为一般洪水。

(3)1996年典型年洪水

屏山相应30d以下时段洪量平均占宜昌站年最大洪量的33.7%,等于汛期多年平均水

量百分比；占螺山站年最大洪量的15.0%，小于汛期平均百分比；占汉口洪量的14.4%，小于汛期平均百分比。由于金沙江来水偏小，中游干流和洞庭湖水系来水大，螺山、汉口水量较大，该年屏山各时段洪量占螺山、汉口相应时段洪量的比重低于多年平均值。

遭遇情况：宜昌为一般洪水、螺山为大洪水、汉口为较大洪水，相应屏山为一般性洪水。

(4)其他大洪水年

1968年典型洪水：屏山站相应30d以下时段洪量占宜昌、螺山、汉口年最大时段洪量百分比分别为23.8%、15.2%、14.3%，均小于多年平均汛期水量百分比。宜昌为一般洪水，螺山、汉口为5～10年一遇的大洪水。

1980年典型洪水：屏山站相应30d以下时段洪量占宜昌、汉口年最大时段洪量分别为33.1%、22.6%，接近多年平均汛期水量百分比；屏山站相应30d以下时段洪量占螺山年最大时段洪量的14.2%、小于多年平均汛期水量百分比。宜昌、螺山、汉口为一般性洪水。

1983年典型洪水：屏山30d以下时段洪量占宜昌、螺山、汉口相应时段洪量分别为21.3%、9.5%、9.7%，均小于多年平均汛期水量百分比。宜昌、螺山、汉口为一般性洪水。

1988年典型洪水：屏山30d以下时段洪量占宜昌、螺山、汉口相应时段洪量分别为31.1%、19.7%、18.4%，均小于多年平均汛期水量百分比。宜昌为一般洪水，螺山、汉口为5～10年一遇的大洪水。

(5)各典型年遭遇一般规律

综合上述，对长江中下游宜昌、螺山、汉口站为主，金沙江屏山站相应的洪水组成及主要大洪水年份上下游遭遇分析，可以得出以下结论：

①一般情况下，宜昌、螺山、汉口洪水发生时，金沙江相应洪量占比小于多年汛期平均洪量所占百分比，为一般性洪水。

②螺山、汉口站洪水主汛期基本一致，主要出现在7—8月，若在此期间金沙江与洞庭湖、汉江洪水发生全面遭遇，且遭遇时量级较大，则会导致中下游特大洪水，如1954年7月下旬洪水。

③螺山、汉口洪水提前发生，河道水位抬高，而此时金沙江也出现较大洪水，则为较恶劣的洪水遭遇，如1998年7月下旬至8月上旬洪水。

3.4 长江上游来沙特性及变化

由表3.1-1可知，悬移质泥沙主要来源于干流金沙江和支流嘉陵江，其中金沙江（屏山站）多年平均输沙量为23000万t，嘉陵江（北碚站）多年平均输沙量为10000万t，岷江（高场站）、乌江（武隆站）和沱江（富顺站）多年平均输沙量依次为4400万t、2310万t和864万t。

同时，受水利工程拦沙、降雨时空分布变化、水土保持、河道采砂等因素的综合影响，输沙量明显减少。与1990年前均值相比，输沙量除金沙江屏山站增大14%外，其他各站均明显减小，尤以嘉陵江和沱江最为明显，1991—2002年北碚站和富顺站输沙量分别减少72%

和 68%，1991－2002 年寸滩站和武隆站输沙量分别减小约 27%和 33%。综合作用下，使得 1991—2002 年三峡入库（寸滩＋武隆）输沙量减少约 27%（见图 3.4-1）。

特别是进入 21 世纪后，长江上游来沙减小趋势仍然持续。与 1990 年前均值相比，2003—2013 年长江上游沙量减小更为明显，其中支流以沱江、嘉陵江和乌江最为显著，与 1990 年前均值相比，富顺、北碚及武隆站输沙量分别减少 56%、76%和 83%，干流寸滩站输沙量减少 61%。综合作用下，使得 2003—2013 年三峡入库（寸滩＋武隆）输沙量减少约 62%。

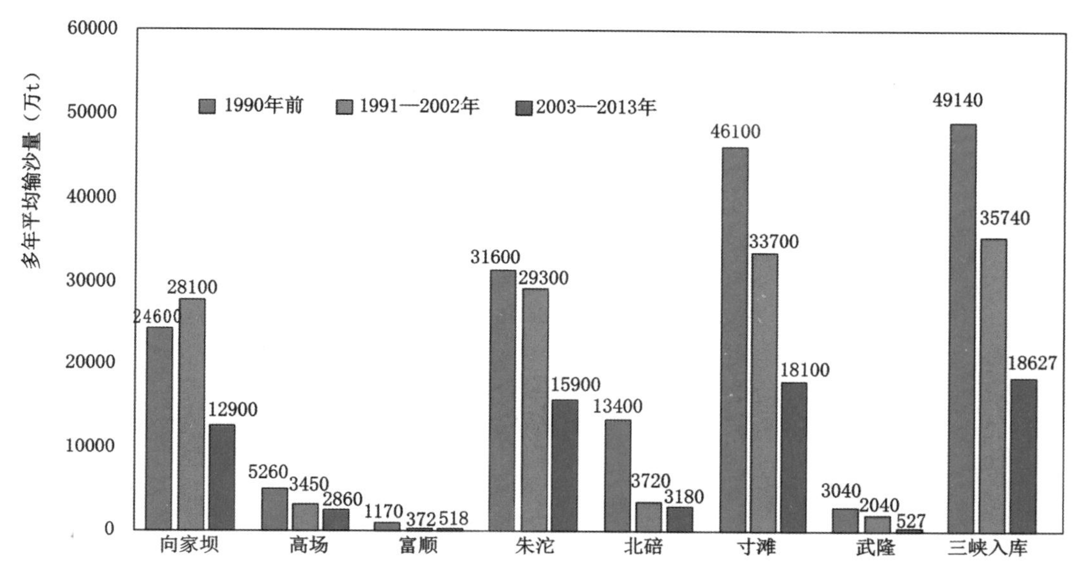

图 3.4-1　三峡上游主要水文站输沙量与多年均值比较图

表 3.4-2 列出了不同时段的三峡入库沙量。三峡水库论证阶段根据 1953－1986 年实测资料的统计，三峡工程的入库年均水沙量（寸滩＋武隆）分别为 3986 亿 m^3 和 4.94 亿 t。初步设计阶段在论证阶段的基础上补充了 1987—1990 年数据，将系列延长至 1990 年，三峡工程的入库年均水沙量（寸滩＋武隆）分别为 4015 亿 m^3 和 4.91 亿 t。1991—2002 年三峡入库（寸滩＋武隆）年均沙量为 3.57 亿 t，与 1990 年前均值相比减幅 27%。三峡工程蓄水以来，由于流域内的水利、水土保持、河道采砂等人类活动，来沙量有明显的减少，年均沙量（寸滩＋武隆）1.86 亿 t，较初步设计值减少 62.1%。

表 3.4-2　　不同时段的三峡入库沙量统计表

时期（年）	年均来沙量（亿 t）
1953—1986（论证阶段）	4.94
1953—1990（初设阶段）	4.91
1991—2002	3.57（较初设减少 27.3%）
2003—2013（朱沱＋北碚＋武隆）	1.96（较初设减少 60.0%）
2003—2013（寸滩＋武隆）	1.86（较初设减少 62.1%）

注：论证阶段、初设阶段、1991—2000 年统计径流量和来沙量采用寸滩＋武隆。

3.5 长江中下游水沙特性及变化

3.5.1 长江中下游来水特性及变化

三峡水库蓄水前后长江中下游主要水文站径流量和输沙量统计分析见表 3.5-1，对比结果见图 3.5-1 和图 3.5-2。三峡水库蓄水前后，长江中下游干流各站径流量除监利站变化不大外，宜昌、枝城、沙市、螺山、汉口、大通各站分别偏少 9%、9%、5%、9%、7%和 8%。

表 3.5-1　三峡水库蓄水前后长江中下游主要水文站径流量和输沙量统计分析

项目		宜昌	枝城	沙市	监利	螺山	汉口	大通
径流量/$10^8 m^3$	2002 年前平均	4369	4450	3942	3576	6460	7131	9052
	2003—2013 年	3958	4051	3738	3616	5869	6663	8331
	变化率	−9%	−9%	−5%	1%	−9%	−7%	−8%
	多年平均	4298	4381	3907	3583	6358	7051	8924
输沙量/$10^4 t$	2002 年前平均	49200	50000	43400	35800	40900	39800	42700
	2003—2013 年	4650	5610	6670	8110	9510	11200	14200
	变化率	−91%	−89%	−85%	−77%	−77%	−72%	−67%
	多年平均	31698	27805	25833	24922	28111	28148	31089

注：变化率为 2003—2013 年均值与 2002 年前均值的相对变化，汉口站为 1952—2002 年，其他站为 1950—2002 年。

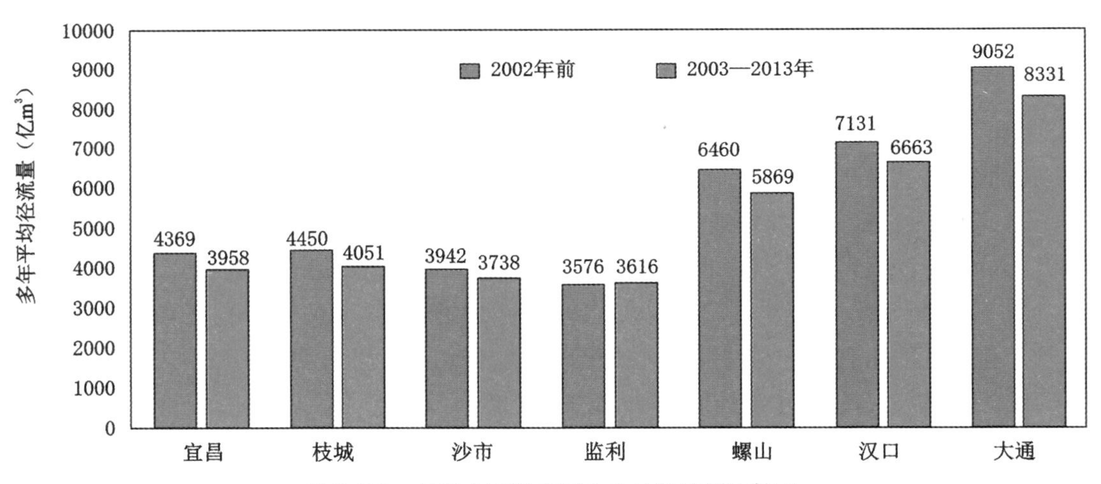

图 3.5-1　长江中下游主要水文站径流量比较图

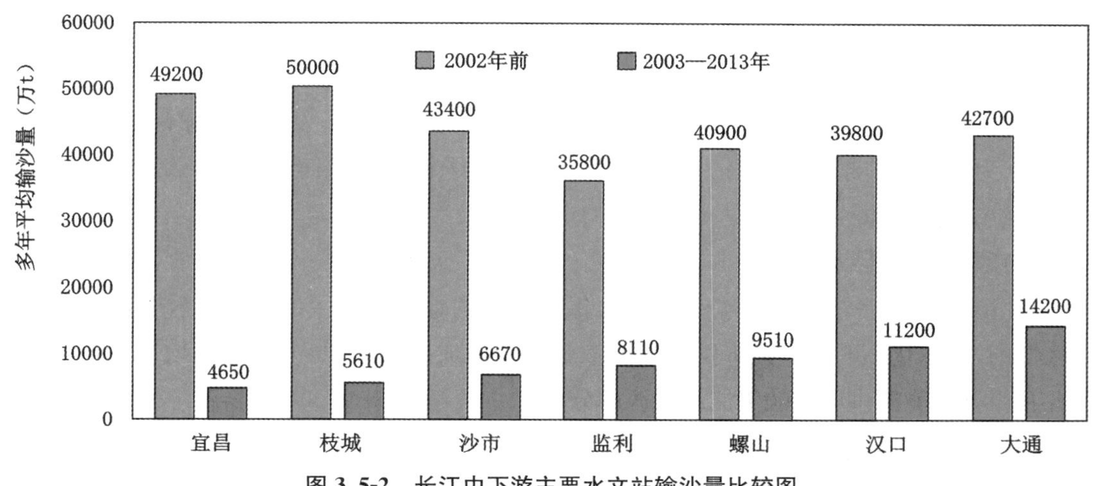

图 3.5-2 长江中下游主要水文站输沙量比较图

3.5.2 长江中下游来沙特性及变化

20 世纪 90 年代以来，受上游来沙量减小影响，长江中下游干流输沙量也呈减小态势，如宜昌站 1991—2002 年年均输沙量为 3.91×10^8 t/年，较 1950—1990 年均值减小了 1.30×10^8 t/年，减幅 25%；下游干流汉口、大通站沙量也分别减小了 1.14×10^8 t/年、1.31×10^8 t/年，减幅分别为 27%、29%，沙量减小值和减幅都与宜昌站基本相当。

受水库拦沙影响(2003—2013 年年均拦沙约 1.42×10^8 t/年)，坝下游输沙量大幅减小，但减幅沿程递减。2003—2013 年宜昌、汉口和大通站年均输沙量分别为 0.465×10^8 t/年、1.12×10^8 t/年和 1.42×10^8 t/年，分别较蓄水前均值减小了 91%、72%和 67%。由于上游来沙的大部分粗颗粒泥沙被拦截在三峡水库内，出库泥沙粒径明显偏细；坝下游河床沿程冲刷，干流各站悬沙明显变粗，粗颗粒泥沙含量增多，尤以监利站最为突出，其中值粒径由蓄水前的 0.009mm 变粗为 0.038mm，粒径大于 0.125mm 的沙重比例也由 9.6%增多至 35%左右。

3.6 长江流域来水变化分析与预测

3.6.1 长江流域未来气候变化趋势

长江流域未来径流量的变化与长江流域的降水量变化息息相关，要进行未来径流量的预测首先要对长江流域未来气候的变化趋势进行预测。

对未来全球和区域气候变化的预测是在一系列驱动因子(包括人口增长率、经济发展速度、技术进步水平、环境条件、全球化情况和公平原则等)的假设结合下，在计算出的未来温室气体和硫化物气溶胶排放情景基础上进行大气浓度计算，然后得到相应的太阳辐射，再输入气候模式计算相应的气候变化。考虑长江流域最可能出现的社会发展状况，重点选取以下三种情景对未来气候变化进行分析：

(1)高经济发展情景(A1)

经济高速发展，全球人口在21世纪中叶达到峰值，之后下降；发展中国家的经济得到快速发展，为高排放情景；在这种情景下，又设立了3组子情景：化石燃料情景(A1F1)、技术发展情景(A1T)、能源种类平衡发展情景(A1B)。

(2)区域资源情景(A2)

A2情景下是一个十分不均衡的世界，保持明显的地方与自主的特点，经济发展主要是地区性的，全球化不明显。经济发展主要依赖于国内或区域资源，人口持续增长，区域化的资源利用导致能源供应依赖于能源资源的分布。

(3)全球可持续发展情景(B1)

该情景仍然是一个高经济发展情景，其主要特点是：假定世界各国对环境保护形成共识，走向可持续发展道路，则到2100年，发展中国家人均国民生产总值约为发达国家的一半。人口的发展与高经济发展情景一样。这种情景意味着未来排放较低。

研究使用A1B、A2和B1三种情景下的气候模式来模拟降水和气温变化，对未来气候模式预估结果进行分析。研究采用的长江流域降雨预测结果时间为2000—2100年，其中2000—2013年已经发生，并将实际发生降雨和气温实测与各情景预测结果比较，了解降雨预测结果的适用性。

从表3.6-1可知，根据A2情景所预测结果与实际发生情况相对差别较小，年降雨误差为偏小25mm，年平均气温误差最小为偏小0.02℃。可见，目前看来A2比较接近实际情况。

表3.6-1　　不同排放情景下的降雨和气温预测成果与实测结果比较

要素	降雨(mm)				气温(℃)			
项目	实测	A1B	A2	B1	实测	A1B	A2	B1
平均预测值	1097	1174	1072	1147	13.4	14.87	13.38	12.90
误差		77	−25	50		1.47	−0.02	0.5

但是，A2情景也只是对未来温室气体排放的一种假设，此情景也不一定适用于未来实际情况。为充分反映和解析未来长江流域的气候变化趋势，将A1B、A2和B1三种情景预测结果都分别进行了分析，以解析不同排放情景假设下长江流域未来气候变化的幅度和趋势。主要结论如下：

1)长江流域未来降水变化

①在A2情景下，在未来20年呈减小变化趋势，未来40年后转变为增大趋势，但变化趋势都不明显；在未来60年后年降水量的增大趋势达到显著水平，其平均增加率为8～13mm/10年。

②在A1B情景下，年平均降水量与A2情景下的变化趋势相似，只是未来60年以后其增加幅度开始加强，基本维持在每10年平均增加12～14mm。

③在B1情景下，与上述A2和A1B情景下变化趋势也基本相似，都是未来20年期间呈减小趋势，之后开始转变为增加趋势，在未来60年后达到显著增加的程度，其平均增加率为4～8mm/10年。

2)长江流域未来气温变化

①在A2情景下，在未来100年内均呈显著的上升趋势，其平均增温率为0.2～0.5℃/10年。

②在A1B情景下，在未来100年内同样呈显著的上升趋势，其平均增温率为0.2～0.4℃/10年。

③在B1情景下，在未来100年内呈显著上升趋势，其未来100年内的平均增温率为0.2℃/10年。

3.6.2 长江流域未来径流量变化趋势

以气候模式的预测输出产品(不同排放情景下气温、降水预报信息)作为输入值，基于统计模型和简化水量平衡模型方法对长江流域大通以上地区未来100年的径流量进行了模拟和分析，获得了径流量变化趋势。

基于统计模型的长江流域未来100年径流量变化趋势结果表明：长江流域径流量在A1B、A2及B1情景下未来20年内没有明显变化趋势，在未来40年以后呈增加趋势。长江流域径流量在A1B和A2情景下有基本相似的变化趋势，而在B1情景下增加趋势相对最小；三种情景下径流量平均增加率为380～770m^3/s/10年(A1B)、220～740m^3/s/10年(A2)和200～380m^3/s/10年(B1)。

基于流域水量平衡简化模型的长江流域未来100年径流量变化趋势结果表明：在A1B情景下，在未来40年前总体上呈减少趋势，且变化趋势不显著，未来40年后呈明显增加趋势，径流量平均增加率为160～260m^3/s/10年；在A2情景下，在未来40年前主要呈不明显的减少趋势，50年后转变为增加趋势，但只是在60年后才表现为显著的增加趋势，径流量平均增加率为130～190m^3/s/10年；在B1情景下，在未来50年呈减少趋势，60年后开始转变为增加趋势，但仅在未来70年后才呈明显的增加趋势，径流量平均增加率为60～130m^3/s/10年。为此，综合二种模式的预估结果及其时间变化趋势分析，发现：基于全球气候模式的预测信息，无论在A1B、A2或B1情景下，未来近100年(到2100年)长江流域的径流量表现为前40年(2000到2040年)左右径流量将逐渐减小，后60年(2041年到2100年)将转变为增大趋势。

3.7 长江流域来沙变化分析与预估

3.7.1 泥沙减少成因分析

与论证阶段及初步设计阶段相比，三峡水库上游近期来沙量明显偏少，来沙持续减少主

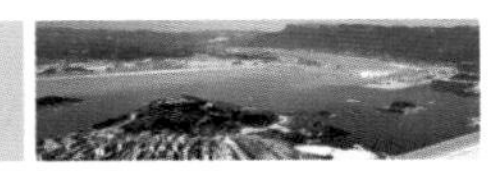

要受水库拦沙、水土保持工程减沙、河道采砂等人类活动和降雨等自然因素的影响，使得三峡入库泥沙呈逐渐减少趋势。其中三峡上游气候变化导致入库年沙量减少约 0.189 亿 t，占三峡入库总减沙量的 12%，水库拦沙则是导致三峡入库近期沙量减少的主要因素。

3.7.2 近期来沙量预估

金沙江下游溪洛渡、向家坝等梯级水库建成运用后，三峡入库泥沙量及组成情况必然发生一定变化。一方面水库将发挥拦沙作用，2012 年 10 月向家坝开始蓄水，2013 年 5 月溪洛渡也开始蓄水运行，水库拦沙作用使得 2013 年向家坝站输沙量仅为 203 万 t，相较于 2003—2012 年平均值减少 99%，相应三峡入库（朱沱＋北碚＋武隆）泥沙 1.27 亿 t，相较于 2003—2012 年均值偏小 37%；另一方面坝下游河床冲刷加剧后，会对拦沙作用有一定补偿，同时还会改变泥沙组成。

溪洛渡和向家坝水库联合运行工况下，依据 1961—1970 年水沙系列，分别采用中国水利水电科学研究院（简称水科院）泥沙数学模型和长江科学院（简称长科院）泥沙数学模型计算了三峡入库水沙变化，见表 3.7-1 和图 3.7-1。结果表明，上游建库拦沙对减少三峡水库入库沙量效果非常明显。

表 3.7-1　溪洛渡、向家坝水库建成后三峡水库入库（朱沱站）每 10 年沙量变化

年	1～10	11～20	21～30	31～40	41～50	51～60	61～70	71～80	81～90	91～100
悬移质 1(t)	12.72	12.76	12.95	13.22	13.45	13.80	14.61	16.06	18.15	23.13
悬移质 2(t)	12.55	12.58	12.77	13.03	13.27	13.65	14.15	15.90	17.98	22.93
推移质 1(t)	0.127	0.115	0.126	0.144	0.122	0.009	0.009	0.009	0.009	0.051
推移质 2(t)	0.189	0.121	0.084	0.055	0.047	0.043	0.043	0.042	0.041	0.043
悬沙 D_{50}(mm)	0.016	0.016	0.016	0.016	0.016	0.016	0.016	0.017	0.018	0.026

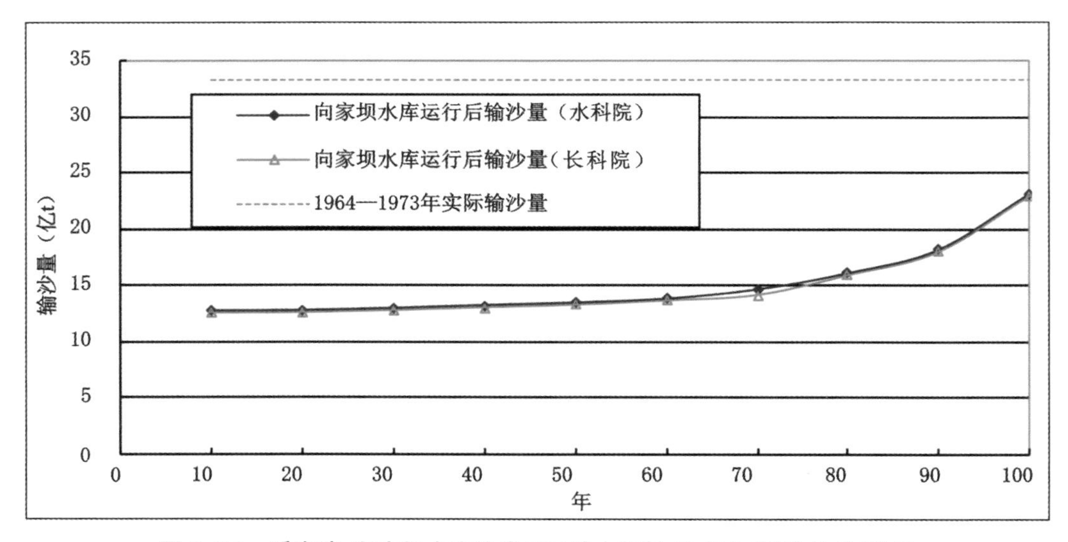

图 3.7-1　溪洛渡、向家坝水库建成后三峡水库每 10 年入库（朱沱站）沙量

同时考虑支流嘉陵江亭子口和草街、乌江水库群建库后的拦沙作用，计算得到的三峡水库入库沙量变化成果表明，上游水库运用1～10年时，年均入库沙量为1.412×10^8 t，仅占天然入库沙量的38.4%；上游水库运用11～20年时，年均沙量为1.469×10^8 t，占天然入库沙量的39.9%；上游水库运用21～30年时，入库沙量为1.524×10^8 t，占天然沙量的41.4%。

综合上述成因分析及模型预测成果来看，随着长江上游大型水利水电工程如金沙江下游溪洛渡、向家坝的运行，嘉陵江亭子口、草街，岷江紫坪铺、瀑布沟，乌江彭水等枢纽的建成以及进一步的水土保持工程建设，三峡水库在相当长时间内会保持较少的来沙量。

3.8 小结

本章首先分析了长江流域的基本情况，包括长江流域总体概况、干支流水系及规划以及暴雨洪水特性分析，并分别进行了长江上游和中下游水沙特性及变化分析，并对长江流域来水来沙情势进行了预估。

(1)长江流域水资源丰富，大通站多年平均径流量8924亿m^3，宜昌站多年平均径流量4298亿m^3，但时空分布不均匀。以宜昌站为例，汛期(6—9月)来水占全年60%以上，主汛期(7—8月)来水最大，9月来水还较丰沛，可利用的洪水资源较多。

(2)20世纪90年以来，长江上游的来水量有减少的趋势，与1990年前均值相比，1991—2002年三峡入库(寸滩+武隆)年平均径流量减少4%，三峡坝址年平均径流量减少4.94%；2003—2013年三峡入库(寸滩+武隆)年平均径流量减少8%，三峡坝址年平均径流量减少12.17%。尤其是2000年以后，长江来水进入了一个相对枯水时段，枯水年份较多，有2006年、2011年和2013年。据统计，宜昌站年径流最枯年(发生在2006年)仅为1877—2013年多年平均的67.4%，洪水资源利用显得尤为重要。同时，三峡工程蓄水以来，三峡入库(寸滩+武隆)来沙量明显减少，较初步设计值减少62%，这也为洪水资源利用创造了条件。

(3)对长江流域大通以上地区未来100年的径流量变化趋势进行了模拟和分析。结果表明：长江流域前40年左右(2000到2040年)径流量将趋于逐渐减小，后60年(2041到2100年)以后将转变为增大趋势。

(4)20世纪90年代以来，受水利工程拦沙、降雨时空分布变化、水土保持、河道采砂等因素的综合影响，长江流域输沙量明显减少，今后在相当长时间内会保持较少的来沙量，这也为长江流域洪水资源利用创造了有利的条件。

4 长江流域洪水资源利用的可行性研究

4.1 长江流域洪水资源利用评价体系

通常来讲，洪水资源利用评价体系主要包括洪水资源利用方式分析、利用水平分析、利用量评价和潜力分析等内容，洪水资源利用评价体系框架如图 4.1-1 所示。

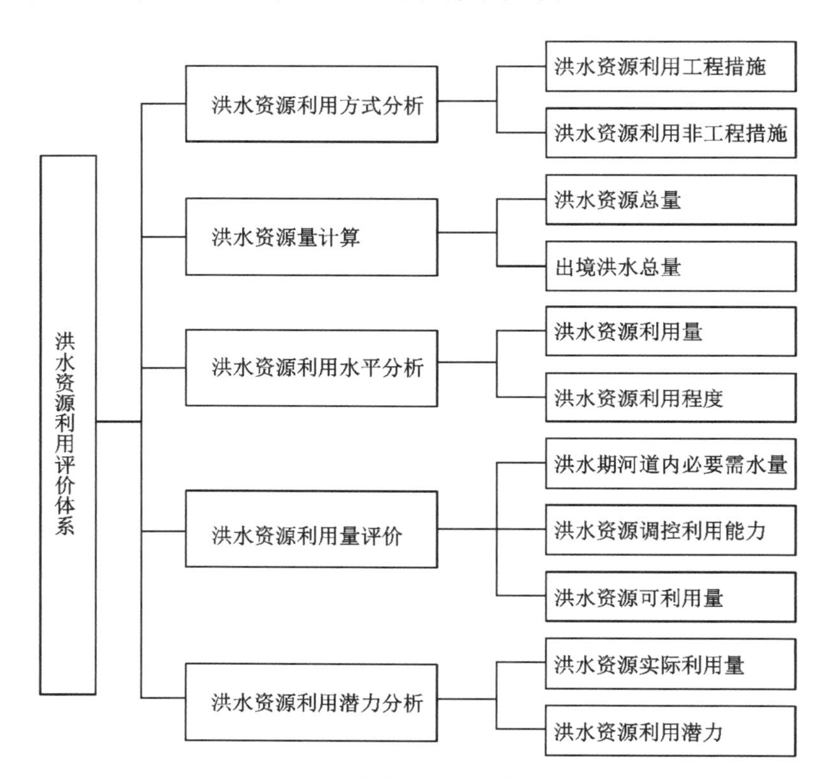

图 4.1-1 洪水资源利用评价体系框架

洪水资源利用方式，从综合角度来看分为工程措施和非工程措施两大类，见图 4.1-2。

工程措施，是指通过利用水利工程和水保工程，尽可能多地拦蓄或截留洪水，以便被人类利用、生态环境利用或补充地下水，主要分为蓄滞工程、引泄工程和截留工程三类。其中，蓄滞工程的主要功能为拦蓄洪水，将尽可能多的洪水拦蓄起来，延长洪水在陆地上的停留时间。其形式有水库工程、拦河闸坝工程、蓄滞洪区建设工程、农田水利工程、水土保持工程等。引泄工程的主要功能为排泄洪水或引水，主要有河道整治工程、市政工程。引灌工程的主要功能是引水灌溉，补充土壤水分，有引洪淤灌工程、城市雨洪利用工程等。

非工程措施，是指在现有工程措施的基础上，通过科学规划和合理调度，最大限度地拦蓄或截留洪水资源，及时满足经济社会及生态环境的需水要求，补充地下水，主要分为综合调度、综合规划和保障机制。如水库分期洪水调度技术、洪水预测预报技术、水库预泄与河网联调技术、蓄滞洪区主动运用等。非工程措施具有投入少、经济效益高、见效快的特点，且具有更强的主观能动性。非工程措施越来越受到人们的重视和认可，涉及内容也逐步丰富和扩展，是流域洪水资源利用的重要的技术支撑。

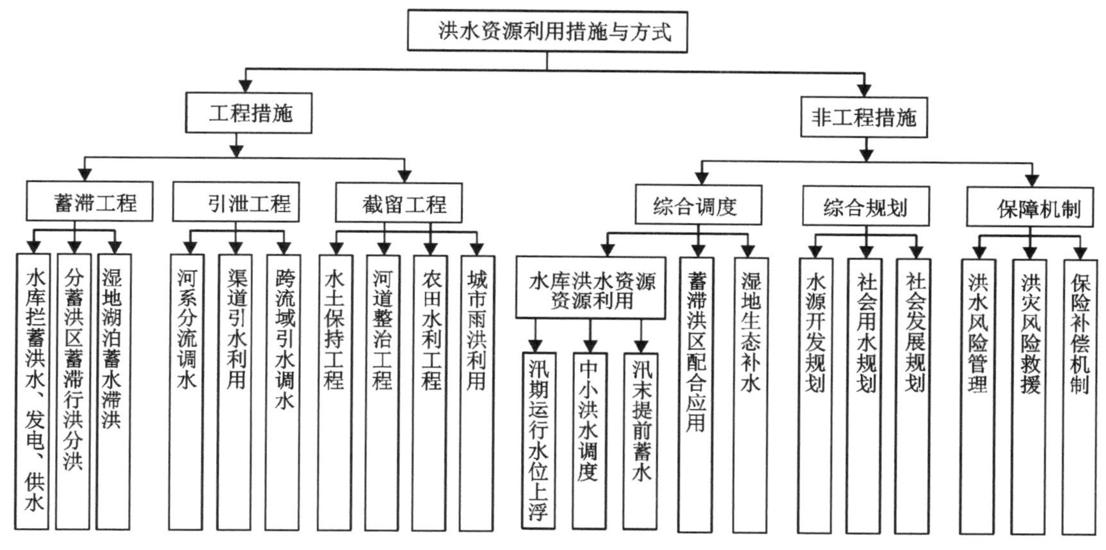

图 4.1-2　长江流域洪水资源利用措施与方式

总体而言，洪水资源利用工程措施涉及绝大多数水利水电工程，具有一定的洪水资源利用功能，如大型水库工程、蓄滞洪区建设工程、水土保持工程、农田水利工程、河道整治工程等。各类工程措施的特点见表 4.1-1。

表 4.1-1　洪水资源利用工程措施的基本特点

方法措施	适用范围	优点或说明
水库大坝	一般位于河流上游	利于水能资源利用，确保防洪安全
蓄滞洪区	一般位于中下游地区	延缓洪水过程，保证供水和灌溉，但存在洪灾淹没风险
湖控工程	一般位于中下游地区	调枯畅洪，恢复湿地，改善水环境
河道分流调水	一般位于河流中下游	调剂各河系之间的水资源丰缺
渠道引水利用	缺水且易发生干旱的地区	利于灌溉和供水，但本河道内径流量减少
跨流域引水调水	适用于水资源较丰富的地区	调剂流域内、流域间的水资源丰缺
水土保持工程	适用于高原及山丘区	保持地面土壤防止冲刷，减少下游河床淤积
河道整治工程	适用于全流域，尤其是河道被人工干扰比较强烈的地区	减少冲滩塌岸，控制土壤侵蚀
农田水利工程	适用于山区和平原地区	调节和改良农田水分状况和地区水利条件
城市雨洪利用	适用于所有城市，尤其是缺水城市	减少城市洪灾，改善城市生活环境

而洪水资源利用的非工程措施涉及水利水电工程调度与管理的大多数措施，如水库优化调度技术、洪水预测预报技术、蓄滞洪区主动运用、水源开发规划、社会用水规划等。利用预测预报手段和水库优化调度技术，提高水库拦蓄洪水的能力；通过蓄滞洪区的合理运用，增加洪水蓄滞时间，增加洪水对地下水的补给。显而易见，工程措施与非工程措施相结合才能收到更好的洪水资源利用的效果。

洪水资源利用方式多种多样，与长江流域具体情况密切相关。随着长江流域综合治理工程的全面实施，流域已基本建成了长江干支流堤防、水库、蓄滞洪区、河道整治等组成的防洪工程体系，以三峡工程为骨干的长江防洪系统已初步形成，通过大规模修建水利水电工程来提高洪水资源利用水平是工程措施的主要手段之一；但同时，立足于现有的工程体系，基于科学发展观的可持续利用思想理念，挖掘大中型水库防洪调度与综合效益的潜力，是洪水资源利用非工程措施的主要手段之一。为此，本项目重点围绕水库工程洪水资源利用方式开展研究。

4.2 洪水资源利用现状评价与潜力计算方法

洪水资源利用的本质，是实现由“灾害水”向“资源水（含环境水）”的转化，其内涵是指在一定的区域经济发展状况及流域水文特征条件下，以水资源利用的可持续发展为前提，通过工程或非工程的手段，优化出境或入海水量和过程，以提高洪水的利用率。因而，洪水资源利用潜力是指以满足下游基本用水（包括基本的生活用水、生产用水和生态用水）为前提，根据科学发展水平和技术能力，人类可能调控的洪水资源总量。

（1）洪水资源量

洪水资源量，也即“洪水资源的数量”，是指一定区域由当地降水形成的天然河川洪水径流量。洪水资源量根据年内洪水期天然河川径流过程来计算，其关键是确定洪水期的起止时间。对于不同的流域年内洪水期，需要根据河川径流季节性规律、水系特性等多因素综合确定。

洪水资源总量计算公式如下：

$$W_{总量}(i)=\int_{t_1}^{t_2}Q_i(t)\mathrm{d}t \tag{4.2-1}$$

式中：$W_{总量}(i)$ 为时段 i 的洪水资源总量；$Q_i(t)$ 为时段 i 的流域河川天然洪水流量；t_1 、t_2 分别为洪水期起止时间。

（2）洪水资源实际利用量

洪水资源实际利用量，也即洪水资源现状利用水平，是指在现状水资源开发利用过程及管理条件下，流域当地河道外能够利用的洪水资源量。

河道外用水，是指通过蓄、引、提、调等不同方式而利用的河水，包括农业、工业、生活和生态环境用水以及输水损失在内的毛水量。

河道内用水，是指为维护生态环境和水力发电、航运等生产活动，要求河流、水库、湖泊保持一定的流量和水位所需要的水量。按照利用目的和效益的不同，河道内用水可归纳为生产性用水（包括水力发电、水运交通、淡水养殖和旅游等）和生态环境用水（包括防淤冲砂、水质净化、维持水生态功能）。

也就是说，从流域宏观角度出发，洪水资源利用主要关注流域河道外洪水资源用水量；当研究对象细观为水库、分蓄洪区、湖控工程时，洪水资源利用主要关注水库工程等本身的防洪、发电、供水、生态等综合效益。

在现状洪水调控利用能力 x_0 下的洪水资源实际利用量 $W^{x_0}_{实际利用量}(i)$，可近似为洪水资源总量 $W_{总量}(i)$ 与洪水期流域出境洪水量 $W^{x_0}_{出境洪水量}(i)$ 的差值，计算表达式为：

$$W^{x_0}_{实际利用量}(i)=W_{总量}(i)-W^{x_0}_{出境洪水量}(i) \tag{4.2-2}$$

当然，实际利用量也可根据不同的利用措施进行分项统计求和，以此计算流域洪水资源实际利用量，而此时出境洪水量则为洪水资源总量减去洪水资源实际利用量。

（3）洪水资源利用程度

洪水资源利用程度，是指洪水资源现状利用水平相对洪水资源量的比值，反映流域洪水资源利用的相对水平。采用洪水资源实际利用量占洪水总水量比例作为洪水资源利用程度 p 的评价指标，计算公式为：

$$p=W_{利用量}(i)/W_{总量}(i)\times 100\% \tag{4.2-3}$$

当然，给定洪水资源利用程度和洪水资源总量时，也可计算得到该利用程度水平下的洪水资源利用量。

（4）洪水资源可利用量

洪水资源可利用量，是指在可预见的时期内，在不增加防洪风险以及维持河流健康的前提下，统筹考虑洪水期河道内必要的需水量，通过经济合理、技术可行的工程措施和非工程措施，能够调控开发的尚未被利用的洪水资源量。

洪水资源调控利用能力，是指在防洪安全和维持河流健康的前提下，在洪水期所能调蓄利用的最大洪水资源量。在一定的洪水资源调控利用能力下，流域洪水资源均可划分为“可利用量”和“不可利用量”两部分，其中“不可利用量”部分又包括限于调控利用水平所“不能够利用”与为满足流域基本的生产、生活和生态用水所“不允许利用”两部分。

洪水期河道内必要的需水量，是指相应于一定的河流生态环境和生产功能目标的洪水期河道内需水量，也即洪水资源“不可利用量”中的“不允许利用”部分。

从洪水资源利用的相关概念可知：

①洪水资源可利用量是洪水调控利用能力的函数。也就是说，假设洪水资源总量不变时，洪水资源调控利用能力越大，洪水资源可利用量越大。

②在一定的调控利用能力前提下，流域洪水资源均可划分为“可利用量”和“不可利用量”两部分，其中“不可利用量”部分又包括限于调控利用水平所“不能够利用”与为满足流域出口断面以下基本的生产、生活和生态用水所“不允许利用”两部分。

为此，对应调控利用能力 x，在时段 i，流域洪水资源可利用量 $W^{x}_{可利用量}(i)$ 为洪水资源总量与洪水资源不可利用量的差值，计算表达式为：

$$W^{x}_{可利用量}(i)=W_{总量}(i)-\max(W_{不允许利用}(i),W^{x}_{不能够利用}(i)) \tag{4.2-4}$$

式中：$W_{不允许利用}(i)$ 为流域洪水期河道内必要的需水量，即所“不允许利用”的部分；$W^{x}_{不能够利用}(i)$ 为受调控利用能力 x 限制所不能够利用的洪水资源量。

①洪水资源现状可利用量

由式(4.2-4)，对应于现状调控利用能力 x_0，洪水资源现状可利用量 $W^{x_0}_{可利用量}(i)$ 为：

$$W^{x_0}_{可利用量}(i)=W_{总量}(i)-\max(W_{不允许利用}(i),W^{x_0}_{不能够利用}(i)) \tag{4.2-5}$$

$W^{x_0}_{不能够利用}(i)$ 为限于现状调控利用能力 x_0 所不能够利用的洪水资源量，一般按下式计算：

$$W^{x_0}_{不能够利用}(i)=\max(W(i)-W_0,0) \tag{4.2-6}$$

式中：W_0 为现状洪水调控利用能力 x_0 所对应的洪水资源量，一般按照 $W_0=\underset{1\leqslant i\leqslant N}{\theta}W^{x_0}_{实际利用量}(i)$ 来计算，θ 为计算时期 N 年内洪水资源实际利用量中的较大值函数。当然，W_0 也可根据实际调查分析，取对应于流域受灾临界状态的洪水资源实际利用量。

②洪水资源理论可利用量

根据极限分析理论，对式(4.2-5)对调控利用能力 x 趋于 ∞取极限，即 $x\rightarrow\infty$，有 $W^{x}_{不能够利用}(i)\rightarrow 0$，$\max(W_{不允许利用}(i),W^{x}_{不能够利用}(i))\rightarrow W_{不允许利用}(i)$，为此：

$$\lim_{x\rightarrow\infty}W^{x}_{可利用量}(i)=W^{\infty}_{可利用量}(i)=W_{总量}(i)-W_{不允许利用}(i) \tag{4.2-7}$$

其意义在于，当通过无限兴建流域洪水资源工程措施和无限提高洪水调控利用水平时，可以获得流域洪水资源理论利用潜力 $W^{\infty}_{可利用量}(i)$ 为洪水资源量与本流域 $W_{不允许利用}(i)$ 之差。

(5)洪水资源利用潜力

洪水资源利用潜力，是指扣除洪水资源实际利用量之后，在经济合理、技术可行、不破坏河流基本功能的前提下，流域洪水资源中还能够进一步增加利用的最大洪水资源量。

根据流域洪水资源利用的定义，将相对于调控利用能力 x 的流域洪水资源利用潜力 $W^{x}_{潜力}(i)$，定义为在现状调控利用能力 x_0 基础上可进一步挖掘的增量：

$$W^{x}_{潜力}(i)=W^{x}_{可利用量}(i)-W^{x_0}_{实际利用量}(i) \tag{4.2-8}$$

对(4.2-2)、(4.2-6)和(4.2-8)3 个式子进行计算整理，有

$$W^{x}_{潜力}(i)=W^{x_0}_{出境洪水量}(i)-\max(W_{不允许利用}(i),W^{x}_{不能够利用}(i)) \tag{4.2-9}$$

由上式可知，相对于调控利用能力 x 的流域洪水资源利用潜力 $W^{x}_{潜力}(i)$ 为现状调控利用能力 x_0 下洪水期流域出境洪水量与不可利用量之差。

①洪水资源现状利用潜力

对于流域现状调控利用能力 x_0，洪水资源现状利用潜力 $W^{x_0}_{潜力}(i)$ 为：

$$W^{x_0}_{潜力}(i)=W^{x_0}_{出境洪水量}(i)-\max(W_{不允许利用}(i),W^{x_0}_{不能够利用}(i)) \tag{4.2-10}$$

②洪水资源理论利用潜力

根据极限分析理论，对式(4.2-10)对调控利用能力 x 趋于 ∞取极限，即 $x\to\infty$，有 $W^{x}_{不能够利用}(i)\to 0$，$\max(W_{不允许利用}(i),W^{x}_{不能够利用}(i))\to W_{不允许利用}(i)$，为此：

$$\lim_{x\to\infty}W^{x}_{潜力}(i)=W^{\infty}_{潜力}(i)=W^{x_0}_{出境洪水量}(i)-W_{不允许利用}(i) \tag{4.2-11}$$

其意义在于，当通过无限兴建流域洪水资源工程措施和无限提高洪水调控利用水平时，可以获得流域洪水资源理论利用潜力 $W^{\infty}_{潜力}(i)$ 为现状水平下的出境水量与本流域 $W_{不允许利用}(i)$ 之差。

相应于任何调控利用能力的洪水资源均可划分为可利用量和不可利用量，并定量给出了流域洪水资源理论利用潜力、现状利用潜力、理论可利用量、现状可利用量等的计算公式。流域洪水资源现状可利用量和现状利用潜力，是指可以基于现有水利水电工程体系，通过充分发挥非工程措施的洪水调节作用，可合理利用的洪水资源上限和在现有基础上进一步挖掘的增量。流域洪水资源理论可利用量和理论利用潜力，是指通过无限提高流域洪水调控利用能力，可合理利用的洪水资源上限和在现有利用基础上可进一步挖掘的增量，即可利用的最大量和可增加的最大量，是理论上可以无限接近、但永远都不可能达到的上限值。为此，在满足生态环境需求和社会发展条件下，依据流域规划，也需要进行规划条件下的潜力计算。在给定规划的洪水资源利用程度控制指标时，可依次得到规划利用量、规划可利用量、规划利用潜力等。

$$W^{规划}_{利用量}(i)=p_{规划指标}\times W_{总量}(i) \tag{4.2-12}$$

$$W^{规划}_{可利用量}(i)=W_{总量}(i)-\max(W_{不允许利用}(i),W^{规划}_{不能够利用}(i)) \tag{4.2-13}$$

$$W^{规划}_{潜力}(i)=W^{x_0}_{出境洪水量}(i)-\max(W_{不允许利用}(i),W^{规划}_{不能够利用}(i)) \tag{4.2-14}$$

4.3　长江流域洪水资源利用现状与潜力评价

长江流域洪水资源利用方式多种多样，洪水资源利用量计算就显得烦琐而复杂。项目收集了历年来的长江流域及西南诸河水资源公报，因 2003 年水资源分区、面积及常年值做了新的调整，且考虑到近年来数据更能反映流域现状，故摘录出 2004 年至 2013 年的长江流域水资源总量、地表水资源总量、供水量、年末大中型水库蓄水量、大型水库数量、中型水库数量等数据(表 4.3-1)，考虑到长江干支流的汛期不尽相同，洪水资源利用评价时将 5—10 月界定为“洪水期”。

由于长江流域水资源总量统计工作庞大而复杂，流域降水形成的地表、地下产水总量（不包括过境水量），由地表水资源量加地表水资源与地下水资源间不重复量而得。在进行长江流域干支流洪水资源利用评价时，首先计算干支流主要控制断面洪水期径流量占年径流量的多年平均比例系数，然后将该系数与长江流域干支流分区地表水资源总量相乘，近似代表洪水期"洪水资源总量"。

保障河流生态环境需水是保护河流生态环境的关键。生态环境需水的控制要素主要包括生态基流、生态环境需水量、河流生态环境下泄水量。《长江流域综合规划（2012—2030年）》根据各控制节点生态环境状况和长系列水文资料确定了长江流域主要节点的生态环境需水。本次采用生态环境需水成果作为河道内必要需水量。

表 4.3-1　　2004—2013 年长江流域水资源情况

年份	水资源总量（亿 m^3）	地表水资源量（亿 m^3）	供水量（亿 m^3）	年末大中型水库蓄水量（亿 m^3）	大型水库（座）	中型水库（座）
2004	8734.1	8633.6	1804.8	845.4	148	1016
2005	9889.06	9788.5	1840.21	891.4	154	1073
2006	8060.86	7959.9	1868.09	923.8	156	1080
2007	8811.3	8701.2	1925.5	1039.2	164	1100
2008	9457.2	9344.3	1942.5	1284.8	167	1133
2009	8732.9	8608.2	1986.5	1137.9	170	1096
2010	11265.7	11147.7	1983.5	1392.8	174	1122
2011	7838.1	7713.6	2009.2	1325.6	179	1170
2012	10809	10681.1	2002.8	1537.5	217	1259
2013	8797.6	8674.5	2057.4	1419.4	224	1263

由表 4.3-1 可知，近年来长江流域水资源总量分布不均，2011 年为 7838.1 亿 m^3，而 2012 年则为 10809 亿 m^3，且随着社会经济发展以及对用水需求的不断增长，长江流域供水量从 1804.8 亿 m^3 增加到 2057.4 亿 m^3，且还有不断增加的趋势。而洪水期洪水资源是水资源利用的主要组成部分，可见开展长江流域洪水资源利用具有重大的现实意义。长江流域干支流水库群体系是洪水资源利用的主要手段，大中型水库在长江流域逐渐兴建和运行，可以通过有效调蓄洪水资源，达到防洪蓄水相结合、丰蓄枯用、以丰补欠，使大量汛期洪水经调蓄后在非汛期使用，缓解水资源短缺；再者，通过水库群联合调度，合理安排水库群的蓄、泄水时机，协调兴利与防洪及生态的关系，充分发挥洪水资源的综合利用效益。

4.3.1　长江流域洪水资源利用潜力分析

参照洪水资源利用现状评价与潜力计算方法，对长江流域总体的洪水资源利用现状和潜力进行了计算，得到了评价结果表 4.3-2，并绘制出了洪水资源利用成果图，见图 4.3-1 和图 4.3-2。

表 4.3-2　长江流域洪水资源利用现状与潜力评价结果

（水量单位：亿 m^3）

年份	洪水资源总量	洪水资源实际利用量	不能够利用量	不可利用量	现状可利用量	理论可利用量	现状利用潜力	理论利用潜力	洪水资源利用程度	规划水资源利用控制指标	规划利用量	规划可利用量	规划利用潜力
	①=水资源总量*比例系数	②=年利用量*比例系数	③=式(4.2-6)	④=max(③,生态环境需水量)	⑤=①−④	⑥=①−生态环境需水量	⑦=式(4.2-10)	⑧=式(4.2-11)	⑨=②/①	依据《长江流域综合规划(2012—2030年)》	⑩=式(4.2-12)	⑪式(4.2-13)	⑫式(4.2-14)
2004	6147	1225	4779	4779	1368	4397	143	3172	19.93%	36%	2213	2827	1602
2005	6969	1249	5601	5601	1368	5219	119	3971	17.91%	36%	2509	2827	1578
2006	5667	1268	4299	4299	1368	3917	100	2650	22.37%	36%	2040	2827	1559
2007	6195	1310	4827	4827	1368	4445	58	3136	21.14%	36%	2230	2827	1517
2008	6653	1319	5285	5285	1368	4903	49	3584	19.83%	36%	2395	2827	1508
2009	6129	1349	4761	4761	1368	4379	19	3030	22.01%	36%	2206	2827	1478
2010	7937	1345	6569	6569	1368	6187	23	4842	16.95%	36%	2857	2827	1482
2011	5492	1368	4124	4124	1368	3742	0	2374	24.92%	36%	1977	2827	1459
2012	7605	1362	6237	6237	1368	5855	6	4493	17.91%	36%	2738	2827	1465
2013	6176	1403	4808	4808	1368	4426	0	3023	22.72%	36%	2223	2827	1424
多年平均	6497	1320	5129	5129	1368	4747	52	3427	20.31%	36%	2339	2827	1507

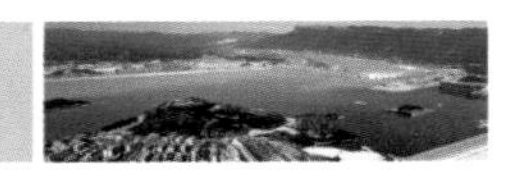

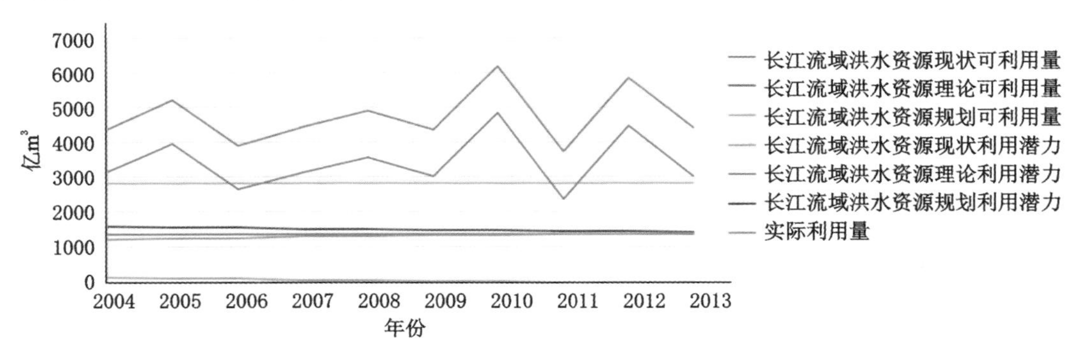

图 4.3-1 2004—2013 年长江流域洪水资源利用评价结果

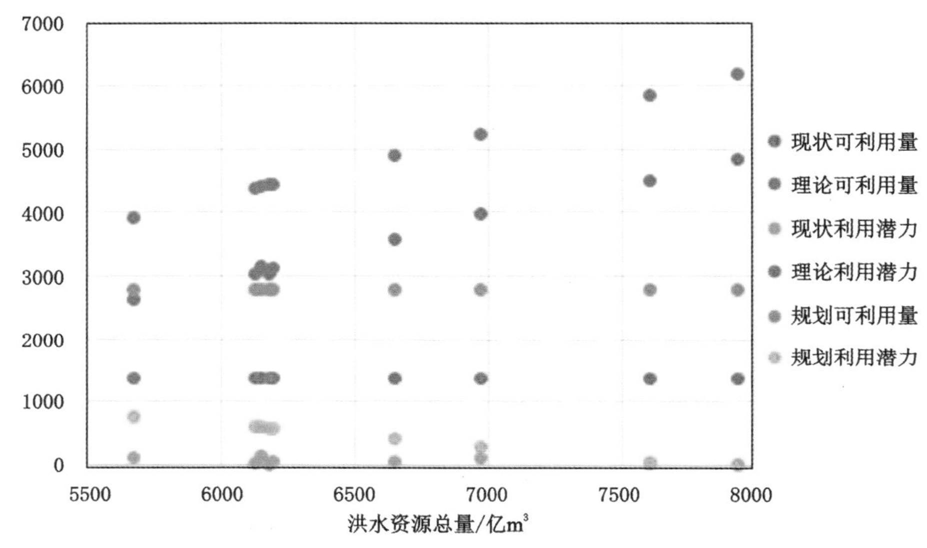

图 4.3-2 长江流域洪水资源总量与洪水资源利用关系

(1)长江流域洪水资源实际利用量

2004—2013 年长江流域洪水资源实际利用量均值为 1320 亿 m^3，最大 1403 亿 m^3(2013 年)，最小 1225 亿 m^3(2004 年)，平均洪水资源利用程度为 20%，不可供的洪水资源量较多，高于生态环境需水量 1750 亿 m^3。随着社会经济发展，河道外需要长江流域的供水量不断增加，提高长江流域洪水调控利用水平，在保证防洪安全和维持河流健康的前提下，进而提高洪水资源利用量是可行的。

(2)长江流域洪水资源可利用量

在现状洪水资源条件和水利工程条件下，不可控洪水资源量都大于生态环境需水量，因此不可利用量都等于不可控洪水资源量，现状可利用量均为 2004—2013 年洪水资源利用量中的较大值，即 1368 亿 m^3，也说明现状洪水资源利用都是充分保护流域生态环境的。长江流域现状可利用量受控于洪水调控利用能力，但理论可利用量多年平均值为 4747 亿 m^3，洪水资源总量越大，理论可利用量也越大，理论可利用量与洪水资源总量呈直线上升关系。根据《长江流域综合规划(2012—2030年)》,长江流域规划可利用量为2827亿m^3。

(3)长江流域洪水资源利用潜力

在现状洪水资源利用条件和水利工程水平下,洪水资源现状利用能力总体不大,尚不到现状利用潜力多年平均值52亿m^3,2011—2013年基本达到了洪水资源调控利用能力的上边界,洪水资源现状利用能力集中在洪水利用量相对较小的2004—2006年。长江流域现状利用潜力受控于洪水调控利用能力,但理论利用潜力多年平均值为3427亿m^3,洪水资源总量越大,理论利用潜力也越大,理论利用潜力与洪水资源总量也呈直线上升关系。根据《长江流域综合规划(2012—2030年)》给定的开发利用控制指标,长江流域规划利用潜力为1507亿m^3。

4.3.2 长江流域二级区洪水资源利用潜力分析

根据2004—2013年长江流域及西南诸河水资源公报二级水资源区的划分,长江流域二级区分为金沙江石鼓以上、金沙江石鼓以下、岷沱江、嘉陵江、乌江、宜宾至宜昌、洞庭湖水系、汉江、鄱阳湖水系、宜昌至湖、湖口以下干流、太湖水系共12个。表4.3-3给出各二级区洪水资源多年平均结果,并进行简要说明。

金沙江石鼓以上,社会经济水平还不发达,人烟稀少,河道外需水量少,洪水资源利用程度不足1%,现状调控利用能力小,现状可利用量为2亿m^3,现状利用潜力为0.2亿m^3;而该区域洪水资源总量为361.9亿m^3,在满足生态环境需水量97亿m^3的前提下,洪水资源规划可利用量和规划利用潜力分别为164亿m^3和162亿m^3,表明长江上游金沙江石鼓以上是今后长江流域洪水资源利用的重点开发区域,但前提是立足于水资源可持续利用和生态环境保护,这已在《长江流域综合规划(2012—2030年)》中作出了整体规划布局。

金沙江石鼓以下、岷沱江、嘉陵江、乌江、宜宾至宜昌的洪水资源总量都较大,在现状洪水调控利用能力条件下,现状利用潜力不大而规划利用潜力和理论利用潜力都较大,尚有部分富裕洪水量可供外调,规划利用潜力分别为301亿m^3、300亿m^3、108亿m^3、72亿m^3、137亿m^3,理论利用潜力分别为412亿m^3、493亿m^3、292亿m^3、206亿m^3和227亿m^3,说明提高长江中上游洪水资源利用调控能力,特别是提高以三峡为核心的长江中上游控制性水库群体系的综合调度水平,一直是今后洪水资源利用研究的努力方向。

洞庭湖水系,承纳湘、资、沅、澧即"四水"水系来水和松滋、太平、藕池"三口"的长江来水,洪水资源总量比较大,但现状洪水资源利用程度为17.76%,尚有较大的利用潜力,现状利用潜力和规划利用潜力分别为3亿m^3和351亿m^3。洞庭湖与长江干流交汇,湖区水位受本河流和长江水位的共同影响,松滋、太平、藕池等三口随长江水位的涨落分流分沙,由于三峡等上游水库的蓄水,长江干流的枯水期提前到来,湖区出湖流量增加,从而荆江四口部分河道的断流时间相应提前和延长。为此,洪水资源利用风险对策措施研究显得尤为重要。

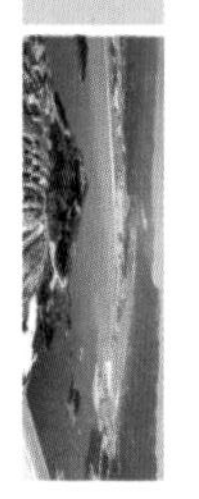

表 4.3-3　长江流域二级区洪水资源利用现状与潜力评价多年平均结果

（水量单位：亿 m^3）

二级分区	洪水资源总量	洪水期实际利用量	不可控洪水资源量	不可利用量	现状可利用量	理论可利用量	现状利用潜力	理论利用潜力	洪水资源利用程度	规划水资源利用控制指标	规划利用量	规划可利用量	规划利用潜力
金沙江石鼓以上	361.9	1.9	359.9	359.9	2.0	264.9	0.2	263.1	0.5%	40%左右	146.5	164	162
金沙江石鼓以下	771	49	720	720	51	461	3	412	6%	40%左右	308	350	301
岷沱江	816	90	723	723	93	583	3	493	11%	40%左右	326	390	300
嘉陵江	513	58	451	451	62	350	4	292	11%	29%	149	166	108
乌江	358	38	318	318	40	244	3	206	11%	27%	97	110	72
宜宾至宜昌	434	63	368	368	66	290	4	227	14%	40%左右	174	199	137
洞庭湖水系	1269	225	1041	1041	228	900	3	674	18%	39%	495	576	351
汉江	424	93	324	324	100	326	7	233	22%	40%左右	170	223	130
鄱阳湖水系	853	125	713	713	140	535	15	410	15%	37%	316	406	281
宜昌至湖口	342	122	212	312	30	43	1	13	/	40%左右	136	31	3.6
湖口以下干流	306	197	96	187	119	127	0	8	/	40%左右	122	107	0
太湖水系	77	169	/	26	51	51	0	0	/	40%左右	31	37	0

注：长江中下游宜昌至湖口、湖口以下干流和太湖水系由于洪水资源利用既包括分区本身的洪水资源利用，又包括从上游下泄供水的洪水资源利用，分区洪水资源利用程度不便计算。

鄱阳湖水系，包括鄱阳湖湖区和赣、抚、信、饶、修五河及其他直接入湖的中小河流，洪水资源总量比较大，但现状洪水资源利用程度仅为15%，尚有较大的利用潜力，现状利用潜力和规划利用潜力分别为15亿 m^3 和281亿 m^3。鄱阳湖与长江干流交汇，湖区水位受五河及长江来水的共同影响，枯水出现了时间提前、水位偏低、持续时间延长等现象，也需要进一步开展洪水资源利用方式研究。

汉江，是长江中下游的最大支流，多年平均洪水资源总量为424亿 m^3，现状洪水资源利用程度已达24%，现状利用潜力和理论利用潜力分别为7亿 m^3 和233亿 m^3。南水北调中线一期工程于2014年12月正式通水，多年平均调水量为95亿 m^3，对缓解华北地区水资源短缺的紧张局面、促进中国北方地区经济社会可持续发展和生态环境的改善具有巨大作用。南水北调中线一期工程洪水期从水源地丹江口水库调水约40亿 m^3，也可作为汉江洪水资源的利用量。但已有水资源公报数据统计到2013年，若考虑到今后的南水北调引水，洪水资源利用程度将进一步提高。

宜昌至湖口、湖口以下干流的长江下游河段，由于长江流域降水主要集中在上中游地区，长江下游自身洪水资源总量并不大，且长江下游为我国社会经济发展的高度密集地，城市化程度高、生产生活需水量大，现状洪水资源利用水平已较高。但随着社会经济的发展和受生态环境需水的制约，长江下游洪水资源利用应在充分利用本河段洪水资源的基础上，通过有效的引、调、蓄、提水工程等来利用上游下泄的洪水资源。

太湖水系，与长江下游河段类似，洪水资源总量并不大，而该区域城市集中、人口密集，经济发达，洪水期洪水资源多年平均实际供水量为169亿 m^3。为此，国家已兴建了“引江济太”调水工程，引调长江水进入太湖，缓解了太湖周边地区用水紧张状况，改善了太湖水体水质和河网地区水环境。

综上所述，在现状洪水调控利用能力下，长江上游及汉江、两湖地区洪水资源量大，洪水资源利用程度还不高，尚有洪水资源潜力可开发，是今后洪水资源利用开发的重点区域，但其开发原则、思路和方式需要下一步重点研究；而长江中下游河段及两湖水系区域城市化程度高，洪水资源利用程度已较高，应在考虑满足生态环境需求的前提下，主要围绕洪水资源利用方式手段以及长江上游来水合理配置开展。

4.4 长江流域大中型水库洪水资源利用潜力分析

由式(4.2-9)可知，洪水资源现状利用潜力为出境水量减去“不可利用量”和“不能够利用量”之间的最大值，洪水资源理论利用潜力则为出境水量减去“不可利用量”(也即生态环境需水量)。

对于长江流域大中型水库而言，各水库都针对洪水资源利用，在汛期分析了洪水资源利用的有效方式，尽量减少洪水期的弃水。在确保大坝枢纽安全和防洪安全的前提下，对于以发电为主的水库，当上游来水小于水库水电站装机满发流量时，来水基本都可用于水力发电，无剩余水量；当上游来水超过水库水电站装机满发流量时，超过部分的水量在现状条件

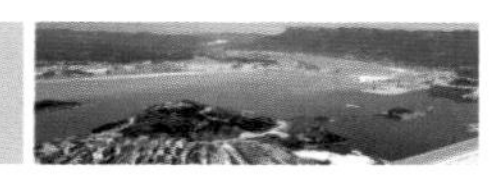

下将无法被利用而作为弃水，这部分水量即为洪水资源理论利用潜力。

一般而言，下游生态需水量都低于满发电流量，已经在设计水电站装机规模时予以考虑。因此，水库的理论洪水资源利用潜力计算修正如下

$$W_{水库理论洪水资源利用潜力} = W_{弃水}^{洪水期} \tag{4.4-1}$$

其意义为水库的理论洪水资源利用潜力为流入下游的弃水量，即水库汛期来水减去包括发电、航运、生态基流、供水等的综合用水，剩余的出境水量在理论上都可考虑作为洪水资源利用潜力。在确定水库洪水资源利用的有效利用方式及其风险对策措施后，可获得现状调控利用能力下的可利用量，进而计算得到现状理论潜力。

根据式(4.2-2)和(4.4-1)，可知水库的洪水资源利用量计算修正如下：

$$W_{水库洪水资源利用量} = W_{洪水期总水量} - W_{弃水}^{洪水期} \tag{4.4-2}$$

其意义在于：由于在水库洪水资源利用中，生态环境需水量已经包含在发电量中，洪水资源总量扣除当前的弃水量即为水库洪水资源利用量。

以下选取金沙江中游鲁地拉水电站、雅砻江二滩水电站、金沙江下游向家坝水电站、嘉陵江亭子口水电站、乌江彭水水电站、长江干流三峡工程、清江隔河岩水电站和汉江丹江口水电站进行洪水资源利用分析，如表 4.4-1 所示，分布示意图见图 4.4-1。

表 4.4-1　　长江流域洪水资源利用水文站点选取

序号	河流	水利枢纽	控制站点
1	金沙江中游	鲁地拉	金江街
2	雅砻江	二滩	小得石
3	金沙江下游	向家坝	向家坝(屏山)
4	嘉陵江	亭子口	亭子口
5	乌江	彭水	武隆
6	长江干流	三峡	宜昌
7	清江	隔河岩	长阳
8	汉江	丹江口	黄家港

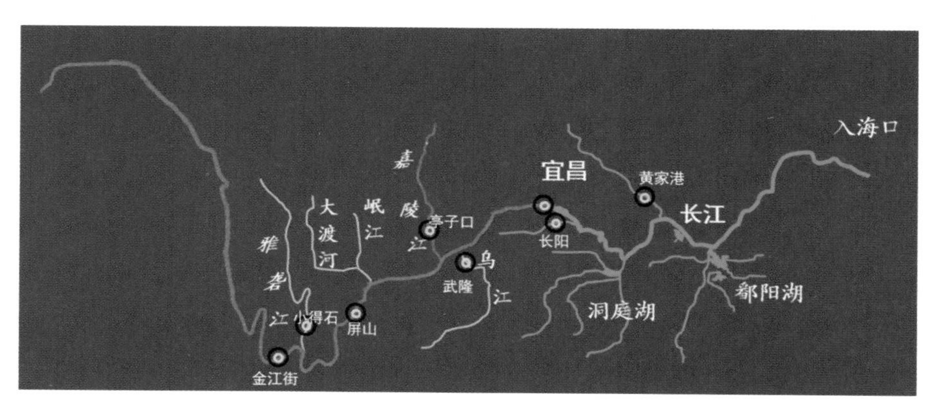

图 4.4-1　水文站点分布示意图

选取金沙江中游金江街水文站1953—2013年逐月平均流量资料、雅砻江小得石水文站1958—2013年逐月平均流量资料(2000年以后受二滩水电站运行影响的径流进行了还原)、金沙江下游屏山水文站1950—2013年逐日平均流量资料、嘉陵江亭子口水文站1955—2011年逐日平均流量资料、乌江武隆水文站1952—2013年逐月平均流量资料(2009年以后受彭水水电站运行影响的径流进行了还原)、长江干流宜昌站1877—2013年逐日平均流量资料(2003年以后受三峡水库运行影响的径流进行了还原)、清江长阳水文站1951—2013年逐日平均流量资料(2007年以后受隔河岩水库运行影响的径流进行了还原)、汉江黄家港水文站1951—2013年逐日平均流量资料(1973年以后相继受石泉电站、黄龙滩水库、安康水库运行影响的径流进行了还原)。确定金江街水文站上游鲁地拉水利枢纽装机满发流量3000m^3/s、小得石站上游二滩水电站装机满发流量2340m^3/s、屏山站上游向家坝水利枢纽装机满发流量7000m^3/s、亭子口水文站上游亭子口水电站装机满发流量1728m^3/s、武隆站上游彭水水电站装机满发流量2885m^3/s、三峡工程装机满发流量30000m^3/s、长阳水文站上游隔河岩水电站装机满发流量1300m^3/s、黄家港上游丹江口水利枢纽装机满发流量1860m^3/s。

统计各水文站洪水期流量过程线超过上游水电站满发流量值作为该水电站的洪水资源理论利用潜力,绘制出各水电站历年洪水期洪水资源理论利用潜力过程线,进而统计求多年平均值,得到各水电站洪水资源理论利用潜力、洪水资源利用量和洪水资源利用程度,见表4.4-2。

表4.4-2　长江流域大中型水库洪水资源利用　(水量单位:亿m^3)

水电站	年径流量	洪水期	洪水资源总量(亿m^3)	满发流量(m^3/s)	洪水资源理论利用潜力	洪水资源利用量	洪水资源利用程度
鲁地拉	550	7—9月	301	3000	66	235	78%
二滩	510	7—9月	279	2340	92	187	67%
向家坝	1429	7—9月	768	7000	237	531	69%
亭子口	186	6—9月	112	1728	27	85	76%
彭水	490	6—9月	276	2885	21	255	92%
隔河岩	128	6—9月	69	1300	18	51	74%
丹江口	362	6—10月	254	18600	107/67	147/187	58%/74%

注:三峡工程将在后续详细给出计算结果;丹江口分不考虑和考虑南水北调中线工程两种情况。

以下详细进行长江干流三峡工程洪水资源利用分析。根据长江干流宜昌站1877—2013年逐日平均流量资料(2003年以后受三峡水库运行影响的径流进行了还原),宜昌站不同时期洪水资源量成果见表4.4-3,宜昌站历年6—9月径流量与年径流量过程线见图4.4-2。

宜昌站多年(1877—2013年)平均年径流量为4440亿m^3,6月1日至9月30日多年平均洪水总量为2686亿m^3,占年径流量的60.5%。将三峡建库前、后相比较,初步设计(1877—1990年)多年平均年径流量为4510亿m^3,1991—2002年多年平均年径流量为4287亿m^3,2003年前(1877—2002年)多年平均年径流量为4480亿m^3,2003年后(2003—2013年)多年平均年径流量为3961亿m^3,相比初步设计减少549亿m^3,减少12.2%。2003

年前(1877—2002年)汛期多年平均径流量为2715亿m^3,2003年后(2003—2013年)汛期多年平均径流量为2360亿m^3,减少13%,可见2003年以来三峡水库来水有减少,而汛期径流量总量较年径流量的减少幅度要大。

表4.4-3　　宜昌站不同时期洪水资源量成果

时　段	年径流量(亿m^3)	6—9月洪水资源量	
		水量(亿m^3)	占年径流量比例
1877—1990年	4510	2726	60.4%
1991—2002年	4287	2610	60.9%
2003—2007年	3960	2340	59.1%
2008—2013年	3964	2375	59.9%
2003—2013年	3961	2360	59.6%
1877—2002年	4480	2715	60.6%
1877—2013年	4440	2686	60.5%

三峡工程装机满发流量30000m^3/s,统计历年6—9月超过满发流量值作为三峡工程洪水资源理论利用潜力,得到多年平均洪水资源理论利用潜力为250亿m^3,占洪水资源总量(2686亿m^3)的9.3%。三峡建库前(1877—2002年)洪水资源理论利用潜力为259亿m^3,占同期洪水资源总量(2715亿m^3)的9.5%;三峡建库后(2003—2013年)洪水资源理论利用潜力为153亿m^3,占同期洪水资源总量(2360亿m^3)的6.5%。三峡建库后(2003—2013年)较建库前(1877—2002年)洪水资源理论利用潜力的总量减少106亿m^3,减少40.9%。宜昌站历年6—9月洪水资源利用潜力过程线和潜力成果见图4.4-3和表4.4-4。

表4.4-4　　长江干流洪水资源利用水平成果

时　段	6—9月洪水资源量(亿m^3)			利用程度
	总量	理论利用潜力	利用量	
1877—1990年	2726	259	2467	90.5%
1991—2002年	2610	256	2354	90.2%
2003—2007年	2340	137	2203	94.1%
2008—2013年	2375	165	2210	93.1%
2003—2013年	2360	153	2207	93.5%
1877—2002年	2715	259	2456	90.5%
1877—2013年	2686	250	2436	90.7%

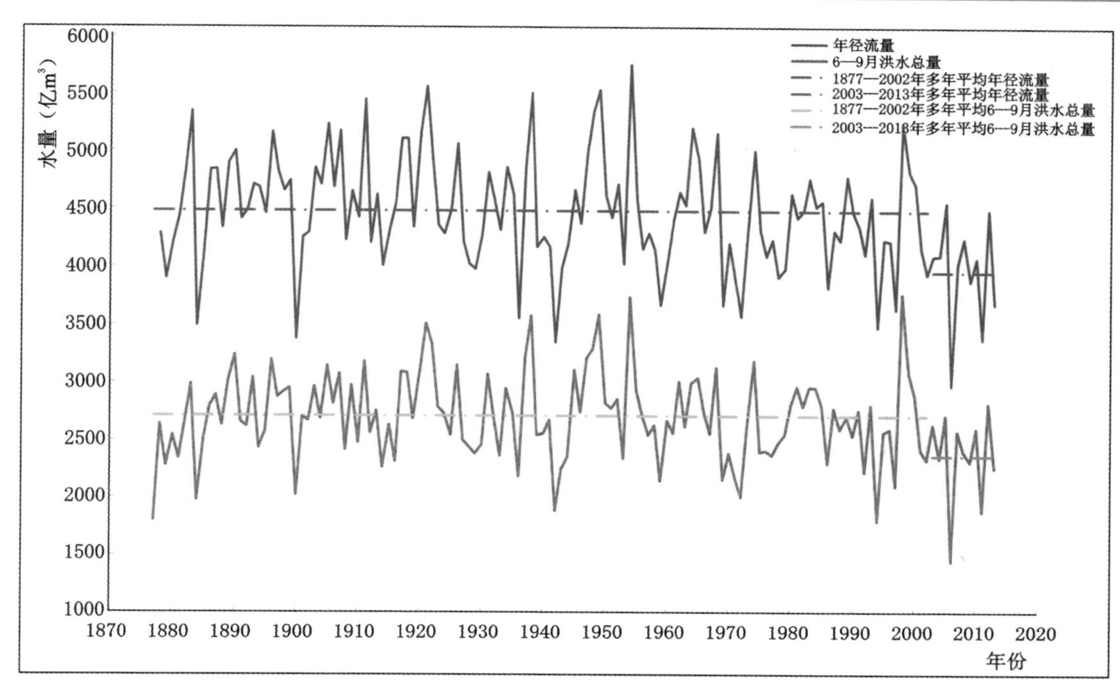

图 4.4-2　宜昌站历年 6—9 月洪水总量与年径流量过程线

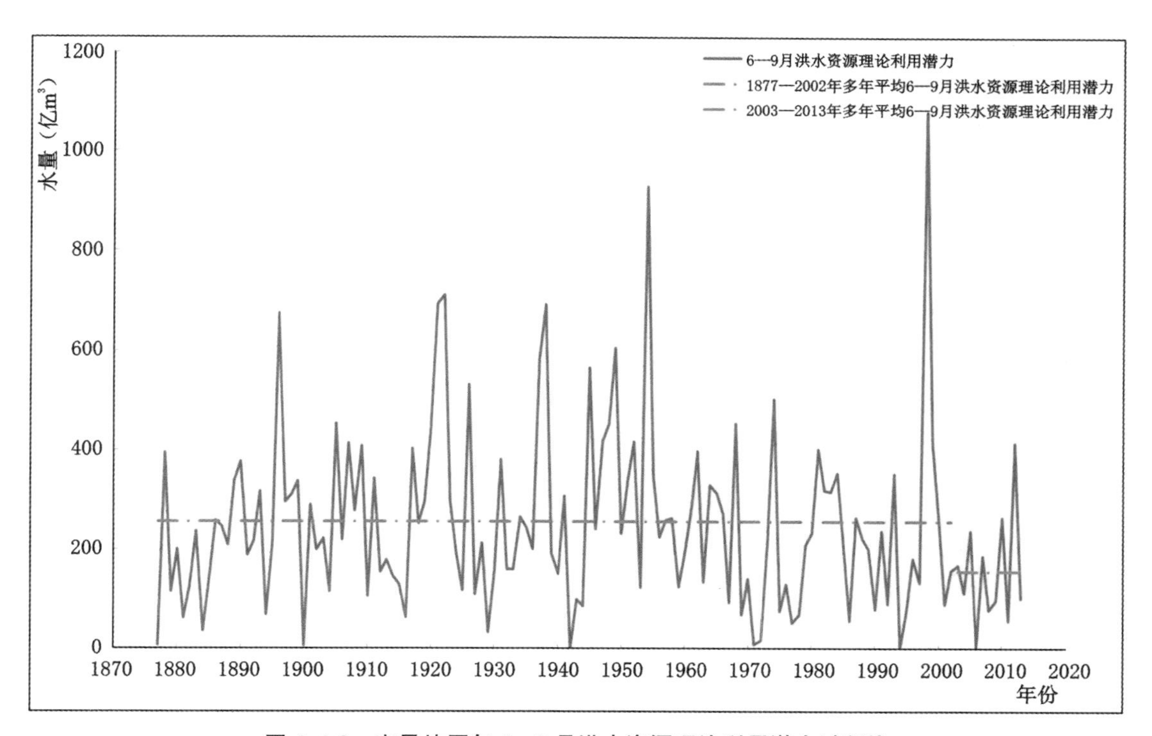

图 4.4-3　宜昌站历年 6—9 月洪水资源理论利用潜力过程线

根据以上洪水总量和洪水资源利用潜力分析结果，可得到 1877—2013 年三峡工程洪水

资源利用量为 2436 亿 m^3，利用率为 90.7%；2003 年前、后洪水资源利用量分别为 2456 亿 m^3、2207 亿 m^3，利用率分别为 90.5%、93.5%，分析可见，2003 年后随来水减少，洪水资源利用量减少 249 亿 m^3，减少 10.0%，但利用量减幅小于洪水总量减幅，使利用率增大了 3%。三峡水库处在长江上游的最末端，上游水库调蓄使汛期来水平稳的作用逐步显现，加上三峡电站过流能力巨大，使三峡水库的洪水资源利用水平可保持在较高水平。

当然，针对三峡工程，研究提出了汛期运行水位上浮、中小洪水调度和汛末提前蓄水共 3 种洪水资源利用方式。2009—2014 年汛期，累计拦蓄水量 1139.4 亿 m^3，年平均拦蓄水量 189.9 亿 m^3，即在现状调控利用能力下洪水资源现状利用潜力为 189.9 亿 m^3，有效利用了洪水资源，进一步提高了三峡工程洪水资源利用水平。在第 6 章中将针对以上 3 种方式做详细分析和阐述，并提出合理有效的风险对策措施。

4.5 小结

本章在长江流域水沙特性及变化分析的基础上，开展了长江流域利用洪水资源可行性研究，总结了长江流域洪水资源的利用方式，给出了流域洪水资源利用现状与潜力评价的计算方法，推导了洪水资源总量、洪水资源利用量、洪水资源现状可利用量、洪水资源理论可利用量、洪水资源现状利用潜力、洪水资源理论利用潜力等的公式，并对长江流域及其二级分区进行了分析计算，得到了长江流域洪水资源利用成果。

结合流域洪水资源利用现状与潜力评价的计算方法，推导了大中型水库洪水资源理论利用潜力与利用量的公式，并选取金沙江中游金江街站、雅砻江小得石站、金沙江下游向家坝站（屏山站）、嘉陵江亭子口站、乌江武隆站、长江干流宜昌站、清江长阳站和汉江黄家港站，对长江流域大中型水库进行了洪水资源利用水平分析，得到了各水库洪水资源利用分析成果。

（1）长江流域洪水资源现状可利用量、规划可利用量和理论可利用量分别为1368 亿 m^3、2827 亿 m^3 和 4747 亿 m^3，现状利用潜力、规划利用潜力、理论利用潜力分别为 52 亿 m^3、1507 亿 m^3 和 3427 亿 m^3。

（2）长江流域二级分区洪水资源利用分析成果：

①金沙江石鼓以上洪水资源现状可利用量、规划可利用量和理论可利用量分别为 2 亿 m^3、164 亿 m^3 和 264.9 亿 m^3，现状利用潜力、规划利用潜力、理论利用潜力分别为 0.2 亿 m^3、162 亿 m^3 和 263.1 亿 m^3。

②金沙江石鼓以下洪水资源现状可利用量、规划可利用量和理论可利用量分别为 51 亿 m^3、350 亿 m^3 和 461 亿 m^3，现状利用潜力、规划利用潜力、理论利用潜力分别为 3 亿 m^3、301 亿 m^3 和 412 亿 m^3。

③岷沱江洪水资源现状可利用量、规划可利用量和理论可利用量分别为 93 亿 m^3、390 亿 m^3 和 583 亿 m^3，现状利用潜力、规划利用潜力、理论利用潜力分别为 3 亿 m^3、

300 亿 m^3 和 493 亿 m^3。

④嘉陵江洪水资源现状可利用量、规划可利用量和理论可利用量分别为 62 亿 m^3、166 亿 m^3 和 350 亿 m^3，现状利用潜力、规划利用潜力、理论利用潜力分别为 4 亿 m^3、108 亿 m^3 和 292 亿 m^3。

⑤乌江洪水资源现状可利用量、规划可利用量和理论可利用量分别为 40 亿 m^3、110 亿 m^3 和 244 亿 m^3，现状利用潜力、规划利用潜力、理论利用潜力分别为 3 亿 m^3、72 亿 m^3 和 206 亿 m^3。

⑥宜宾至宜昌洪水资源现状可利用量、规划可利用量和理论可利用量分别为 66 亿 m^3、199 亿 m^3 和 290 亿 m^3，现状利用潜力、规划利用潜力、理论利用潜力分别为 4 亿 m^3、137 亿 m^3 和 227 亿 m^3。

⑦洞庭湖水系洪水资源现状可利用量、规划可利用量和理论可利用量分别为228 亿 m^3、576 亿 m^3 和 900 亿 m^3，现状利用潜力、规划利用潜力、理论利用潜力分别为 3 亿 m^3、351 亿 m^3 和 674 亿 m^3。

⑧汉江洪水资源现状可利用量、规划可利用量和理论可利用量分别为 100 亿 m^3、223 亿 m^3 和 326 亿 m^3，现状利用潜力、规划利用潜力、理论利用潜力分别为 7 亿 m^3、130 亿 m^3 和 223 亿 m^3。

⑨鄱阳湖水系洪水资源现状可利用量、规划可利用量和理论可利用量分别为140 亿 m^3、406 亿 m^3 和 535 亿 m^3，现状利用潜力、规划利用潜力、理论利用潜力分别为 15 亿 m^3、281 亿 m^3 和 406 亿 m^3。

⑩宜昌至湖口洪水资源现状可利用量、规划可利用量和理论可利用量分别为 30 亿 m^3、31 亿 m^3 和 43 亿 m^3，现状利用潜力、规划利用潜力、理论利用潜力分别为 1 亿 m^3、3.6 亿 m^3 和 13 亿 m^3。

⑪湖口以下干流洪水资源现状可利用量、规划可利用量和理论可利用量分别为 119 亿 m^3、107 亿 m^3 和 127 亿 m^3，现状利用潜力、规划利用潜力、理论利用潜力分别为 0 亿 m^3、0 亿 m^3 和 8 亿 m^3。

⑫太湖水系洪水资源现状可利用量、规划可利用量和理论可利用量分别为 51 亿 m^3、31 亿 m^3 和 51 亿 m^3，现状利用潜力、规划利用潜力、理论利用潜力分别为 0 亿 m^3、0 亿 m^3 和 0 亿 m^3；

(3)长江干流宜昌站汛期多年(1877—2013 年)平均洪水资源总量为 2686 亿 m^3，利用量为 2436 亿 m^3，理论利用潜力为 250 亿 m^3。

(4)长江流域大中型水库洪水资源利用分析成果：

①鲁地拉水电站多年(1953—2013 年)平均洪水资源总量为 301 亿 m^3，利用量为 235 亿 m^3，理论利用潜力为 66 亿 m^3。

②二滩水电站多年(1958—2013 年)平均洪水资源总量为 279 亿 m^3，利用量为

187 亿 m^3，理论利用潜力为 92 亿 m^3。

③向家坝水电站多年(1950—2013 年)平均洪水资源总量为 768 亿 m^3，利用量为 531 亿 m^3，理论利用潜力为 237 亿 m^3。

④亭子口水电站多年(1955—2013 年)平均洪水资源总量为 112 亿 m^3，利用量为 85 亿 m^3，理论利用潜力为 27 亿 m^3。

⑤彭水水电站多年(1952—2013 年)平均洪水资源总量为 276 亿 m^3，利用量为 255 亿 m^3，理论利用潜力为 21 亿 m^3。

⑥隔河岩水电站多年(1951—2013 年)平均洪水资源总量为 69 亿 m^3，利用量为 51 亿 m^3，理论利用潜力为 18 亿 m^3。

⑦丹江口水电站考虑南水北调工程调水后，多年(1951—2013 年)平均洪水资源总量为 254 亿 m^3，利用量为 187 亿 m^3，理论利用潜力为 67 亿 m^3。

5 三峡工程洪水资源利用的可行性研究

5.1 三峡水库调度综合需求

5.1.1 防洪要求

三峡工程防洪任务为:对长江洪水进行调控,使荆江地区防洪标准达到100年一遇,在遇到1000年一遇或类似1870年洪水时,控制枝城泄量不大于80000m³/s,在分蓄洪区的配合运用下保证荆江河段行洪安全,避免南北两岸干堤溃决发生毁灭性灾害。同时,还要兼顾使城陵矶附近区的分洪量有较大幅度的减少。遇超过千年一遇的更大洪水,则应保证三峡工程大坝安全。

初步设计的防洪调度方式主要考虑以控制沙市水位为标准的对荆江河段进行防洪补偿调度(简称"对荆江河段进行补偿调度"),也初步研究了既考虑对荆江河段也考虑对城陵矶河段进行防洪补偿调度(简称"对城陵矶河段进行补偿调度")。对城陵矶进行补偿调度的方式,目的是在保证荆江河段在遇特大洪水时防洪安全的前提下,尽可能提高三峡水库对一般洪水的防洪作用,这种方式能获得较大的多年平均防洪效益,但也可能使荆江地区防洪标准稍有降低。为稳妥可靠起见,设计阶段主要采用对荆江河段补偿的调度方式。

三峡大坝下游至城陵矶区间面积约30万km²。由于洞庭湖水系及由松滋、太平、藕池等口分流入洞庭湖的洪水经洞庭湖调蓄后均由城陵矶汇入长江,加上上荆江的来水,往往在城陵矶附近形成巨大洪峰。如1931、1935、1954年城陵矶最大总入流(宜昌、洞庭湖四水及区间来水的总和)均达100000m³/s以上,远超过堤防的抗御能力。城陵矶河段成灾的洪水往往峰高量大,绵延1~2个月,这种以量为主的洪水对于城陵矶附近地区造成巨大的分洪压力。根据长江流域整体防洪规划,中下游安排了约500亿m³容量的分蓄洪区,其中城陵矶附近区为320亿m³,洪湖及洞庭湖两地区各承担160亿m³。由于蓄滞洪区运用较为困难,分洪的代价很大,防洪矛盾突出。

三峡水库防洪库容相对不很大,其防洪重点确定为荆江河段是合理和必要的,但水库防洪调度只考虑对荆江补偿是不够的,还有必要在可能的条件下考虑整个中游地区的防洪形势和需要。三峡工程是避免荆江河段发生毁灭性洪灾的重要保障,对荆江河段补偿调度方式,能保证荆江地区防洪标准达到要求,但对减少城陵矶地区分洪量不够理想。如遇到按对荆江补偿调度水库拦蓄量不大的一般洪水,而在城陵矶附近区需要大量分洪的情况,三峡水库却仍然留有大量防洪库容是不经济也是不甚合理的。20 世纪 90 年代以来长江中下游发生的几场大洪水(如 1996、1998、1999、2002 年洪水),城陵矶(莲花塘)洪水位均较高,最高洪水位分别为 35.01、35.80、35.54、34.75m,特别是 1998 年为历史最高,防洪形势极为严峻。但这些年长江上游洪水并不算大,最大的 1998 年宜昌站洪峰流量 63300m^3/s,尚不足 10 年一遇(30 天洪量近 100 年一遇),1996 年汛期宜昌站最大洪峰流量 41100m^3/s,属于常遇洪水。如 1998 年大洪水,按对荆江补偿调度,三峡水库拦蓄洪量仅约 30 亿 m^3,在水库大量防洪库容未能运用的同时,下游城陵矶附近地区却是非常严峻的局面,这在三峡工程建成后的实际洪水调度中也是不太可能的。

自宜昌站 1877 年有实测资料记录以来,实际发生的最大洪峰日流量达 70000m^3/s 左右的仅有 1896 年(71100m^3/s)和 1981 年(69500m^3/s),小于 20 年一遇设计洪峰流量(72300m^3/s)。从实测的洪水发生情况看,三峡水库对荆江防洪运用的几率相对不大,需要水库拦蓄的洪量相对也不大。三峡水库有必要也有条件对城陵矶河段进行适当的补偿调度,即根据三峡—城陵矶区间(含洞庭湖水系)来水情况泄水,控制城陵矶水位不超过规定的数值,在保证遇特大洪水时荆江河段防洪安全的前提下,尽可能提高三峡工程对一般洪水的防洪作用,这样对减少城陵矶附近区的分洪量、提高防洪经济效益有很大益处。

5.1.2 发电要求

三峡电站装机 2250 万 kW,发电量 882 亿 kW·h,保证出力 499 万 kW,供电华中、华东、广东和重庆。其发电规模巨大,又处负荷中心,是电力系统的骨干电源,电站设计保证率为 90%以上。三峡水库的发电调度,对支撑电网供电,维护电力系统安全运行都具有举足轻重的作用。

为完成三峡工程的发电任务,三峡水库需保持设计的汛后蓄满率,同时在枯期考虑航运、供水、地质灾害治理等方面安全需要的前提下,尽可能维持高水位运行,以获取更多的电能。

(1)维护电网安全运行的要求

三峡水库发电调度和发电计划安排、分配,不仅关系到电网安全稳定运行,也关系到华中、华东以及南方各电网电力电量平衡。因此,研究和制订水库优化调度方案时,应在满足防洪、航运、地质灾害治理等方面安全需要的前提下,充分考虑电网运行在不同时段电力电量平衡的特点,给电力调度制订和调整发电计划以更多的灵活性。在本次优化调度研究征求意见中,发电方面就三峡水库不同运行时段对水库水位、发电出力变化的要求主要有:

①汛前消落期(1 月至 6 月 10 日)。水库消落方式主要根据水库实际来水情况,在满足航运需要的前提下,结合电网运行需要合理拟定。

②汛期。在水库预报来水未达到可开启的所有机组满发流量时,水库水位宜留一定的控制变幅,以留出部分调节库容应对来水预报误差,避免频繁修改发电计划。

汛后消落期(11 月至 12 月)，水库水位宜按不超过当年蓄水目标水位低 0.5m 控制，以实现水库周调节和日调峰需要，避免频繁修改发电计划。

③蓄水期。考虑到三峡电站发电出力可能最大变化值达 13000MW 以上，对各电网电力电量平衡以及火电开停机影响较大，因此要求三峡电站日均发电出力日变幅应控制在 4000MW 以内。考虑到 10 月中下旬来水的不确定性，蓄至当年目标水位的时间可根据实际来水情况在 10 月底附近灵活掌握，以避免出力变化过大或者引起不必要的弃水。

(2)提高汛期发电效益的要求

三峡水库蓄水运用以来运行部门提出，汛期水库维持 145m 运行时，电站运行水头低，发电出力受阻，希望在确保防洪安全的前提下，汛期水位能适当上浮运行，以提高三峡电站的发电效益。

三峡电站装机容量大，汛期来水丰沛，机组运行水头抬高一点，发电效益增加较为明显。为利用洪水资源，多发电量，有关方面提出在汛限水位上设置一定上浮水位运行的调度方案。

5.1.3 航运要求

航运是三峡工程建设的主要任务之一，为实现航运效益，在设计和初期运行阶段对航运调度进行了大量的研究工作和运行实践。航运对水库调度要求的关键点为：

(1)上游水库库水位

按初步设计的航运效益，蓄水 175m 后，渠化了航道里程，万吨级船队直达重庆港的时间约有半年，这就要求枯期三峡库水位尽可能维持高水位运行。同时，希望汛后水库尽可能蓄满，在蓄水时要考虑对库尾重庆港区的泥沙淤积影响。初设阶段为减少库尾泥沙淤积，要求水库蓄水时间不宜过早，抬升速度不宜太快。针对三峡工程建设以来入库沙量减少的情况，为更好兼顾蓄水期间下游的航运需求，航运方面提出“提前蓄水、延长蓄水过程的有控制蓄水方式”。

(2)水库下泄流量

三峡水库枯期向下游补水，提高通航流量，对下游航运有利。葛洲坝是三峡水库下游的航运梯级，主要对三峡电站日调节下泄的非恒定流进行反调节，因此，三峡水库的日平均下泄流量，可以葛洲坝为代表。为补偿枯期下游航道对流量的要求，在设计和蓄水以来，主要以葛洲坝下游最低通航水位为标准，来对三峡水库下泄流量提出要求。葛洲坝设计下游最低通航水位为 39.0m，为满足最低通航水深要求，设计阶段以三峡水库下泄流量不低于电站发保证出力对应的流量作为设计条件。初期运行阶段航运提出，三峡水库下泄流量要达到 5000m^3/s 以上，考虑河床冲刷下切，下泄流量还应相应提高。

三峡水库下泄流量是航运调度的重要参数，拟订原则基于以下分析。葛洲坝航道的设计最小通航流量为 3200m^3/s，葛洲坝下游最低设计通航水位为 39.0m。葛洲坝建成运用

后，由于下游河床下切导致在相同流量条件下水位下降。三峡水库蓄水后出库泥沙减少，葛洲坝下游河床会进一步下切。航运部门要求以控制葛洲坝水利枢纽下游最低通航水位，来满足过坝船舶安全正常航行，也就是考虑了下游河床下切水位下降的影响，要求三峡水库的下泄流量要大于葛洲坝设计最小通航流量。

按照初步设计的调度方式，枯期和水库蓄水期间，电站按大于等于保证出力发电，泄放相应流量，电站最小下泄流量可在 5000m^3/s(相应于电站发保证出力 4990MW)以上。为了使长江中下游河道在枯水期间有较好的通航条件，避免汛期末因水库蓄水导致坝下游流量急剧减小，浅滩段汛期的淤积物未能及时冲走而影响通航，因此，汛期末水库蓄水期间应逐渐减小下泄流量，使汛期与枯期下泄流量平稳过渡。按照航运部门的要求，《初期规程》规定，蓄水末期最小下泄流量要大于 5000m^3/s。在满足枯期下泄流量的基础上，航运部门对于三峡水库提前蓄水的调度提出了更高的要求。在 2006 年水库蓄水至 156m 方案中，航运部门要求水库下泄流量在 9 月下旬不低于 6500m^3/s，10 月可逐步减小下泄流量。

在三峡水库优化调度研究征求意见中，交通部长江航务管理局建议，三峡水库采取"提前蓄水、延长蓄水过程的有控制蓄水方式"，即开始蓄水时间提前到 9 月 20 日(或以前)，设置 9 月底、10 月 10 日控制最高坝前水位，以及 9 月下旬、10 月上旬、中旬、下旬蓄水期间最小下泄流量，以满足防洪、坝下航道稳退冲刷及下游生态用水要求，延长蓄水过程至 11 月上旬，蓄水期间三峡枢纽下泄流量稳步减小。

5.1.4 供水要求

长江下游河道取水主要包括沿岸城市生活取水、水利工程和工矿企业取水。由长江防汛抗旱总指挥部办公室组织设计院等单位，对长江中下游取水状况进行了初步调查，依据长江干流大通以下取水状况初步调查分析成果(以 2006 年为基础)，长江干流大通站以下年取水总量为 456.1 亿 m^3，比 2000 年取水总量 386.5 亿 m^3增加约 18%。其中水利工程(农业)取水量为 198.6 亿 m^3，生活及综合取水量为 44.6 亿 m^3，一般工业取水量为 66.1 亿 m^3，电力工业取水量为 147 亿 m^3。从用水结构看，水利工程取水量最大，占总取水量的 43.5%，取水主要在 4—8 月份，这是因为在此期间，农田灌溉需水量较大。

长江来水在年内分配很不均匀，据 1878—2007 年实测资料统计，宜昌年内径流量主要集中在汛期 5—10 月，占全年总径流量的 79%以上，主汛期 7—9 月径流量占年径流量的 50%左右。径流量最少的 3 个月为 1—3 月，3 个月径流量占年径流量的 7.5%。

长江在枯水期来水较少，来水最枯的 2 月份宜昌多年平均流量仅约 4000m^3/s，特枯年份甚至小于 3000m^3/s(实测日最小为 2770m^3/s)。为保证枯期取水，沿江取水设施的取水保证率一般均很高。取水量方面，在 4—8 月农田灌溉大量用水之后，沿岸取水总需求将大幅度降低，有利于满足其他行业的取水。从供水需求过程来看，增加枯期下泄流量是关键，在长江来水最枯的 1—2 月份，希望三峡水库多放水补偿下游。三峡水库汛末蓄水 175m 后有调节库容165亿m^3，这对下游枯期补水提供了有效的保障，如何合理使用该调节库容，还需结合三峡水库的综合利用任务、下游生态用水需求等方面统筹考虑。

9—10月是三峡汛期向枯期逐步过渡的时期，天然来水量逐步减小，由于水库蓄量大，如果蓄水过程短，蓄水位上升速度快，将使蓄水前后下泄流量变化过大，对下游用水也会产生影响，对湖口和松滋口进流也会产生影响。

在三峡工程2006年、2007年蓄水时，为应对蓄水期间遇来水偏枯的情况，兼顾下游生产、生活和生态用水需求，水利部门提出9月下旬提前蓄水期间最小下泄流量为8000～10000m^3/s。

5.1.5 中下游生态环境保护要求

保障河流生态环境需水量是保护河流生态环境的关键。河流控制节点生态环境需水量分生态基流、最小生态环境需水量和河流生态环境下泄水量3个层次，河道最小生态流量的需求着重考虑最小生态环境需水量。河流控制节点的生态环境需水量，基本反映了河流水系生态环境需水的总体情况，是按照“三生”协调原则合理配置水资源的控制要素。

长江中下游干流河道最小生态环境需水的要求，主要考虑满足居民人畜饮水、工农业生产用水要求，维持河道中现有水生生物基本栖息地需水要求，河道景观需水、河流自净需水要求等。因此，最小生态环境需水量的确定首要考虑水环境安全的需求，即保障水功能区水质达到水质保护目标的要求；同时，考虑居民正常生活取用水的要求（主要包括对河道最低水位、流量、水质等的要求），以及满足下游河道水生动物保护的基本需水要求等。

根据中下游干流水功能区水质保护目标的要求，河道的最小生态流量应大于水体纳污能力，以满足中下游河道水体纳污能力的正常水平发挥，为水功能区水质达标提供基本的水文条件。按照有关规定，江河河道水体的纳污能力计算，设计水量一般采用上游来水量90%保证率的最枯月平均流量。因此，中下游干流水环境保护对三峡水库调度的要求，是三峡水库调度后要保证中下游干流河道的流量大于90%保证率的最枯月平均流量。

根据中下游主要节点生态环境状况和历史水文资料，应用《长江流域综合规划修编水资源保护和水生态与环境保护技术细则》的计算方法，确定长江流域干流和主要支流各控制节点的生态环境需水量和生态环境下泄水量。经长系列水文系列分析计算，综合供水、航运等要求初步确定长江中下游干流宜昌和大通控制节点的控制流量分别为5000m^3/s和10000m^3/s。

5.1.6 库区地质灾害预防要求

三峡水库库区大部分迁建城镇新址都靠近库岸，对岸坡的稳定要求较高。三峡蓄水前对库区大部分滑坡体等地质灾害进行了治理。但由于地质灾害问题极其复杂，水库蓄水后使岸坡的水文地质工程环境发生改变，岸坡的稳定、库岸再造等问题，对前期的岸坡治理工程将是严峻考验。尤其是水库蓄水和消落期间，对库岸稳定会带来不同程度的影响。

经分析，当水库蓄水时，岸坡岩(土)体由于浸水软化强度降低，且潜在滑动面的正应力由于岩(土)体重度由天然重度变为浮重度而减小，进而从整体上降低了岸坡抗滑力；库水位降落时，渗透系数较小的岸坡，由于其地下水排泄不畅，当库水消落速度较快时将在岸坡中形成较大动、静水压力，从而导致岸坡失稳。对三峡库区典型滑坡敏感性计算结果表明：①消落速度越快，滑坡稳定系数降低越明显，水位消落速度从 0.6m/d 增至 1.2m/d，滑坡稳定系数降低差异为 2%～3%。②同样的消落速度对不同的滑坡影响差异较大，当水位从 175m 降至 145m，其稳定系数降低从 12%至 23%不等。③滑体透水性越弱，水位消落时引起滑坡稳定性降低越明显，典型滑坡计算表明，水位从 175m 降至 145m，当渗透系数降低为原来的 1/10 时，滑坡稳定系数降低程度从 12%～13%增加到 16%～18%。综上所述可见，当库水位消落时，不同滑坡稳定程度均有所下降，但差异较大。

据国土资源部资料，三峡水库水位的升、降均影响库区涉水滑坡的稳定性，相对而言在水库水位降落时的影响更大。自 135m 蓄水以来，三峡库区 2000 余处涉水滑坡中有 300 余处发生不同程度的变形破坏，有 60%以上发生在水位消落期。三峡地质灾害防治办公室根据《三峡库区三期地质灾害防治工程设计技术要求》，提出三峡库区已治理和未治理库岸对蓄水最大速率要求不超过 3m/d，水位下降速率要求汛期不超过 2m/d，枯水期为 0.6m/d。

5.1.7 多方面综合要求

综上所述，三峡水库调度在防洪、发电、航运、供水等各方面的需求包括以下内容：

(1)防洪

对长江洪水进行调控，使荆江地区防洪标准达到 100 年一遇，在遇到 1000 年一遇或类似 1870 年洪水时，控制枝城泄量不大于 80000m^3/s，在分蓄洪区的配合运用下保证荆江河段行洪安全，避免南北两岸干堤溃决发生毁灭性灾害。同时，还要兼顾使城陵矶附近区的分洪量有较大幅度的减少。遇超过 1000 年一遇的更大洪水，则应保证三峡工程大坝安全。

(2)发电

应保证在设计保证率范围内三峡水电站的枯水期平均出力不小于保证出力 4990MW，除防洪期外其余时间尽可能保持高水头运行，多发电量，并尽量满足电力系统对容量的要求。

(3)航运

水库在枯水期尽可能保持较高库水位，使万吨级船队通往重庆九龙坡港的历时保证率达 50%以上，增加坝下游枯水期下泄流量，使枯水期航深提高。

(4)供水及其他

要保障下游生活、生产、生态用水的基本需求，维持河道中现有水生生物基本栖息地需水要求，河道景观需水、河流自净需水要求等，水库蓄泄水过程要尽可能兼顾上下游利益。

(5)水库长期利用

为保证三峡工程能长期使用,尽量保持足够的防洪库容与调节库容,必须采取"蓄清排浑"的泥沙调节运用方式,其关键是汛期(多沙期)保持尽可能低的库水位运行,形成尽量有利于水库排沙的库区河道水力坡降。

5.2 三峡水库洪水资源利用条件分析

三峡工程是长江中下游防洪的关键工程。三峡工程的首要任务是防洪,水库正常蓄水位175m,防洪限制水位145m,防洪库容221.5亿m^3,能有效调控长江上游洪水,中游各地区防洪能力将有较大提高,特别是荆江地区防洪形势将发生根本性变化,可使荆江河段达到100年一遇的防洪标准,遇超过100年一遇至1000年一遇洪水,包括类似历史上最大的1870年洪水,可控制枝城泄量不超过80000m^3/s,在荆江分洪区和其他分蓄洪区的配合下,可防止荆江地区发生干堤溃决的毁灭性灾害。城陵矶附近分蓄洪区的分洪几率和分洪量也可大幅度减少,可延缓洞庭湖淤积,长期保持其调洪作用。由于上游洪水得到较好控制,可避免下游武汉水位失控,提高了防洪调度的灵活性,对武汉市的防洪安全起到保障作用。

洪水的发生为随机事件,并不是每年都有大洪水发生,特别是所关心的稀遇洪水,往往是几十年甚至更长时间才发生一次,三峡工程所采用的设计洪水标准是1000年一遇(98800m^3/s),校核洪水标准是10000年一遇+10%(124300m^3/s),而实际运行中所面临的的洪水,绝大多数远远低于设计标准。汛期三峡水库维持汛限水位运行,水库水位及电站发电水头较低,在下游防洪要求时才蓄纳洪水会导致汛期弃水量较大,不能有效地利用洪水资源。而开展三峡水库洪水资源利用,在防洪、发电、蓄水等方面都有一定的积极作用:在防洪方面,对一般洪水拦蓄,可以提高对城陵矶的防洪作用,减轻汛期中下游的防洪压力;在发电方面,抬高水库运行水位,发电水头变大,改善机组运行条件;在蓄水方面,提前蓄水利用汛末洪水,可提高水库蓄满率和枯期发电效益,也可提高蓄水期下泄流量,减少蓄水对生态环境的不利影响,缓解水库蓄水与下游用水矛盾。

当然,当前也出现了一些有利于三峡水库利用洪水资源的条件。一是因受上游水库拦蓄、人工采砂等影响,三峡水库入库泥沙大幅度减少,汛期适度提高运行水位,库区泥沙淤量及淤积部位对水库有效库容使用和库区航运影响较小;二是相关研究已在水库群联合优化调度方面形成了一套独特的研究模式,积累了相当丰富的经验,也建立了先进的水雨情自动测报系统、完善的水库调度自动化系统、可靠的洪水预报系统,数据精确、系统可靠,三峡入库洪水预报水平相对初步设计得到了提高;三是上游逐步形成了大规模控制性水库群,长江上游干流及主要支流规划和在建的水库调节库容巨大,承担配合三峡水库对长江中下游的防洪任务,在汛期可通过拦蓄洪水,减少进入三峡水库洪量,削减洪峰,为三峡水库腾出更多防洪库容,降低了三峡及长江中下游的防洪压力,也增强了三峡水库防洪调度的灵活性等。

5.3 三峡水库预报水平与运用分析

5.3.1 典型大洪水产生规律及可预见性分析

典型大洪水的发生往往呈现典型的气候背景与前期气候异常特征，通过对影响长江流域旱涝影响因子的分析，可以提出来水量的长期预测预报，来水量长期的预测预报以及洪水的量级的分析预测对三峡水库的调度运用具有重要的参考价值，是水库优化调度的重要参考指标，具有十分重要的意义。

选取长江上游与中游1951年以来出现的典型大洪水为例，对于洪水发生前期的气候背景以及海洋、大气、天文因子等影响长江上、中游汛期旱涝的基本物理因素在前期(秋冬季)的异常现象进行综合分析，寻求可以利用的预测信息以及探讨其不确定性因素，从而分析探讨长江上游与中游典型大洪水产生的预见性及精度。

1951年以来汛期宜昌最大流量超过60000m^3/s的长江上游典型大洪水年份有1954、1958、1974、1981、1987、1989、1998、2004年共8年。1951年以来汛期汉口最高水位超过27.50m的长江中游典型大洪水年份有1954、1980、1983、1995、1996、1998、1999、2002年共8年。

根据上述10多个典型大洪水年的个例分析，长江上游和中游汛期发生大洪水往往会在气候背景、天文背景、海洋条件、大气环流、高原积雪以及前期降水等某一个或多个要素方面都有明显的异常信号，现综合如下：

(1)气候背景

长江上中游典型大洪水年发生的气候背景多为来水偏丰或降雨偏多年景。但1958、2002、2004年3年处于来水及降雨偏少的气候背景。

(2)天文背景

长江上中游典型大洪水多发生于太阳黑子处于极值年附近(极大年或极小年)以及处于下降时期。1987、1998年除外。

(3)海洋条件

赤道太平洋海温出现强厄尔尼诺事件或强拉尼娜事件，上年10月至当年2月黑潮区海温偏高。南方涛动指数强或异常弱。

(4)大气环流

上游大水年赤道上空平流层纬向风准两年振荡(QBO)多为东风，夏季风多正常偏强。中游大水年QBO多为西风，夏季风多为正常偏弱。长江上中游典型大洪水年，多发生于冬季亚洲区极涡面积偏小、强度正常或偏强，冬季副高偏强、脊线偏北、西伸脊点偏西，印缅槽强度正常偏弱，东亚槽位置正常偏东、强度正常偏强背景下。而冬季青藏高原高度：1954年及近10年的大水年冬季高度场均偏高，但1974、1995、1996年及20世纪80年代的洪水个例中冬季青藏高原区域的大气高度场是偏低的。

此外，春季南海高压的异常对于长江流域的降水影响最明显，南海高压加强时，长江中下游梅雨量丰沛；南海高压减弱的年份，长江中下游的梅雨不会很强。但也有例外，1974 年春季南海高压异常减弱，但梅雨较强。梅雨量丰沛常常引发中游大洪水。

(5)高原积雪

长江上中游大洪水年份，秋冬季青藏高原积雪偏多。

(6)前期降水

长江上游典型大洪水年发生前期(冬季)多数年份上游降雨正常或偏少，长江中游典型大洪水年发生前期(冬季)多数年份上游降雨偏多。

综合以上分析，长江上游、中游汛期发生大洪水的前期往往呈现某一方面或多个异常的气候特征，而且影响长江中上游汛期旱涝的物理因素在前期冬春季甚至上一年秋季就有明显的征兆，也即自上一年秋季开始海洋、大气环流、天文因子、高原积雪状况等均会出现异常信号，分析掌握这些预测信息并跟踪前期出现的这些异常信号，能帮助我们提前准确预测汛期发生大洪水的可能性，为三峡水库调度及时提供决策依据。

5.3.2 长江流域短期、中、长期水文气象预报成果水平分析

(1)短期降水预报成果水平分析

长江流域防汛降雨预报业务主要提供流域内上至金沙江、下至南京干流及各主要支流水系的短、中、长期降雨实况及预见期降雨信息，为水情预报提供预见期降雨预报，同时也为沿江有关防汛部门提供流域降雨咨询专业服务。

长江流域降雨预报按时间跨度分为长、中、短期三种。短期预报(包括 6 小时内的短时预报)内容为长江流域各区 1～3 天的面平均雨量及相关天气形势分析，汛期每天上午依据 08 时的气象观测资料作出，必要时，可根据最新资料作出滚动加密预报。

分析 1995 年以来长江流域短期降水预报的评定情况，其中 24 小时、48 小时预报准确率均呈逐年提高趋势。各年 5—10 月 24h、48h、72h 综合平均预报准确率分别为：90%、88.0%、86%以上，达到并超过长江防汛短期降水预报业务所规定的要求。

(2)短期洪水预报水平分析

在汛期，宜昌及荆江河段一般发布未来 3 天的水位或流量过程预报，城陵矶以下地区一般发布未来 5 天的水位或流量过程预报，现主要对宜昌、沙市、城陵矶、螺山等主要站点进行精度评价，分三峡蓄水前后两阶段来分开统计。

①入库站预报

按《水文情报预报规范》要求，对三峡水库入库站寸滩(武隆)不同预见期作业预报的发布成果进行了精度统计。其中，寸滩、武隆站的资料统计系列为 1991—2008 年，从评定的结果来看：预见期愈长，误差愈大，相反，愈短精度就愈高，这是预报方案及作业预报存在的一般规律。汛期实际对外发布的流量预报 1～3 天预见期的多年平均绝对误差为 500、1000、

2200m³/s,其中按许可误差为预见期变幅的20%评定,其1～3天预见期的合格率分别为85%、78%、70%左右。

②坝址站(宜昌)预报

分析宜昌站自三峡水库2003年蓄水后作业预报的精度,并与1985—2002年作业预报流量误差相互比较。宜昌站自80年代以来至2002年,汛期实际对外发布的流量预报1～3天预见期的多年平均绝对误差为917、1300、2400m³/s,其预见期越长误差越大,其中按许可误差为预见期变幅的20%评定,其合格率较差,仅为50%左右。2003年三峡水库蓄水后,宜昌站2007年预报绝对误差最大,其中1天、2天预见期误差约为蓄水前多年平均的2倍,而3天预见期绝对误差与蓄水前相当;2008年1天预见期绝对误差与蓄水前相当,2天预见期大于蓄水前,而3天预见期小于蓄水前。就总体预报效果及预报员对多次实际作业过程总结分析来看,三峡蓄水对来水过程整体预报的把握影响不大,而对于洪峰流量及峰现时间有一定的影响,因而出现预见期长而预报精确度较高的情形。

③下游站(沙市、螺山、城陵矶)预报

沙市站的作业预报采取河系连续预报的方式,即由宜昌预报枝城再预报沙市。统计2003年三峡蓄水后沙市水位预报的精度,并与1987—2002年14年中沙市发布水位预报的多年平均误差进行比较,1～3天预见期的水位预报多年平均误差分别为0.12m、0.22m、0.32m,而三峡蓄水后沙市2007年、2008年1天预见期平均水位误差0.17m为最大,2007年2天、3天预见期预报平均误差分别为0.34m、0.37m为最大,与多年平均误差相比,第2天预见期水位误差略为偏大,但2007年各预见期合格率均高于2008年。

分析螺山站2003年三峡蓄水后1～5天预见期的水位预报精度,并与1989—2002年多年平均水位预报情况进行比较。2003年三峡蓄水前,螺山的水位预见为1、2、3、4、5天的预报精度水位平均误差分别为0.05、0.11、0.19、0.28、0.37m。2003年三峡蓄水以后,由于三峡基本上维持来多少放多少的方式运行,预报精度与历年比没有明显的差异。城陵矶的水情预报是根据螺山站预报进行推算,其精度与螺山一致。

总之,根据实际发布的预报成果精度统计,认为,宜昌站(三峡入库)的来水量预报,预见期为1、2、3天的预报精度流量平均误差分别为917、1300、2400m³/s,螺山的水位预见为1、2、3、4、5天的预报精度水位平均误差分别为0.05、0.11、0.19、0.28、0.37m。三峡蓄水后,由于传播时间的缩短和蓄水后规律的改变,宜昌站的预报精度有所下降,螺山等中下游站的水位预报精度有所提高。认为,随着技术的发展,气象预报成果的可靠性不断提高,并应用到水情预报中,水文预报的精度也将越来越高。以上精度评价主要反映的是预报误差的平均情况。一般来说,大洪水年份以及来水复杂的年份,预报精度可能相对要低些,预报的总体精度误差仍然存在一定的不确定性。

(3)中期降水及来水量预报成果水平分析

一般认为对未来3～10天的预报为中期天气预报,从20世纪50年代以来,各级业务预报部门和科研单位对我国已发生过的各类重大降雨天气过程进行了大量和长时间研究，取得了大量的研究分析成果，积累了丰富的中期降水预报经验，即使在探测和预报技术现代化有较大发展的今天，预报经验的应用仍然是重要的。

随着我国中期数值天气预报业务系统的迅速发展，以及对欧洲中期数值预报模式产品、日本、德国、美国中期数值预报模式产品多年来的参考应用和经验积累。以数值预报产品的解释应用为基础，综合运用各种气象信息和预报方法的中期降水预报技术已日趋成熟，预报精度越来越高，预见期也大大延长。

采取水文与气象相结合，利用中期预报降雨过程和降雨强度分布，结合洪水预报方案进行中期来水量过程预报。目前中期降水预报主要预报长江流域 13 个地区（金沙江、岷沱江、嘉陵江、屏寸区间、乌江、三峡清江、中游干流区间、汉江上游、汉江中下游、洞庭湖、鄱阳湖水系、长江下游干流区间及武汉地区）1～7 天的逐日降雨，降雨预报准确率评定标准参照短期降水预报评分办法。从 2004 年以来中期降水预报情况看，平均预报准确率在 75%以上。

统计分析三峡水库入库流量 1999—2007 年以来的中期洪水预报成果，宜昌（坝址）流量的第 4 ～ 10 天平均相对误差分别为：9.9%、12.9%、15.6%、18.6%、21.6%、23.1%、24.2%。

（4）长江中上游长期预报可靠性分析

从世界范围来看，长期水文气象预报的精度普遍都不高，其多年业务预报平均准确率大致为 60%～70%。有些年份预报较高一些，有些年份预报较低，预报准确率不稳定。一般情况下，季、汛期（5—10 月）总量的预报略高于每月的水文气象要素值（雨量、流量）的预报；平均流量预报高于最大、最小流量预报。

长江委水文局自 1959 年开始开展长期水文气象预报方法的研究，并试行发布内部参考的长期预报，自 1975 年开始正式向防汛部门提供长期水文气象预报，历经 30 多年。汛期预报主要内容为：长江流域旱涝趋势、长江流域干流控制站最高水位（或最大流量）、长江流域及各子流域面平均月雨量预报。历年的预报情况都通过汛期总结的形式进行了分析评定，在 1975—2009 年共 35 年的长期水文预报中，以宜昌、汉口站为代表进行评定，采用当年的年最高水位或年最大流量与其相应的多年均值进行趋势比较，宜昌、汉口站年最高水位最大流量的距平符号一致预报准确率分别为 63%和 57%，还是具有一定的实际参考价值。

选取 1981 年以来长江上中游地区发生大洪水年份作为长期预报检验个例，分别从预报趋势检验和按预报误差是否在实况值的±20%内为标准两个方面，对近几年的大水年中宜昌、汉口的长期预报进行评定，对大洪水年的长期预报趋势检验，宜昌站的长期趋势预测准确率接近 60%，汉口站为 75%，预报与实况的偏差均在实况值的±20%以内。

总体来说，从近几年长江上中游大水年检验来看，对一些前期有明显或异常气候背景或特征的年份，其汛期的长期预报还是取得了满意效果的，对汛期总体旱涝趋势还是有较好的把握。基于现有的长期预报手段和水平，对中上游地区发生大洪水的趋势预测有一定的参考价值。

5.3.3 水文预报水平精度分析

洪水的预报误差随着预见期的长短、精度各不同，预见期越短，精度相对越高。三峡水库的洪水主要来自金沙江、嘉陵江、岷沱江、乌江等上游地区，而上游来水到三峡入库，有相对较长的洪水传播时间，不考虑天气预报等因素，预见期一般都有 1～2 天。三峡水库集水面积达 100 万 km^2，大洪水和特大洪水的形成通常有稳定的天气系统和大气环流背景，需要几天大范围、高强度的暴雨形成，随着天气监测手段和预报预测技术的发展，提前 2 到 3 天，预报可能形成大洪水和特大洪水的天气系统是较为可靠的。若致洪暴雨中心发生在岷江、嘉陵江等流域的中心地带，降雨落地后到三峡入库一般还有 1～2 天的汇流时间，结合气象准定量降水预报，利用洪水预报方案，可以制作具有 3～5 天预见期和具有一定精度的洪水预报成果。预报发生大量级的大洪水的预见期可以达到 3～5 天，发生特大洪水的预见期相对可能更长，一定程度上可为三峡水库的预报预泄提供有利的技术保障。

由于水文气象预报存在一定的不确定性，预报制作需要人工校核与滚动发布，及时制作三峡入库流量和长江中下游的 3～5 天的水文气象短期预报和 5～10 天的中期预报成果，为水库调度提供决策支持。

近年来三峡水库入库流量短期预报误差和中期预报误差统计分别见表 5.3-1 和表 5.3-2。

表 5.3-1　　三峡水库入库流量短期预报误差统计　　（单位：%）

预见期	平均相对误差(%)		
年份	1 天	2 天	3 天
2009 年	4.4	7.8	9.9
2010 年	5.2	7.9	11.0
2011 年	6.2	8.7	10.6
2012 年	3.9	6.1	9.8
2013 年	4.9	7.6	10.9
多年平均误差	4.8	7.4	10.4

表 5.3-2　　三峡水库入库流量中期预报误差统计　　（单位：%）

预见期	1 天	2 天	3 天	4 天	5 天	6 天	7 天	8 天	9 天	10 天
2009 年	3.4	6.1	7.5	10.1	14.9	19.6	22.4	20.0	20.7	20.6
2010 年	4.6	6.6	8.2	12.4	15.4	13.1	13.7	16.5	20.0	20.1
2011 年	3.1	5.5	8.9	10.9	15.0	15.5	17.3	18.3	17.9	18.3
2012 年	2.1	3.6	6.9	10.0	11.6	13.3	15.3	18.3	18.9	17.3
2013 年	4.4	7.9	10.2	13.6	18.3	22.0	25.7	24.2	23.7	25.4
多年平均误差	3.4	5.8	8.2	11.3	14.7	16.4	18.5	19.3	20.1	20.1

从表 5.3-1 可见，三峡水库入库流量短期预报，1 天、2 天和 3 天的预见期平均误差分别在 5%、7.4%和 10.4%，各年短期预报误差相差不大。从表 5.3-2 可见，三峡水库入库流量

中期预报，1～3 天预报误差在 10%以内，4～5 天预报相对误差在 10%～15%之内，5～10 天的预报相对误差基本在 15%～20%之内。虽然中期预报误差稍大，但基本在 20%以内，可为三峡水库的调度提供一定的参考。

总体而言，三峡水库入库流量预报可基本满足调度需求，通过短、中期预报结合使用，并适时结合长期预报来预测中上游地区发生大洪水的趋势预测，可为三峡科学调度提供有力的技术支撑，从而高效利用洪水资源。

5.4　三峡水库洪水资源利用方式

三峡水库汛期按防洪限制水位 145m 运行，发电水头低，对汛期丰沛来水的利用程度低。在确保汛期三峡工程防洪度汛安全前提下，可以适当抬高运行水位，汛期运行水位适当上浮，合理利用水资源，充分发挥三峡工程效益。

三峡工程 2008 年试验性蓄水以来，最大入库洪峰流量 71200m^3/s，远小于设计洪水（最大洪峰流量 98800m^3/s），在中下游地区要求减轻防洪压力的情况下，防汛调度部门依据水文气象预报，在“防洪风险可控，泥沙淤积许可，生态利大于弊”的前提下，多次对中小洪水进行了调度实践，有效发挥了三峡水库的防洪效益。对中小洪水进行拦洪控泄调度，可降低沙市站及中游沿线测站水位，减轻长江中下游堤防防汛面临的压力和负担；更重要的是利用汛期及汛末的一部分洪水资源，增加发电效益。因此，根据水文预报，利用三峡水库适度地拦蓄一部分洪水，对中小洪水进行积极稳妥的相机滞洪调度是需要的，也是可行的。

三峡工程汛后蓄水至正常蓄水位 175m 是保障三峡工程综合利用效益发挥的重要目标。初步设计阶段，从有利于排沙及防洪需要考虑，安排水库 10 月初开始蓄水。由于三峡水库汛后蓄水库容达 221.5 亿 m^3，蓄水量大，蓄水期间下泄流量比来量减少，加之近年水文情势的变化，蓄水期上游来水减少和中下游旱情多发，水库蓄水与下游各方面用水要求之间出现较大的矛盾。为保障三峡工程综合利用效益能够得到全面高效的发挥，提高水资源利用率，较好地协调蓄水期间各方面对三峡水库的调度要求，缓解三峡水库蓄水与下游用水矛盾，在保证防洪安全和对泥沙影响不大的前提下，需要进行汛末提前蓄水，合理利用汛末水资源。

综上，三峡水库洪水资源利用主要包括三种方式，即汛期运行水位上浮、中小洪水调度和汛末提前蓄水。当然，由于三峡水库入库洪水组成复杂，洪水预报和调度水平难度较大，同时各方面对调度的要求也很高，必须确保大坝枢纽和中下游防洪安全。

5.5　小结

本章紧密结合长江流域经济社会和生态环境的要求，总结了三峡水库防洪、发电、供水等方面的调度综合需求，分析了三峡工程利用洪水资源的可行性和必要性。三峡水库洪水资源利用的不利因素主要包括：(1)长江上游径流量出现减少现象，2003—2013 年宜昌站多

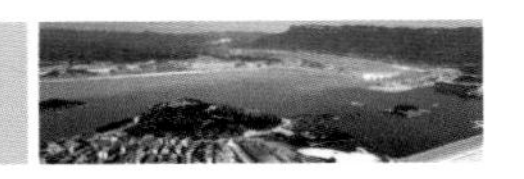

年平均年径流量3961亿m^3，较初步设计减少549亿m^3，约12.2%；(2)上游水库兴建，枯期流量增加，汛末或汛后蓄水流量减少，9—10月径流量减少，占同期径流量的20%以上。综合分析，当前也出现了一些有利于三峡水库利用洪水资源的条件：(1)受上游水库拦蓄、水土保持、河道采砂、降雨影响，入库泥沙大幅减少；(2)水文预报精度水平提高，水库调度技术提升；(3)上游控制性水库群基本形成，配合三峡水库对长江中下游防洪，增强了三峡水库防洪调度的灵活性。

三峡水库预报水平可基本满足调度需求，通过较高精度的短、中期预报结合使用，并适时结合长期预报来预测中上游地区发生大洪水的趋势，可为三峡科学调度提供有力的技术支撑，从而高效利用洪水资源。

三峡水库洪水资源利用主要包括汛期运行水位上浮、中小洪水调度和汛末提前蓄水三种方式。

6 长江流域洪水资源利用与减小风险的对策研究

6.1 洪水资源利用风险分析

6.1.1 洪水资源利用风险分析定义

洪水资源利用风险是泛指在特定的时空环境条件下，在利用洪水资源解决水资源短缺和维系良好生态环境的过程中，所发生的非期望事件及其发生的概率并由此产生的损失程度。

洪水资源利用风险不仅包括对洪水风险的研究，还包括对洪水灾害、水资源短缺和生态环境恶化等方面的风险研究。具体涵盖两个方面：一方面，决策者在洪水资源利用过程中风险决策的思维方式，例如当水资源短缺风险加大时，决策者就有冒更大的风险去利用洪水资源的内在驱动力，反之，当水资源短缺风险较小时，通过利用洪水资源来解决水资源短缺的愿望略有不足；另一方面，研究洪水资源利用措施的可靠性，发现其对洪水灾害、水资源短缺和生态环境恶化等风险的影响方式和作用大小，并利用优化理论在几种风险之间寻找一种平衡，从而使防洪、发电、供水、生态环境等综合风险最小、效益最佳。

洪水资源利用风险包含客观和主观两部分属性。

(1)客观属性是指自然界固有的或者人类社会发展所形成的影响洪水资源利用的不确定因素。这些不确定因素反映了洪水资源利用风险的自然、社会、时间延伸性、空间扩展性和管理多目标等特性。

①自然属性

自然现象内在的随机性和不确定性，它的发生受内在的不确定性因素影响，使得无法准确预测和完全控制，构成了洪水利用风险的自然属性。

②社会属性

人类活动的日益加剧导致了不确定因素的增加，包括流域下垫面改变、降雨时空不均和生态环境恶化等，构成了洪水资源利用风险的社会属性。

③时间延伸性

洪水资源利用风险考虑的是系统长期的变化规律，受自然、环境和社会随时间流逝而不断变化，复杂性增强。

④空间扩展性

洪水资源利用风险具有明显的空间分异特征，具体表现在对于不同的地区，可利用洪水

的类型和强度不同，可能造成的洪水灾害也会不同。另一方面，洪水资源利用的风险管理是建立在流域水资源统一管理的平台之上的，甚至会有跨流域的洪水资源利用，这种空间的扩展必然导致不确定因素增多，风险分析更加复杂。

⑤管理的多目标性

洪水资源利用风险管理是对包括洪水灾害、水资源短缺和生态环境恶化等多种风险进行的综合管理，涉及社会、经济、环境、生态和资源等多方面的管理目标。

(2)主观属性是指主观不确定性，既包括决策者的主观判断带有随意性和个人偏好，也包括由于研究者掌握的资料不够完备和分析手段的限制，造成对系统认识的不全面。

①可管理性

从自然属性而言，洪水资源利用风险的发生过程具有可预见性与可调控性；从社会属性而言，利用同等规模的洪水可能造成的实际损失及其影响，还与社会的综合防灾能力与承灾体的特性有关。

②投机性

洪水资源利用具有高风险、高回报的特点，是一种投机风险。研究洪水资源利用风险投机性的目的，从本质上讲就是研究将纯粹的洪水风险向洪水综合利用的投机风险方向转化。

③附加性

附加风险是指采取了洪水资源利用措施后，可能会使得本地区或其他地区风险加重。

6.1.2 洪水资源利用风险分析流程

作为解决水资源供需矛盾、水资源短缺和水生态环境恶化的重要手段，洪水资源利用是洪水管理的重要内容，而风险分析流程则是实现洪水资源合理利用的现实选择。尽管洪水资源利用风险分析的方法和过程不尽相同，但其基本流程是相同的，概括起来可归纳为风险识别、风险评估、风险评价、风险处理和风险对策，如图 6.1-1 所示。

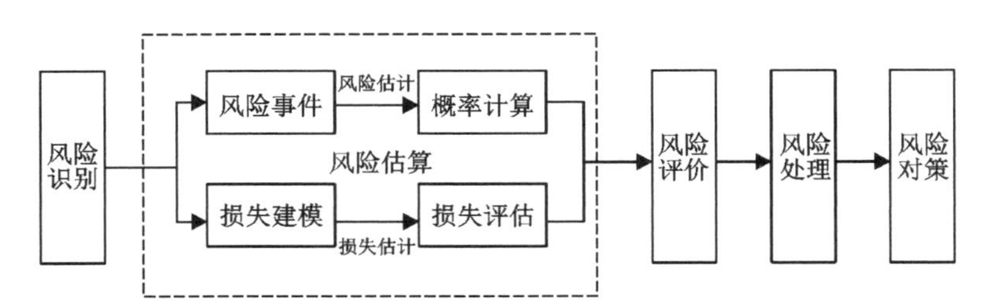

图 6.1-1 洪水资源利用风险分析流程

风险识别是描述可能事件的负面作用和影响，包括对风险事件因素、事件发生方式和事件影响范围的确定。风险估算是定量地描述风险事件发生的概率及其相应的后果和损失，包括风险估计和损失估计两方面。风险评价是根据风险事件评判准则，定量地对风险概率及其损失程度进行等级评估。风险处理是对风险评价结果进行处理，包括回避、接受、拒绝、减小和转移风险等方式。风险对策是在风险识别、估算、评价和处理的基础上，提出风险对策措施。

6.2 长江流域洪水资源利用风险分析

6.2.1 长江流域洪水资源利用风险分析分类

风险的产生，究其根源，是因为人们受自身认识能力和科技水平限制而无法熟知事物未来发展的确切状态，使得采取行动的预期结果与真实情况产生了偏差。在洪水资源利用过程中存在众多不确定因素，从而导致了相应的风险存在，风险因素与洪水资源利用方式有着密切的关系。依据长江流域洪水资源利用的主要方式，表 6.2-1 归纳了不同洪水资源利用方式的利用效益及其伴生的主要风险。

表 6.2-1 洪水资源利用效益及主要风险

洪水资源利用方式	利用效益	主要风险	
		防洪风险	生态环境风险
水库调度	防洪、发电、供水、航运和生态等综合利用效益	库区淹没及下泄流量引起的防洪风险	天然流态变化、水库泥沙淤积、下游河道冲刷
蓄滞洪区运用	改善水生态环境，利于人水和谐，补给枯季径流	影响超额洪水分蓄	生态恢复、泥沙淤积
湖泊调蓄	补给枯季径流，保证旱季供水	影响超额洪水分蓄，干支流互调蓄能力降低	水涝和渍害、泥沙淤积

长江流域洪水资源利用在现状调控利用能力的基础上，有效利用了洪水资源，缓解了水资源短缺矛盾，但也在提高洪水资源利用水平的过程中带来了附加的风险，包括防洪风险、泥沙淤积风险和生态环境风险等。通常，风险与效益是辩证统一、相辅相成的，在获取洪水资源利用效益的同时，也必须谨慎和科学地对待洪水资源利用产生的各种风险。风险越大，可能的利益越大，但可能带来的损失也越大。因此，应在风险分析的基础上合理控制风险，审时度势，精心利用，最大限度地趋利避害。

6.2.2 长江流域主要水库洪水资源利用风险分析

本项研究主要围绕水库洪水资源利用方式开展研究，以下着重进行长江流域主要水库洪水资源利用风险分析。

水库(群)洪水资源利用涉及防洪、发电、供水、航运、生态等多个目标，是一个复杂的多维非线性系统，存在着水情、雨情、工情等众多不确定性因素，不确定性因素是多方面的，有客观因素，也有主观因素，包括上游入库洪水不确定性风险、水库调度决策不确定性风险、水库下游安全泄洪风险、效益计算参数不确定性风险以及不利生态环境影响风险等。在对洪水资源利用进行风险分析时，首先要对风险因子进行辨识。对不同的水库对象，其所处的流域不同、上下游关系不同、效益目标不同，风险因子都不尽相同。一般而言，影响水库洪水资源利用的风险因素主要包括：洪水发生时间、入库洪水预报及洪水预报误差分布、洪水地区组成、初始起调水位、出库泄流误差、调度滞时、风浪雍高、下游河道允许预泄的流量、人为操

作误差、下游综合利用需求不确定性等。

在对风险因子进行识别的基础上，通过分析水库洪水资源利用过程，筛选出关键影响因子，深入分析各主要风险因素的分布特征及演变规律，进行水库洪水资源利用风险综合评估，对洪水资源利用进行风险处理，进行接受、拒绝、减小和转移风险，进而提出洪水资源利用风险对策措施，提高水库工程的综合效益，发挥在不确定条件下的洪水资源综合利用水平。

为了提高已建水库洪水资源利用综合效益，近年来长江流域干流及主要支流开展了洪水资源化利用初步探索与实践，以下在选取的金沙江、大渡河、乌江、清江、汉江等重点区域的水库调度洪水资源利用方式的基础上进行归纳总结，进行主要水库洪水资源利用风险分析，并提出相应的风险对策措施。

6.2.2.1 汛期运行水位上浮

为时刻预防可能发生的洪水，水库汛期按防洪限制水位运行，水量利用程度低，在洪水过程中发生弃水，造成洪水资源的较大浪费。为此，在确保水库防洪安全的前提下，适当抬高运行水位，增加水库运行调度灵活性和减少弃水，考虑水文气象预报信息，在出现洪水征兆时能及时腾空水库至防限水位，可合理利用洪水资源，充分发挥水库工程综合效益。

(1)金沙江溪洛渡水库

溪洛渡是我国“西电东送”的骨干电源点，是长江防洪体系中的重要工程，该梯级上接白鹤滩电站尾水，下与向家坝水库相连，以发电为主，兼顾防洪、拦沙和改善下游航运条件等。工程开发目标一方面用于满足华东、华中、南方等区域经济发展的用电需求，实现国民经济的可持续发展；另一方面兴建溪洛渡水库是解决川渝防洪问题的主要工程措施，配合其他措施，可使川渝沿岸的宜宾、泸州、重庆等城市的防洪标准显著提高。同时，与下游向家坝水库在汛期共同拦蓄洪水，可减少直接进入三峡水库的洪量，增强了三峡水库对长江中下游的防洪能力，在一定程度上缓解了长江中下游防洪压力。

水库正常蓄水位600m，汛期限制水位560m，死水位540m，调节库容64.6亿m^3，防洪库容46.5亿m^3，具有不完全年调节能力。电站装机容量13860MW，多年平均发电量649.83亿kW·h，目前已进入正常运行阶段。

洪水资源利用必要性。按《金沙江溪洛渡水电站可行性研究报告》，溪洛渡水库防洪库容46.5亿m^3，防洪库容预留时间均为7月1日至9月10日，若川渝河段、长江中下游均无防洪需求，则7月1日至9月10日溪洛渡水库应维持汛期限制水位560m运行。水库按上述运行方式运行，当来水超过电站机组过流能力时会发生弃水，初步统计，多年平均弃水量约180亿m^3，折合发电量约80亿kW·h。

洪水资源利用方式。统筹考虑来水情况、下游防洪要求及库区防洪要求等因素，适时抬高水库运用水位，实时调度中溪洛渡水库水位可上浮2m运行。

洪水资源利用风险控制。上游来水在10000m^3/s以下；下游李庄水位在警戒水位3m以下；长江中下游荆江、城陵矶无防洪需求；遇设计标准洪水时，水库回水控制在设计的淹没范围以内。

(2)乌江彭水水库

乌江是长江上游重要支流,乌江洪水是长江洪水的来源之一。彭水枢纽位于乌江下游,是乌江洪水的控制性工程,为乌江干流开发的第十个梯级,水库预留防洪库容 2.32 亿 m^3,建成后与上游的构皮滩、乌江渡等大型防洪水库联合运用,可配合三峡水库对长江中下游防洪。

彭水水电站是一座以发电为主,其次为航运,兼顾防洪及其他综合利用效益的具有年调节能力的电站。彭水水电站正常蓄水位 293m,死水位 278m,防洪限制水位 287m,相应防洪高水位 293m,水库总库容 14.65 亿 m^3,其中调节库容 5.18 亿 m^3,防洪库容 2.32 亿 m^3;枢纽为一等工程,由大坝、泄洪建筑物、引水发电系统及通航建筑物等组成。大坝为碾压混凝土重力坝,坝高 116.5m;电站布置在右岸,为地下式厂房,电站保证出力 371MW,装机容量 1750MW,安装 5 台单机容量为 350MW 的大型混流式水轮发电机组;通航建筑物布置在左岸,由单线船闸、升船机两级过坝建筑物组成,按 500t 级船舶过坝设计,设计双向年通过能力 510 万 t,过坝最大通航流量和最小通航流量分别为 5000m^3/s 和 280m^3/s。

洪水资源利用必要性。汛期调峰弃水情况严重;汛期电站出力受阻严重;汛期闸门开启频繁且闸门启闭需要一定的时间,严格控制维持汛限水位较为困难。

洪水资源利用方式。汛期水位最高浮动范围拟定为上浮 1m,即水位运行区间为 287~288m,浮动水位间库容 3380 万 m^3。

洪水资源利用风险控制。彭水水库汛期运行水位上浮运用的控制条件为不增加上、下游县城(沿河县城、彭水县城)的防洪负担,不减少配合三峡工程对长江中下游防洪的作用,不恶化下游河道通航条件。

6.2.2.2 汛期水位分期运用

以汛期洪水季节性特点为依据,将汛期划分为若干阶段,针对不同时期采用适当的方法确定各分期汛限水位,提高了水库的调蓄能力,有效地缓解了防洪和兴利的矛盾,可较好地应用到洪水具有明显季节性变化规律的水库洪水资源利用中。

(1)大渡河瀑布沟水库

瀑布沟水电站位于岷江支流大渡河上,在四川省雅安市汉源县和凉山彝族自治州甘洛县境内,是一座以发电为主,兼有防洪、拦沙等综合利用效益的大型水电工程。瀑布沟水库坝址以上控制流域面积 68512km^2,为季调节水库。水库正常蓄水位 850.00m,汛期运行限制水位 841.00m,死水位 790.00m,总库容 53.32 亿 m^3,其中防洪库容 7.27 亿 m^3、调节库容 38.94 亿 m^3。电站装机 6 台,单机容量 600MW,总装机 3600MW,保证出力 926MW,多年平均发电量 147.9 亿 kW·h。

根据国务院审定的《长江流域综合利用规划简要报告》(国务院以国发[1990]56 号文件批复),瀑布沟水库作为大渡河的控制性水库,属长江上游防洪体系的重要组成部分。设计阶段瀑布沟水库汛限水位为 841m,防洪任务为:提高成昆铁路峨边沙坪路段防洪标准至百

年一遇；兼顾乐山市防洪，可能的情况下，使下游河心洲的防洪标准提高到约 20 年一遇，一定程度上减轻乐山市的洪灾损失；分担川江及长江中下游防洪压力。根据《长江流域综合规划(2012—2030 年)》以及国务院批复国函[2012]220 号文，将瀑布沟水库的防洪库容提高到 11 亿 m^3，相应库水位 836.2m。

通过修建瀑布沟水库，可以有效解决由于龚嘴水库淤积降低成昆铁路峨边沙坪路段标准的问题，使该路段在大渡河发生百年一遇洪水时能安全通行；使下游河心洲的防洪标准提高到约 20 年一遇，并在一定程度上减轻乐山市的洪灾损失。

针对瀑布沟水库防洪任务的双重性，将 11 亿 m^3 防洪库容分为两部分分期预留，其中为本河段预留防洪库容 5 亿 m^3。为长江中下游预留防洪库容 6 亿 m^3，主要为拦蓄洪水基流，以减少三峡水库的入库水量的方式，配合三峡水库防洪，该部分库容预留时间主要为 6—7 月。

按照防洪库容分期预留的时间，相应的分段防洪限制水位为：6—7 月为 836.2m，8—9 月为 841m。

(2)汉江丹江口水库

丹江口水库位于汉江与支流丹江汇合口下的丹江口市，是一座以防洪为主，兼顾发电、灌溉、航运、养殖等综合利用效益的大型水利工程，是治理开发汉水的关键工程，也是南水北调中线工程的水源地。水库控制流域面积 9.5 万 km^2，占汉江流域总面积的 60%；坝址处多年平均来水量 387.8 亿 m^3，主要集中在汛期 5—9 月份，约占全年 66.1%。丹江口水库初期规模正常蓄水位 157m，总库容 174.5 亿 m^3，随着南水北调中线工程建设的进行，丹江口水库大坝在其初建基础上增高，设计蓄水水位由 157m 提高到 170m，相应库容增加 116 亿 m^3 达到 290.5 亿 m^3。调节库容为 163.6～190.5 亿 m^3，水库调节能力大大增强，加高后的丹江口水库成为多年调节水库。

为满足汉江中下游的防洪要求，针对汉江洪水具有分期的特性，按防洪库容分期预留的方法，制定分期防洪限制水位，以 160m 和 163.5m 作为丹江口水库的夏、秋汛防洪限制水位，预留防洪库容分别为 110 亿 m^3 和 81.2 亿 m^3，即 6 月 21 日至 8 月 20 日为夏汛防洪限制水位 160m，9 月 1 日至 9 月 30 日为秋汛防洪限制水位 163.5m，8 月 21 日至 8 月 31 日为过渡期。

分期汛限水位可以实现分期蓄水，逐步抬高汛限水位，充分利用洪水资源。

6.2.2.3 常遇洪水调度

在汛期洪水不大的情况，根据洪水预报分析，在确保枢纽和上下游防洪安全的前提下，考虑地方和部门的防洪、航运、生态等需求，适当进行机动性的调度，在发生常遇洪水前利用通过发电机组过流，增加电站出力，腾空库容拦蓄部分洪量，在洪水退水阶段临时抬高水位，通过延长机组满发时间、库容的重复利用和临时使用部分库容，获得一定发电和防洪效益。

(1)乌江彭水水库

洪水资源利用必要性。乌江洪水陡涨陡落，洪水历时时间短，水库利用一定浮动库容，可在遭遇常遇洪水时充分利用电站过流，减少闸门开启次数；也可在来水不大而电网负荷低谷时调节一定水量，降低泄洪闸门开启频率，减少水库运行调度人力和物力的投入。

洪水资源利用条件。考虑上下游防洪对象的要求，在预见期内入库水量大于3000m^3/s、但在预见期内最大来量不大于8000m^3/s时可实施。

洪水资源利用风险控制。水库水位在防洪限制水位之上允许的幅度内运行时，应加强对水库上下游水雨情监测和水文气象预报，密切关注洪水变化和水利枢纽运行状态。当预报彭水水库上游或者长江中游河段将发生洪水时，应及时、有效地采取预泄措施，将水位降低至防洪限制水位。

(2)大渡河瀑布沟水库

洪水资源利用必要性。以不降低水库防洪标准、基本不增加下游防洪压力为前提，根据防洪任务目标和来水量级进行常遇洪水调度，合理利用洪水资源。

洪水资源利用条件。当防洪任务为控制下游不超过警戒水位（相应出库4000m^3/s）时，最高水位按843.1m控制；当防洪任务为控制下游不超过保证水位（相应出库5000m^3/s）时，最高水位按844.8m控制；当防洪任务为不淹下游金口河段成昆铁路（相应出库5810m^3/s）时，最高水位按848.4m控制。

洪水资源利用风险控制。实时调度时，水库运行管理部门需服从防汛部门的指挥调度，加强上下游水雨情监测和水文气象预报，密切关注来水变化和水库运行状态。

6.2.2.4 汛限水位动态控制

静态控制方法没有考虑洪水预报信息，无法挖掘水库兴利潜力，造成了一定程度上洪水资源的浪费。随着水文气象预报手段、理论的发展，预见期和精度都有了提高，为水库汛限水位动态控制提供了可能。

汛限水位动态控制结合洪水预报及调度过程中的各种实时反馈信息，以一定风险为代价，在汛期水库调度过程中实现实时调度，对汛限水位不断做出调整，合理利用洪水资源，以获得综合效益的最大化。

(1)汉江丹江口水库

洪水资源利用必要性。通过灵活的水库调度，在达到防洪目的的前提下，充分利用洪水资源，充分发挥水库的综合利用效益。

洪水资源利用条件。在水文预报的精度评价和误差规律分析的基础上，利用防洪风险分析，依据丹江口水库汛期不同时段来水和不同洪水预见期，结合预报预泄法来制定丹江口水库汛期运行动态控制域。

洪水资源利用风险控制。采用预报预泄法和风险控制法，计算在有效预见期内的预蓄水位，合理拟定汛期运行水位动态控制上限。

(2)清江梯级水库

清江于宜昌下游40km处汇入长江，清江干流从上至下先后建成水布垭、隔河岩和高坝洲梯级水库，其中水布垭水库具有多年调节能力，也是华中地区的龙头水库；隔河岩水库是

清江上兴建的第一座大型水库，具有年调节性能；高坝洲水库仅具有日调节能力，是隔河岩水库的反调节水库。原设计要求清江梯级水库为长江洪水洪峰预留 10 亿 m^3 防洪库容，即水布垭和隔河岩水库各预留 5 亿 m^3 防洪库容。根据清江流域的气象及洪水成因特点，为实现水布垭及隔河岩水库的库容补偿提供条件。通过水库群的联合优化调度运用，可以提高长江荆江河段的防洪标准，还能显著地提高水库的发电、航运以及生态等综合效益。

①水布垭水库

水布垭水库位于湖北省恩施州巴东县境内，坝址上距恩施市 117km，下距隔河岩水库坝址 92km，为清江干流中下游河段三级开发的龙头梯级，是一座以发电为主，兼顾防洪、航运效益的大型水电枢纽。

水布垭水库坝址控制流域面积 10860km^2，占清江全流域面积的 63.9%。坝址多年平均流量为 299m^3/s，径流量 94.4 亿 m^3。水库正常蓄水位 400m，死水位 350m，调节库容 23.83 亿 m^3，库容系数 0.252，具有多年调节能力；水库汛期防洪限制水位 391.8m，防洪高水位为 400m，设计洪水位 402.24m，校核洪水位 404.03m(初步设计)；为不淹没涉及库尾的恩施市市区，还设置了汛期库区防洪运行水位 397m。电站装机容量 1840MW，保证出力 310.5MW，多年平均发电量 39.8 亿 kW·h，是湖北省乃至华中地区不可多得的具有多年调节性能的水库。电站建成后，对下游隔河岩、高坝州两电站的梯级补偿效益比较显著。

根据《长江流域综合利用规划报告(1990 修订)》及《清江流域规划报告(1993 年修订)》，水布垭水库预留防洪库容 5 亿 m^3，其防洪作用主要体现在以下三个方面：①提高荆江河段以及城陵矶附近地区的防洪标准；②推迟城陵矶和荆江地区分洪时间，减小分洪量；③降低河道最高水位，减少长江中游广大地区的防汛费用。

②隔河岩水库

隔河岩水库位于长阳县城上游 9km 处，下距清江河口 62km，是一座以发电为主，兼顾防洪、航运效益的大型水电枢纽。

隔河岩水库坝址控制流域面积 14430km^2，占清江全流域面积的 84.9%。坝址多年平均流量 403m^3/s，平均年径流量 127 亿 m^3。水库正常蓄水位 200m，死水位 160m，调节库容 19.75 亿 m^3，库容系数 0.18，具有年调节能力；1997 年隔河岩水库竣工验收报告确定水库的防汛限制水位为 192.2m，防洪高水位 200m，设计洪水位为 203.14m，校核洪水位为 204.54m。电站装机容量 1212MW，梯级联调时保证出力 241MW，设计多年平均年电量 30.4 亿 kW·h，已成为湖北省电网乃至华中电网骨干调峰电站。

隔河岩水库除具有巨大的发电效益外，其防洪作用也十分明显。水库预留防洪库容 5 亿 m^3，通过与水布垭水库的联合调度，不仅可以使清江下游沿岸达到其防洪标准，还可以减轻长江荆江河段洪水威胁，配合三峡水库运用，提高荆江地区抗洪能力。《隔河岩水库汛限水位设计与运用》的研究成果表明，在充分利用现代气象水文预测预报手段的条件下，采取实时预报控制的调度方式对隔河岩水库进行科学调度，汛限水位实行动态控制，在不影响水库的防洪功效前提下，可提高隔河岩水库的发电效益。

③高坝洲水库

高坝洲水库是清江干流最下游一个梯级，位于隔河岩枢纽下游 50km 处，距宜都市 12km，是以发电为主，兼有航运、水产效益的中型水利枢纽。

高坝洲水库坝址控制流域面积 15650km²，约占全流域的 92%。坝址多年平均流量 436m³/s，多年平均径流量 138 亿 m³。高坝洲工程为隔河岩水利枢纽的反调节水库，正常蓄水位 80m，死水位 78m，调节库容 0.54 亿 m³，具有日调节能力。电站装机容量 270MW，保证出力 61.5MW，设计年均发电量 8.98 亿 kW·h。

洪水资源利用必要性。对于梯级水库而言，梯级水库之间存在一定的水力联系、库容补偿，单纯抬高某一水库的汛限水位，未必能提高梯级水库的洪水资源利用率。为此，需要进行梯级水库汛限水位动态控制研究。

洪水资源利用条件。结合洪水预报及梯级水库防洪调度信息，建立梯级水库汛限水位联合运用模型，在满足各水库防洪约束要求下，确定上下游水库汛限水位关系和各水库允许动态调整的范围，根据预报信息滚动优化推求水库汛限水位最优组合，使梯级水库的兴利效益最大。同时，以三峡梯级和清江梯级混联水库群为研究对象，将梯级水库汛限水位实时动态控制拓展为混联水库群汛限水位实时动态调度，在不降低防洪标准的前提下，实现混联水库群汛限水位动态控制，可显著提高水库群的兴利效益，为开展水库群洪水资源化研究提供了一种可行的方法。

洪水资源利用风险控制。利用预报信息在水库群汛限水位控制域范围内进行实时调整，根据实时的水、雨、工情，对水库的汛期水位实施动态管理。

6.2.2.5 汛末提前蓄水

在确保防洪安全的前提下，汛末提前蓄水可提高水库蓄满率和发电效益，缓解水库蓄水与下游用水矛盾，合理利用洪水资源。

(1)金沙江溪洛渡水库

必要性。金沙江梯级蓄水时间与三峡水库蓄水时间同步，如遭遇偏枯水年份，梯级水库很难蓄满。

利用方式。经综合比较对防洪、发电、蓄满率指标、下游供水、泥沙、库区淹没等方面的影响后，推荐溪洛渡水库 9 月 1 日开始蓄水，控制 9 月 15 日前水位不超过 570m，9 月 20 日的水位不超过 590m，9 月底可以蓄至正常蓄水位 600m。

(2)大渡河瀑布沟水库

利用方式。综合考虑暴雨天气成因分析和不同时期洪水量级，有关研究将设计阶段拟定的 10 月 1 日起蓄提前到汛末 9 月 15 日。

风险控制。水库应根据汛末来水情况和大渡河流域其他水库的蓄水状况，合理利用洪水资源，将汛期水位上浮与汛末蓄水调度相衔接，提前蓄水期间，控制 9 月 20 日之前水位不超过 845m，9 月底水位不超过 846m。

(3)汉江丹江口水库

必要性。随着汉江流域水资源开发利用程度的不断提高,以及南水北调中线工程运行,丹江口水库一方面要保证流域内的供水灌溉和发电效益,保证枯季向北方地区供水条件;另一方面大坝加高后水库汛末蓄不满的概率将更大。因此,在确保大坝枢纽安全和下游防洪安全的前提下,提前蓄水具有十分迫切的现实需求。

利用方式。结合丹江口水库汛末洪水分布规律,综合考虑不增加防洪风险与有利汛末蓄水的要求,丹江口水库的蓄水时机可由原设计的10月初适当提前至9月中下旬。

6.2.2.6 洪水资源利用综合效益

(1)金沙江溪洛渡水库洪水资源利用综合效益

①与规划设计方案(即溪洛渡水库9月11日开始蓄水)相比,优化方案可提高三峡水库的汛后蓄满率。可使三峡水库遇枯水年1997年的最高蓄水位由原来的174.30m蓄至正常蓄水位175m,多蓄近7亿m^3水量。

②与规划设计方案相比,遇特枯水年,优化方案可以缓解三峡水库紧张的蓄水局面。可使特枯水年2002年和2006年的最高蓄水位由原来的159.99m、169.41m分别提高至161.00m、170.14m,分别多蓄7.7亿m^3和6.5亿m^3水量。

③与规划设计方案相比,优化方案可增加三峡水库9月份下泄水量,增量约500m^3,而10月、11月三峡水库的下泄流量变化不明显。

④与规划设计方案相比,优化方案可增加溪洛渡、向家坝与三峡水库梯级水库的年均发电量7.268~9.632亿kW·h。

(2)乌江彭水水库洪水资源利用综合效益

根据彭水水文站日径流过程统计,汛期5月下旬至8月下旬,入库径流大于3000m^3/s的多年平均天数约为32天,多年平均次数为5.5次/年。根据统计成果,每次运用可多利用洪水量1690万m^3,约可增加发电量274万kW·h,每年可增加发电量1507万kW·h。

(3)大渡河瀑布沟水库洪水资源利用综合效益

瀑布沟水电站在洪水资源利用方面取得了较大进展,在汛期实施了防洪库容分期预留、常遇洪水调度和汛末提前蓄水,获得了可观的效益。根据大渡河公司统计,2011—2013年瀑布沟水电站增发电量21.9亿kw·h。按照国家发改委提供的能耗数据,增发电量可以减少燃烧标准煤78.8万吨,减少排放CO_2约207万吨、SO_2约6701吨、氮氧化物约5834吨。

6.2.3 长江流域两湖水系洪水资源利用风险分析

6.2.3.1 洞庭湖水系

(1)概况

洞庭湖水系位于长江中游南岸,总面积26.3万km^2,承纳湘、资、沅、澧即“四水”水系来水和松滋、太平、藕池“三口”的长江来水,由东洞庭湖至城陵矶汇入长江,具有调洪、生态、航运、灌溉、供水、纳污、渔业、旅游等重要湖泊功能,但也面临着季节性水资源短缺、水环境污染、渔业萎缩、湿地退化、航运受限等挑战。洞庭湖水系图见图 6.2-1。

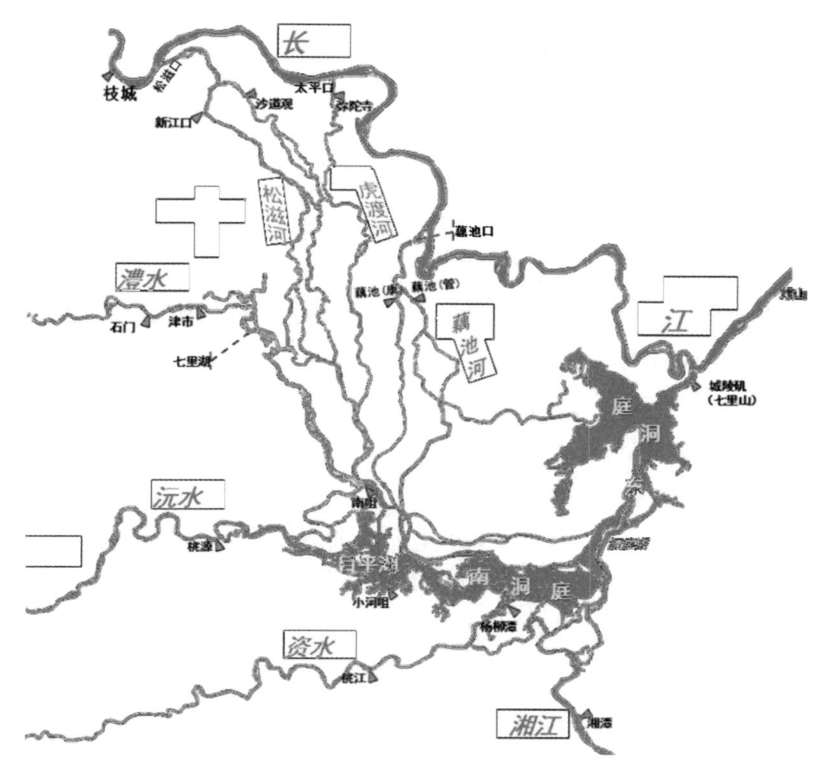

图 6.2-1 洞庭湖水系图

(2)洞庭湖水文特性

①四水水文演变规律。受降水偏枯影响,2000 年以来湘、资、沅、澧四水来水总体偏枯;受上游水库运行影响,水库蓄水期(9、10 月份)径流量下降较为明显。受径流量下降与洞庭湖水位下降影响(可能还有采砂影响),四水入湖控制站水位 2000 年以来明显下降,三峡蓄水期(10 月份)下降尤为显著。

②三口水文演变规律。受下荆江裁弯与三口淤积影响,三口分流比不断下降;三峡等上游水库运行后,汛末蓄水期来水量进一步减少。

③湖区水文演变规律。2000 年以来,四水与三口径流的减少,以及洞庭湖出口长江干流水位的下降,使洞庭湖水位显著下降,在三峡等上游水库蓄水期(10 月份)尤为显著。

④城陵矶水位特征。近年来城陵矶水位表现为枯水期开始时间提前,枯水期历时增加,枯水期水位下降。主要原因有:年降水量偏枯,三峡 9—10 月份蓄水影响、四水入湖水量略有下降,三口入湖水量减少等。

(3)洞庭湖水资源利用工程体系

为保障洞庭湖地区的水资源综合利用,一些方案相继提出。《洞庭湖区治理及松滋口建闸关键技术研究》论证了松滋口建闸的必要性与可行性,与此同时,城陵矶综合枢纽的建设

也进入讨论范围。

1)“三口”水系治理方案

治理思路。针对荆江三口洪道水系紊乱、防汛堤线长、水资源季节性短缺等突出问题，拟采取“控支强干、优化水系”的河道整治措施，即对支汊串河进行控制，疏浚扩宽主汊河道，达到归顺水流、缩短防汛堤线、减轻防洪负担的目的；另一方面，结合支汊控制建设平原型水库，即对部分实施控制的支汊河段上下端建闸，汛期开闸控制过流，汛末关闸蓄水，形成平原型水库，提供河道两岸地区枯水期用水，缓解三口洪道地区季节性缺水矛盾，达到综合治理的目标。

治理方案。近期治理方案为：选取在松滋河下游东支大湖口河段上下端建闸控制，同时疏浚中支自治局河；在藕池东支鲇鱼须河段上下端建闸控制，同时疏浚东支的主支梅田湖河；在藕池中支陈家岭河段上下端建闸控制，同时疏浚中支主支施家渡河。

治理效果。采取了对主汊河道进行疏浚、扩宽，在支汊建控制闸的方案，并拟支汊控制闸按“调枯不控洪”的调度方式运用，即为长江干流沙市、石首等站作为控制站，以高于控制站水位(一般取比警戒水位低 0.5m 的水位)时开闸，低于控制站水位时关闸。

防洪方面，可保持主汊河道分流量不减少，支汊过流量得以控制，可减轻这部分河段的防汛负担。

洪水资源利用方面，汛末和枯水期被控支汊河段上下闸关闭，可拦蓄部分水量。经分析计算，大湖口河控制过流后，汛后蓄水量为 4439 万 m^3；鲇鱼须河控制过流后，汛后蓄水量为 2067 万 m^3；陈家岭河控制过流后，汛后蓄水量为 745 万 m^3。这部分水量可提供两岸工农业用水，缓解河道季节性断流引起的部分地区水资源短缺矛盾。

2)城陵矶综合枢纽工程

工程方案。在洞庭湖入江水道城陵矶附近、洞庭湖一桥下游约 1.8km 处建设城陵矶综合枢纽。实施“调枯不控洪”的运行原则，即在三峡水库汛末蓄水开始前的 10 天下闸，在满足航运和生态流量的基础上，实施洪水资源化利用，逐渐蓄水至最高蓄水位；三峡水库汛末蓄水开始，逐渐增大出湖流量(大于入湖流量)，维持湖区水位缓慢下降，至 10 月末下降至调控高水位；在 3 月末逐渐将水位降至调控低水位。

工程作用。科学调控城陵矶综合枢纽，可抬升湖区枯期水位，增加枯期蓄水量，缓解湖区水资源供需矛盾，改善供水条件，提高湖区航道等级，保护湖区生态环境，发挥为长江中下游应急补水调度潜力等作用。

①缓解水资源供需矛盾。按调控低水位 23m 方案，可在 10 月初形成约 32 亿 m^3 的调蓄水量，结合配套工程措施可以满足湖区水资源需求，缓解水资源供需矛盾。

②提高供水保障。可提高枯水季节湖区水位，如调控低水位 25m 方案，可回水至华容河解决华容县城等用水问题，如调控低水位 23m 方案，结合配套提水工程，可为水资源问题突出的藕池河以东地区提供较为可靠的供水保障。

③改善航运条件。维持最低水位 22m，可减少航道渠化里程 289km，延长港口岸线，产

生较大的社会经济效益，也为湖区开辟新的航道创造了条件。

④改善灌溉条件。其中10月份湖区平均水位可比无枢纽调控三峡运行后湖区水位提高1.5m左右，增加具备自流条件灌溉面积100多万亩，从而有效提高灌溉保证率，降低取水成本。

⑤保护湖区生态环境。枢纽工程建成后湖面增宽，有利于鱼类生长，为洞庭湖冬季候鸟准备了食物条件，改善了湿地生态环境。枯季水位抬高后，低位洲滩被淹没，使钉螺失去生存条件，湖区防螺形势将得到好转。

(4)洞庭湖“四水”水库洪水资源利用

洞庭湖属开发较早的水系，兴建有一批具有防洪、发电、补水等综合效益的综合利用水库，总调节库容约167亿m^3，其中防洪库容约47亿m^3，四水水库调节库容见表6.2-1。8月洞庭湖进入汛末期，四水承担有防洪任务的水库也开始汛后蓄水，此时长沙站水位开始下降，但由于8月是长江干流的主汛期，三峡上游来水较大，沙市和城陵矶平均水位基本处在全年最高水位，受长江顶托洞庭湖水位可维持较高水位，长江来大洪水时，洞庭湖还将承担分洪任务。9—10月长江也进入汛末期，上游来水减少，城陵矶水位逐步下降，一般来水年份，10月水位可在25.0m左右。此时洞庭湖水位还可受到长江的顶托影响。10月以后长江和洞庭湖区均进入枯水期，水位均逐步下降。

表6.2-1 **洞庭湖四水水库库容表**

流域	枢纽	调节库容(亿m^3)	防洪库容(亿m^3)
湘江	涔天河	0.6848	0.41
	双牌	2.43	0.58
	酒埠江	1.13	
	水府庙	2.60	0.45
	黄材	1.24	0.121
	欧阳海	2.447	0.615
	东江	52.5	1.58
	株树桥	1.905	0.415
	小计	64.9368	4.171
资水	柘溪	21.8	10.6
	小计	21.8	10.6
沅江	三板溪	26.16	
	白云	2.202	0.63
	凤滩	10.60	2.77
	五强溪	20.2	13.6
	小计	59.162	17
澧水	江垭	11.65	7.40
	皂市	8.38	7.83
	贺龙	1.04	
	小计	21.07	15.23
合计		166.9688	47.001

6.2.3.2 鄱阳湖水系

(1)概况

鄱阳湖水系位于长江中下游南侧，包括鄱阳湖湖区和赣、抚、信、饶、修五河及其他直接入湖的中小河流，各河经鄱阳湖调蓄后由湖口注入长江。鄱阳湖区水系图见图 6.2-3。

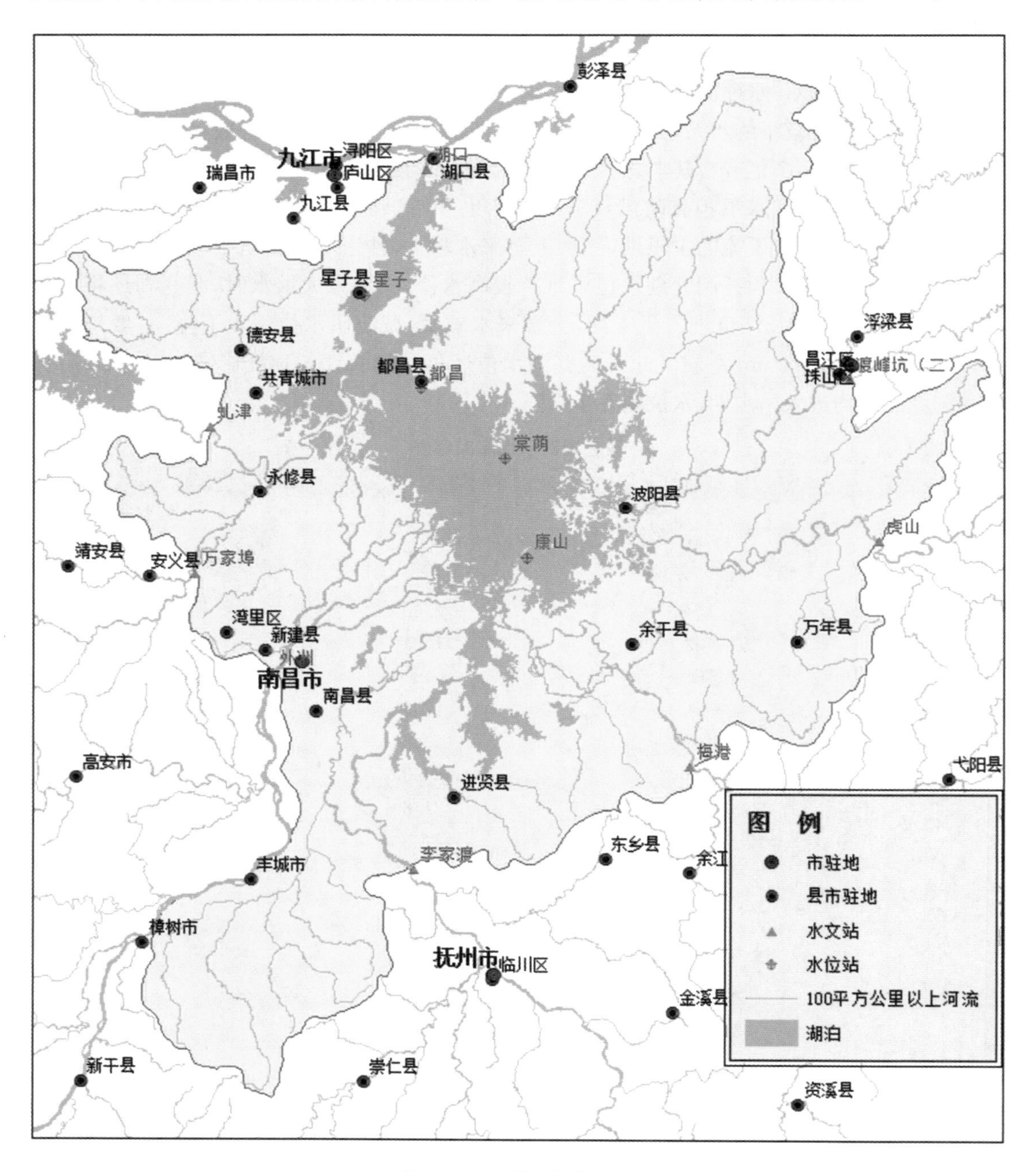

图 6.2-3 鄱阳湖水系图

鄱阳湖水资源丰富，开发利用条件较好，用水环境相对宽松，但大、中型控制骨干工程不足，调蓄能力差，区内的吉泰盆地缺水情况比较严重。当前鄱阳湖水系大面积江河水质良好，只在局部水域出现较为严重的污染，主要为各支流的城市段。

鄱阳湖流域已建大型水库基本情况见表 6.2-2。从表中可以看出，已建的 28 座大型水库，大部分为建在上游支流上控制面积小的灌溉水库，部分为建在较大支流上的发电水库，小部分为流域性控制水库。流域控制性水库工程主要有赣江的万安水库、抚河的廖坊水库和修河的柘林水库，其中万安、廖坊水库仅为季调节或不完全年调节，柘林水库调节性能好，为多年调节水库。

表 6.2-2 鄱阳湖流域已建大型水库基本情况表

水库名称	所属水系	库容(亿 m^3)		
		总库容	兴利库容	防洪库容
柘林	修河	79.20	34.47	15.7
东津	东津水	7.95	3.86	2.34
江口	袁河	8.90	3.40	2.32
上犹江	上犹江	8.22	4.71	1.01
龙潭	赣江	1.16	1.01	
万安	赣江	22.14	10.19	10.19
峡江	赣江	11.87	2.14	6
洪门	抚河	12.14	3.74	2.88
共产主义	车溪水	1.44	0.69	0.23
团结	梅江河	1.46	1.02	0.253
长冈	平江	3.70	1.58	0.59
油罗口	章江河	1.10	0.54	0.18
潘桥	清丰山溪	1.036	0.72	0.78
大段	修河	1.18	0.92	0.148
上游	锦河	1.83	1.16	0.216
飞剑潭	袁河	1.01	0.753	0.125
紫云山	清丰山溪	1.2	0.74	0.54
七一	金沙溪	2.28	1.26	0.479
军民	潼津河	1.89	1.38	0.40
滨田	昌江河	1.12	0.74	0.32
大坳	石溪水	2.76	1.42	0.055
白云山	富水河	1.14	0.77	0.12
老营盘	云亭河	1.02	0.56	0.21
社上	泸水	1.71	1.39	0.28
南车	禾水	1.53	0.95	0.308
廖坊	抚河	4.32	1.14	3.10
山口岩	袁河	1.05	0.68	0.12
界牌枢纽	信江	1.86	0.841	0.507
合计		186.216	82.774	49.401

(2)鄱阳湖区水位分析

自三峡水库2003年蓄水运用以来，鄱阳湖区枯水位显著降低、枯水出现时间大幅提前，枯水持续时间显著延长，湖区控制站普遍出现历史最低水位。

2003年以来鄱阳湖区枯水的影响因素主要包括三峡水库蓄水、天然降雨径流变化、江湖冲淤以及流域用水量的增加等，除天然降雨径流量的变化为非趋势性影响外，其他均为趋势性影响因素。且经过计算表明，三峡及上游控制性水库运用后蓄水期径流的进一步减少以及干流河道冲刷的加大将进一步恶化鄱阳湖区枯水情势。

(3)鄱阳湖五河控制性水库洪水资源利用

总体而言，改变鄱阳湖五河控制性水库调度方式对缓解鄱阳湖区枯水情势的作用很小。

①五河控制性水库的补水作用有限

鄱阳湖流域已建蓄水工程中，具有一定调节性能的流域控制性水库只有万安、峡江、廖坊、浯溪口、柘林、江口、洪门等7座水库，对径流的调节能力较差。五河控制性水库在7—8月基本完成蓄水任务，9月以后对下游具有一定的补水作用，但此时鄱阳湖区水位已降低，补水作用较小，7座水库中除柘林水库外，在9月份之后基本无补水潜力。

②改变柘林水库调度运用方式缓解湖区枯水情势的作用有限

五河水库中具有一定调节能力的是柘林水库。考虑对调节库容较大的柘林水库改变调度方式后，修河尾闾水位抬升幅度为0.05～0.7m，吴城以下的入江水道水位抬升幅度在0.05m以内，且不能抬升南鄱阳湖湖盆区及其他尾闾河道水位，对缓解鄱阳湖区枯水情势作用有限。

(4)鄱阳湖水利枢纽工程洪水资源利用

依据鄱阳湖区综合治理规划，鄱阳湖水利枢纽工程定位为科学调整和恢复江湖关系，提高鄱阳湖区的经济和生态承载能力，其主要任务是生态环境保护、城乡供水、灌溉、航运、血吸虫防治等，同时具有枯期为长江下游补水的潜力。

规划鄱阳湖水利枢纽工程位于鄱阳湖入江水道，上距星子县城约12km，下至长江汇合口约27km，基本控制鄱阳湖水系全部流域面积。目前研究推荐的枢纽建设方案为：枢纽主体建筑物由泄水闸、船闸、鱼道和连接挡水建筑物组成。闸址轴线总长2993.6m，从左至右依次布置有：左岸连接段(107m)、船闸段(396m)、隔流堤段(73.4m)、泄水闸段(2386m，含纵向围堰坝段25m)、鱼道段(31.2m)。

工程的运用原则包括：调枯不控洪原则、江湖两利、科学调整和改善江湖关系原则、与长江上游控制性工程联合运用原则、工程综合影响最小原则、水资源统一调度原则。

①在长江干流水资源调度中的作用

通过枢纽工程与三峡等工程的统一调度，在三峡蓄水期之前鄱阳湖区蓄水，在枯水期将抬高鄱阳湖区枯水位，增加鄱阳湖区湖容，减轻上游干支流控制性水库建成运用对鄱阳湖水文情势的影响，改善鄱阳湖区的水资源利用形势。

②在鄱阳湖区水资源调度中的作用

不同程度地抬高了湖区枯水期水位，提高农田灌溉保证率，提高水源供水保证率；使鄱阳湖和周边河流部分河段变成库区航道，增加枯水季节航道水深和航道宽度，减缓水面比降，显著改善航道条件。

③对长江下游水资源利用的作用

在三峡水库蓄水期和此后的1—3月可增加鄱阳湖的下泄流量为下游补水，湖区留存的水量可为下游紧急情况提供应急水源。

④保护鄱阳湖区生态环境的作用

保证鄱阳湖枯水期维持一定的水面及水体容积，增强鄱阳湖枯水季节水体的稀释降解能力，保护鄱阳湖区湿地面积、保护越冬候鸟及水生珍稀动物，对保护鄱阳湖生态环境将发挥积极作用。

综上所述，为应对或减缓长江上游水利枢纽建设对鄱阳湖枯水造成的影响，恢复和调整江湖关系，减轻上游控制性水利枢纽建设运行对鄱阳湖水位影响，建设鄱阳湖水利枢纽工程作用较为显著。

6.3 长江流域洪水资源利用风险对策总体策略

随着长江流域综合治理工程的全面实施，流域已基本建成了由长江干支流堤防、水库、蓄滞洪区、河道整治等组成的防洪工程体系，以三峡为骨干的长江防洪系统已初步形成。长江流域的防洪形势仍然严峻，干旱缺水问题日趋严重，枯水期来水不足对供水与生态产生了不利影响，长江流域水资源时空分布不能适应流域内经济社会发展的需求，长江流域洪水资源利用势在必行。

长江流域洪水资源总量虽较丰沛，但由于降水时空分布不均、供水工程不足或水污染严重，洪水资源开发利用仍存在一些问题：①局部地区供用水矛盾较为突出，主要集中在四川盆地腹地、滇中高原、黔中、湘南湘中、赣南、唐白河、鄂北岗地等地区。②工程性、资源性和水质性缺水并存。长江流域的下游地区为我国经济社会发展的重要地区，一方面人口众多，工业发达，对水资源的需求量大；另一方面水污染严重，给生活、生产、生态用水造成严重影响。③部分地区农村饮水安全缺乏保障，尤以高氟水、高砷水、苦咸水分布区及血吸虫病疫区更为严重。④用水效率不高，洪水资源利用方式还很粗放，节水管理与节水技术还比较落后，用水浪费现象仍较严重。

当然，对于不同的洪水资源利用方式，在带来洪水资源利用效益的同时，也不可避免地产生了一定的防洪风险、泥沙风险和生态环境风险等。如水库调度具有防洪、发电、供水、航运和生态等综合利用效益，但也带来了库区淹没及下泄流量引起的防洪风险和天然流态变化、水库泥沙淤积、下游河道冲刷的生态环境风险；蓄滞洪区运用能够改善水生态环境，利于人水和谐，补给枯季径流，但也会影响超额洪水分蓄，产生生态恢复、泥沙淤积等风险；湖泊

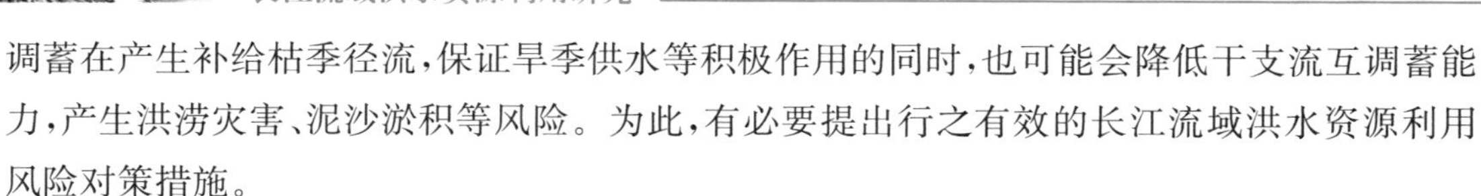

调蓄在产生补给枯季径流，保证旱季供水等积极作用的同时，也可能会降低干支流互调蓄能力，产生洪涝灾害、泥沙淤积等风险。为此，有必要提出行之有效的长江流域洪水资源利用风险对策措施。

在具体的实施过程中，应按照统一规划、分步实施、防洪安全、统一调度的原则，工程措施与非工程措施并举，技术手段与行政、经济手段并重，在防洪风险可控前提下，适度利用洪水资源，保障流域经济社会发展和实现水资源可持续开发利用。

(1)统一规划、分步实施，完善水资源综合利用体系总体布局

算清长江流域干支流河流水系水账，理清长江流域洪水资源利用的现状和条件，分析洪水资源利用的潜力，计算出洪水资源利用总量。长江流域洪水资源利用方式具有地区适宜性，因地制宜，应该严格按照各工程措施的适用情况进行。

①在流域上游兴建水库，促进洪水资源的综合利用。水库大坝作为洪水资源利用的重要工程措施，可以通过有效调蓄洪水资源，达到防洪蓄水相结合、丰蓄枯用、以丰补欠，进而缓解水资源短缺。再者，通过水库群联合调度，合理安排水库群的蓄、泄水时机，协调兴利与防洪及生态的关系，充分发挥洪水资源的综合利用效益。

②在中下游平原区，洪水资源利用可以采用蓄滞洪区分洪蓄洪、湖泊枢纽工程、地下水回灌等工程措施。蓄滞洪区蓄水分洪除了直接分洪、减轻洪灾损失外，还具有拦洪蓄水的作用，增加地下水入渗量，抬高地下水水位，为汛后用水提供充足的水源。也可以通过汛期洪水换水排污、洪枯调节、余缺互补和改善下游防洪、灌溉、供水，以及对枯水季节下游湖泊湿地进行生态补水，保护流域生态系统的良性循环。

③在高原及山丘区，合理开发山区洪水资源。可在流域的合适地段建设山区控制性水库，拦蓄洪水资源供枯水季节利用，可减少下游河道的漫溢损失。充分利用山区河道、洼地、人工湖泊等蓄水工程截留洪水，延长洪水的滞留时间，增加地下水入渗量。

④在缺乏建库条件的地区，可以在干支流建闸控制，利用河道、洼地蓄水，为沿河居民和工业提供水源。闸坝和洼地蓄水对水量调节起到重要作用，增加可供水量，提高地表水利用程度。

(2)防洪安全为首位，进一步提高流域防洪减灾能力

长江流域洪灾分布范围广、类型多，以长江中下游平原区洪灾最为频繁、严重，历来是中华民族的心腹之患。尽管三峡工程建成后长江中下游防洪形势得到改善，但流域防洪减灾体系仍不完善，还存在薄弱环节。而且随着经济社会的发展，城市化水平提高，人口持续增长，财富更加积聚，对防洪减灾提出了更高的要求。同时受全球气候变化影响，流域内极端天气出现频次增加，大洪水发生几率可能增大，一旦遭遇特大洪水袭击，灾害损失将更大。

因此，进一步完善流域综合防洪减灾体系，加大支流治理力度，既要解决大江大河防洪安全问题，也要重视解决中小河流防洪和山洪灾害的防治问题，保障防洪安全仍是长江治理开发与保护的首要任务。长江上游地区要重点完善城镇防洪体系，强化山洪灾害防治，着力

避免居民集中区发生重大生命财产损失；中下游地区要重点针对三峡工程运行后防洪形势的变化，妥善采取应对措施。

(3)工程措施与非工程措施并举，建设必要的工程与非工程体系

新建防洪水库。在干流宜宾以上的金沙江干流预留 231.3 亿 m^3 防洪库容，主要支流雅砻江、岷江、嘉陵江、乌江等按照《长江流域综合规划(2012—2030 年)》要求安排梯级水库预留防洪库容。

完善防洪非工程措施。挖掘大、中型水库的防洪调度与兴利的潜力，是目前比较切实可行的洪水资源利用的主要非工程措施，避免水库汛前“有水不能蓄”、汛后“要蓄又无水”等状况。可采取以下措施：

①加强气象、水文站网的布局和建设，加强水文资料的收集和整理，对水库设计洪水进行全面复核和科学分析，开展分期洪水研究。

②进一步提高暴雨监测预警预报和洪水预警预报水平，实现汛限水位动态控制、“预蓄预泄”等调度方式，在保证防洪安全的前提下适度多蓄水。

③研究科学合理的水库优化调度方式，制定超标准洪水的防御对策和调度运用方案，提高洪水资源利用能力。

④建立水库群联合防洪调度系统，完善防汛指挥调度系统，为防洪应急与抗灾抢险提供决策支持。

⑤建立健全风险管理、补偿和保障机制，以协调洪水资源利用效益与风险，逐步实现对洪水资源的依法科学调度与管理。

还要加强病险水库及大中型病险水闸除险加固，加强堤防工程建设，推进蓄滞洪区建设，整治干支流河道，开展支流治理和山洪灾害防治，强化涝区治理。

总之，长江流域的不同地区应该根据实际的情况，因地制宜，采取适用于该区域的洪水资源利用措施和方法，综合考虑不同的工程措施和非工程措施，并能够有效地结合，才能收到更好的洪水资源利用的效果。

(4)干支流控制性水库群统一调度，逐步实行流域重大水资源利用工程统一调度

对流域重大水资源利用工程实行统一调度，协调流域内用水要求和跨流域调水的关系，保障两湖地区、长江口等重点地区的供水安全，以实现流域整体经济效益、社会效益和生态环境效益的最大化。实现水库洪水的充分利用，必须建立现代化的水文测报系统和洪水预报、调度以及决策支持系统，提高洪水预报精度，延长洪水预见期。利用现代成熟的计算科学技术建立水库群调度的专家决策支持系统，并结合各种优化技术、模拟技术及专家经验，不断提高系统的通用性，从而更加及时、准确、自动和直观地为决策者的科学决策提供可靠依据。

(5)生态环境效益最大化，减轻洪水资源利用的不利影响

长江流域洪水资源化从地域上涉及从上游山区到下游入海口的广大范围，从工程上涉

及水库枢纽工程、山区水保工程、沿河梯级闸坝工程和蓄滞洪区工程等。

因此，实施过程中必须正确处理好水源区与受水区、资源环境与经济社会发展的关系，落实缓解不利影响的补偿措施。有限的水量在农村、城市，山区、平原，水库、河道、洼淀之间的分配，要遵循生态效益最大化原则。如沿河梯级拦河闸坝的建设及河网联合调度，应优先满足城市河段景观建设的需要；在蓄滞洪区的利用上，要综合考虑蓄滞洪区所在地区的人口密度、经济发展、地下水位、生态效益以及在防洪体系中的作用地位等综合因素，常年蓄水区应尽量选在城市的郊区；山区的水土保持工程开发力度要兼顾下游平原及城市的环境要求。

(6)依法治江，完善水资源开发、利用、治理、配置、节约、保护的各项管理制度

人类活动对流域水资源的影响贯穿于水资源取、用、耗、排的全过程，要应对这些过程中产生的各种不利影响，应坚持水资源统一管理的原则，完善水资源开发、利用、治理、配置、节约、保护的各项管理制度，以实现最严格的水资源管理。建立健全总量控制与定额管理相结合的用水管理制度，完善水资源论证和取水许可管理制度，建立计划用水和水资源统一调度管理制度，健全水资源与水生态环境保护制度，完善水资源有偿使用制度和经济调节机制，健全干旱及突发事件应急管理制度，逐步建成水资源监测监控体系。

6.4 长江流域主要水库洪水资源利用风险对策措施

结合长江流域洪水资源特点及目前存在的主要问题，考虑流域水资源开发利用现状及流域发展需求，在对长江流域洪水资源利用潜力进行估算的基础上，分析研究了长江流域洪水资源利用的风险对策总体策略，并对金沙江、大渡河、乌江、清江、汉江、两湖地区等重点区域的洪水资源利用利用方式进行了分析和研究，提出了汛期水位上浮、汛期水位分期控制运用、常遇洪水调度、汛限水位动态控制运用、汛末提前蓄水等洪水资源利用方式。

在以上主要水库洪水资源利用方式及其风险对策措施研究的基础上，加以归纳、整理和深化，提出了长江流域主要水库洪水资源利用的风险对策措施，并推广应用到长江流域其他控制性水库群，从而充分发挥长江流域控制性水库的洪水资源调蓄利用效益。以下是长江流域洪水资源利用的风险对策措施。

(1)加强水文预报研究，提高水文预报精度

水情预报是水库优化调度的关键，预报精度与预见期直接影响调度成果。由于水情预报存在一定的不确定性，如何提高预报精度和延长预见期是水库优化调度的长期研究任务之一。目前提高预报精度的途径主要有：

①加强中长期水文气象和气候变化规律的研究，把握发生异常洪水的水文气象条件；

②开展流域产汇流规律的研究，提高水情预报方案的精度；

③开展定量降水预报研究，提高降水预报精度；

④加强水文气象耦合应用，延长水情预报的有效预见期；

⑤加强水情信息采集与共享，掌握上游水库的水情、水库调度以及开展水库群联合调度

研究；

⑥加强洪水调度和水库管理部门的会商决策，随着水情的变化，及时决策和应对。

(2)加强水库群联合调度研究

优化和完善水库群联合调度方案，加强中长期径流预报和汛限水位动态控制技术研究。通过水库群的统一协调调度，充分发挥水库群调节库容之间的互补性，进行拦峰错峰，在保障防洪安全的前提下，可以使部分还没有得到有效利用的流域洪水资源进行合理的时空分配，以满足流域内不同地区的社会经济和生态环境保护用水需求，发挥流域洪水资源的整体效益。

(3)控制性水库洪水资源利用风险对策研究

1)汛期水位上浮对策措施

统筹考虑来水情况、上下游防洪要求等因素，结合预报预泄技术，加强原型观测，积累经验，制定合理的汛期水位上浮幅度。

当水库水位在防洪限制水位之上允许的幅度内运行时，应加强对水库上下游水雨情监测和水文气象预报，密切关注洪水变化和水利枢纽运行状态。当预报水库上游或者中下游将发生洪水时，应及时、有效地采取预泄措施，将水位降低至防洪限制水位。

2)汛期水位分期控制运用对策措施

统筹考虑来水情况、上下游防洪要求等因素，研究流域洪水的分期特性，按照流域防洪规划安排的防洪任务，根据分期洪水和防洪库容分期预留来确定分期防洪限制水位。

3)中小洪水调度对策措施

统筹考虑来水情况、上下游防洪要求等因素，制定水库汛期中小洪水的总体原则、启动条件和调度指标，加强上下游水雨情监测和水文气象预报，密切关注上下游来水变化和水库运行状态，达到防洪风险可控，确保大坝枢纽和中下游防洪安全。

4)汛末提前蓄水对策措施

根据来水情况和河流其他水库的蓄水状况，考虑汛末洪水风险及上下游洪水组成分析，确定合理的水位上浮方式，将汛期水位上浮与汛末蓄水调度相衔接。

同时，在提前蓄水期间，密切关注上下游来水变化和水库运行状态，当预报水库上游或者中下游将发生洪水时，水库暂停兴利蓄水，按防洪要求进行调度。

5)减缓水库泥沙淤泥和坝下游河道冲刷的措施

长江流域控制性水库洪水资源利用，将带来水库泥沙淤积量增加和清水下泄冲刷坝下游河道等不利影响，研究采取如下综合对策措施。

①水库优化调度，提高排沙效果

借鉴国内大型水库减缓泥沙淤积的成功经验，长江流域控制性水库采用“蓄清排浑”的运行方式，即汛期多沙季节，库水位绝大部分时间在防洪限制水位运行，将水流中的泥沙排出库外，称为“排浑”；汛后水流泥沙较少时，水库蓄水至设计正常高水位，称为“蓄清”。采取

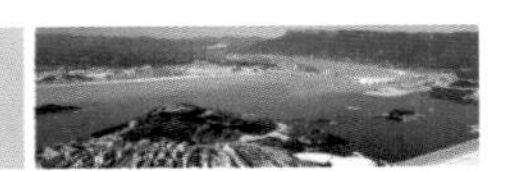

汛期水位上浮、中小洪水调度、蓄水提前至汛末等洪水资源利用方式，将增加水库泥沙淤积量。研究结合各水库特点，借鉴三峡水库试验性蓄水运用期间，通过试验得出的汛期沙峰调度和消落期库尾减淤调度等水库优化调度方式，提高排沙效果的“蓄清排浑”新模式，减少水库泥沙淤积的成功经验，实施沙峰调度和减淤调度，提高排沙效果，减少水库泥沙淤积。

②坝下游河道冲刷防治，保障沿岸建筑物安全

针对坝下游河道河势的变化情况，实施河势控制工程、河岸保护和除险加固工程，防止河道冲刷而危及沿岸建筑物安全，保证坝下游沿岸堤防和护岸工程运行安全。

③加强科学试验和原型观测，检验并完善防治工程设施

鉴于长江流域干支流水文泥沙情势变化尚处于不稳定期，控制性水库泥沙淤积和坝下游河道冲刷累积影响逐渐显现，采取的防治措施需经过实际运行检验，应加强科学试验和原型观测，对防治工程设施出现的问题，及时进行维护加固处理，并根据水文泥沙情势的变化情况，修改完善防治工程设施，提高河道冲刷防治效果。

(4)实施生态环境保护措施，尽量减免其不利影响

长江流域洪水资源利用，进一步发挥了工程的综合效益，但对生态环境带来一些不利影响，应加强生态环境监测体系建设和生态环境保护工作，及时预测预警，并采取相应的有效措施，进行生态环境建设和实施生态修复工程，水库实施生态调度，以尽量减免其不利影响，改善长江流域的生态与环境。

6.5 小结

以长江流域洪水资源利用工程措施的特点为基础，分析了长江流域洪水资源利用方式的适宜性，提出了要按照统一规划、分步实施、防洪安全、统一调度的原则，工程措施与非工程措施并举，技术手段与行政、经济手段并重，在防洪风险可控前提下，适度利用洪水资源，保障长江流域经济社会发展和实现水资源可持续开发利用。

对金沙江、大渡河、乌江、清江、汉江、两湖地区等重点区域的洪水资源利用方式进行初步分析研究，并进行了归纳总结，在此基础上提出了长江流域洪水资源利用风险对策措施的总体策略：①统一规划、分步实施，完善水资源综合利用体系总体布局；②防洪安全为首位，进一步提高流域防洪减灾能力；③工程措施与非工程措施并举，建设必要的工程与非工程体系；④干支流控制性水库群统一调度，逐步实行流域重大水资源利用工程统一调度；⑤生态环境效益最大化，减轻洪水资源利用的不利影响；⑥依法治江，完善水资源开发、利用、治理、配置、节约、保护的各项管理制度。

对于长江流域主要控制性水库，洪水资源利用风险对策措施主要包括：①加强水文预报研究，提高水文预报精度；②加强水库群联合调度研究；③控制性水库洪水资源利用风险对策研究；④实施生态环境保护措施，尽量减免其不利影响。

7　三峡工程汛期运行水位上浮研究

7.1　研究必要性

根据长江中下游防洪的需要和水库"蓄清排浑"的要求，初步设计安排三峡水库每年汛期6月10日至9月30日维持防洪限制水位145m运行。当来较大洪水时，水库拦蓄洪水，水位升高；洪水过后，库水位逐步降至防洪限制水位，腾空库容，以迎接下一场洪水，同时有利于下泄泥沙、控制水库淤积。

为利用洪水资源，提高三峡工程的发电效益，并结合工程泄水设施启闭时效、水情预报误差及电站日调节等运行操作的需要，在确保防洪安全的前提下，研究汛期库水位设置一定的变幅。在来水平稳，三峡水库不需要防洪蓄水、下游主要控制站水位较低时，库水位向上浮动运行，预报将来洪水时，采取水库预泄至防洪限制水位运行的调度方式。

为确保防洪安全，调度方案拟订应遵循以下原则：

(1)保证不影响三峡工程防洪作用的发挥

当预报来洪水，三峡水库需拦洪前，水库水位要及时降至防洪限制水位，以保证三峡水库有足够的防洪库容，为中下游拦蓄洪水和保证枢纽度汛安全。

(2)尽量不增加中下游防洪负担

目前，长江流域统一确定的防汛特征水位有警戒水位、保证水位二级水位。警戒水位是我国防汛部门规定的各江河堤防需要处于防守戒备状态的水位。到达这一水位时，堤身随时可能出现险情甚至重大险情，需昼夜巡查，并增加巡堤查险次数，堤防防汛进入重要时期。保证水位是堤防工程设计防御标准洪水位，相应流量为河道安全泄量，是根据防洪标准设计的堤防设计洪水位，或历史上防御过的最高洪水位。目前，沙市站和城陵矶(莲花塘)站警戒水位分别确定为43.00m、32.50m；保证水位分别确定为45.00m、34.40m。

因此，为不改变下游防汛态势，三峡水库汛限水位向上浮动运行及水库预泄至汛限水位145m期间，应控制沙市、城陵矶站水位距警戒水位有充足的余地，以使水库预泄后，上述控制站水位仍可保持在安全状态。考虑到长江中下游防洪原在警戒水位以下设有设防水位，其沙市站和城陵矶(莲花塘)站设防水位分别确定为42.0m、31.0m，距警戒水位有一定空间。考虑到目前宜昌—城陵矶的水雨情测报系统刚刚建成，近期水库预泄以不提前突破设防水位为宜。本次研究按设防水位作为控制条件，即水库预泄后，控制站水位仍处在设防水位。

7.2 汛期水位上浮影响分析

7.2.1 对中下游防洪的影响分析

(1)设置水位变幅后的水库调度方式

汛期抬高水位运行，前提是不影响三峡工程防洪作用的发挥，为此，初步设想汛期抬高水位期间的调度方式如下：

①在坝下游沙市和城陵矶站水位均在设防水位水位(沙市设防水位为42.00m、城陵矶设防水位为31.0m,)以下时，适当抬高水位运行。②在预报沙市或城陵矶站将达到设防水位时，三峡水库加大泄水流量，将水位降至防洪限制水位145m,但应保证在泄水过程中坝下游沙市和城陵矶站不会因三峡水库出库流量的增加而提前突破设防水位。

(2)防洪影响计算方法

①典型年的选取

根据长江洪水特性及遭遇分析，选取新中国成立后发生的几场较大的洪水：1954、1981、1982、1996、1998、1999年实际洪水，其中1954年、1998年、1999年洪水为复峰型洪水，1981年、1982年和1996年洪水为单峰型洪水。

②泄水历时(计算时段)

三峡水库采用预泄手段腾空库容，泄水历时考虑预报水平按1～3天计算。由于预泄时，来水+泄水量不得超过56700m^3/s,抬升水位高的方案，若在1天下泄将超出此标准，抬升水位高的方案按2～3天计算。

③洪水演进计算

采用长江中下游洪水演进水文学数学模型模拟遇各典型年洪水，当预报中下游沙市或城陵矶(莲花塘)站水位达到设防水位时(设防水位是原防汛特征水位中的第三级水位，为汛期河道堤防开始进入防汛阶段的水位，防汛人员开始巡堤查险，并需做好抢险人力和物料准备),即加大三峡水库下泄流量，在1～3天内将库水位由上浮的最高水位降至145m,分析水库加大下泄流量对中下游沿程各站水位过程的抬高影响。

(3)三峡水库泄水对下游水位抬高影响分析

考虑不同的预报预见期，三峡水库在1～3天内库水位由上浮的最高水位降至145m增加下泄流量见表7.2-1。

对各典型年洪水模拟计算表明，由于三峡水库下泄流量增加，将抬高中下游各站水位。三峡水库在1～3天内预泄加大下泄流量引起的中下游各站水位抬高情况详见表7.2-2。

表7.2-1　三峡水库增加的下泄流量表

工　况	库容(亿m^3)	1天内泄水增加的下泄流量(m^3/s)	2天内泄水增加的下泄流量(m^3/s)	3天内泄水增加的下泄流量(m^3/s)
库水位由146.5m泄至145m	7.6	8819	4410	2940
库水位由147m泄至145m	10.2	11759	5880	3920
库水位由148m泄至145m	15.2		8819	5880
库水位由150m泄至145m	25.4		14699	9799

表 7.2-2　三峡水库泄水对中下游水位影响(沙市、城陵矶设防水位控制)

典型年	泄水方案	对水位抬高值(m)								泄水时宜昌流量(不包括加大的下泄流量)(m^3/s)
		沙市		城陵矶		汉口		湖口		
		泄水时期	洪峰	泄水时期	洪峰	泄水时期	洪峰	泄水时期	洪峰	
1981	1天库水位从146.5m泄至145m	0.63	0.00	0.22	0.01	0.17	0.02	0.07	0.00	32400
	2天库水位从146.5m泄至145m	0.61	0.01	0.19	0.02	0.15	0.02	0.07	0.00	
	3天库水位从146.5m泄至145m	0.43	0.01	0.17	0.02	0.14	0.02	0.07	0.00	
	1天库水位从147m泄至145m	0.82	0.01	0.31	0.02	0.22	0.03	0.10	0.00	
	2天库水位从147m泄至145m	0.79	0.01	0.24	0.02	0.18	0.02	0.10	0.00	
	3天库水位从147m泄至145m	0.55	0.01	0.23	0.02	0.19	0.03	0.10	0.00	
	2天库水位从148m泄至145m	1.14	0.02	0.36	0.04	0.29	0.05	0.15	0.00	
	3天库水位从148m泄至145m	0.79	0.02	0.34	0.03	0.27	0.05	0.14	0.00	
	2天库水位从150m泄至145m	1.76	0.04	0.61	0.06	0.46	0.08	0.23	0.02	
	3天库水位从150m泄至145m	1.26	0.04	0.55	0.06	0.56	0.08	0.22	0.01	
1982	1天库水位从146.5m泄至145m	0.42	0.02	0.25	0.03	0.10	0.03	0.06	0.03	50400
	2天库水位从146.5m泄至145m	0.39	0.02	0.21	0.03	0.11	0.03	0.07	0.04	
	3天库水位从146.5m泄至145m	0.28	0.02	0.19	0.03	0.11	0.03	0.07	0.04	
	1天库水位从147m泄至145m	0.56	0.03	0.35	0.05	0.15	0.06	0.09	0.06	
	2天库水位从147m泄至145m	0.53	0.03	0.29	0.05	0.16	0.05	0.09	0.06	
	3天库水位从147m泄至145m	0.37	0.03	0.25	0.05	0.16	0.05	0.09	0.06	
	2天库水位从148m泄至145m	0.79	0.03	0.43	0.06	0.24	0.07	0.12	0.07	
	3天库水位从148m泄至145m	0.55	0.04	0.38	0.06	0.24	0.07	0.13	0.08	
	2天库水位从150m泄至145m	1.33	0.06	0.71	0.11	0.42	0.11	0.22	0.12	
	3天库水位从150m泄至145m	0.91	0.06	0.61	0.11	0.40	0.11	0.21	0.12	

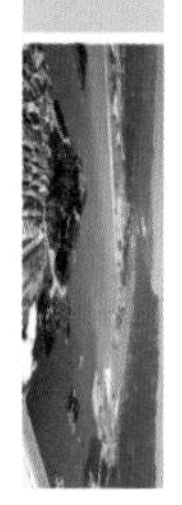

续表

典型年	泄水方案	对水位抬高值(m)								泄水时宜昌流量(不包括加大的下泄流量)(m^3/s)
		沙市		城陵矶		汉口		湖口		
		泄水时期	洪峰	泄水时期	洪峰	泄水时期	洪峰	泄水时期	洪峰	
1996	1天库水位从146.5m泄至145m	0.71	0.00	0.24	0.00	0.17	0.00	0.08	0.00	25100
	2天库水位从146.5m泄至145m	0.68	0.00	0.21	0.00	0.16	0.00	0.08	0.00	
	3天库水位从146.5m泄至145m	0.48	0.00	0.19	0.00	0.16	0.00	0.08	0.00	
	1天库水位从147m泄至145m	0.95	0.00	0.32	0.00	0.22	0.00	0.11	0.00	
	2天库水位从147m泄至145m	0.90	0.00	0.27	0.00	0.20	0.00	0.11	0.00	
	3天库水位从147m泄至145m	0.61	0.00	0.25	0.00	0.19	0.00	0.11	0.00	
	2天库水位从148m泄至145m	1.31	0.00	0.40	0.00	0.31	0.00	0.17	0.01	
	3天库水位从148m泄至145m	0.90	0.00	0.38	0.01	0.28	0.00	0.16	0.00	
	2天库水位从150m泄至145m	2.03	0.00	0.65	0.01	0.52	0.01	0.27	0.01	
	3天库水位从150m泄至145m	1.43	0.00	0.63	0.01	0.48	0.01	0.27	0.01	
1998	1天库水位从146.5m泄至145m	0.76	0.00	0.26	0.00	0.16	0.00	0.16	0.00	18800
	2天库水位从146.5m泄至145m	0.77	0.00	0.21	0.00	0.13	0.00	0.06	0.00	
	3天库水位从146.5m泄至145m	0.51	0.00	0.19	0.00	0.12	0.01	0.06	0.00	
	1天库水位从147m泄至145m	1.01	0.00	0.34	0.01	0.20	0.00	0.07	0.01	
	2天库水位从147m泄至145m	1.03	0.00	0.28	0.01	0.17	0.00	0.07	0.01	
	3天库水位从147m泄至145m	0.68	0.00	0.25	0.01	0.15	0.00	0.07	0.01	
	2天库水位从148m泄至145m	1.52	0.00	0.42	0.01	0.27	0.00	0.11	0.02	
	3天库水位从148m泄至145m	1.03	0.00	0.38	0.01	0.22	0.00	0.10	0.02	
	2天库水位从150m泄至145m	2.32	0.00	0.69	0.02	0.46	0.00	0.18	0.03	
	3天库水位从150m泄至145m	1.68	0.00	0.58	0.02	0.37	0.00	0.16	0.03	

续表

典型年	泄水方案	对水位抬高值(m)								泄水时宜昌流量(不包括加大的下泄流量)(m^3/s)
		沙市		城陵矶		汉口		湖口		
		泄水时期	洪峰	泄水时期	洪峰	泄水时期	洪峰	泄水时期	洪峰	
1999	1天库水位从146.5m泄至145m	0.72	0.01	0.27	0.01	0.12	0.02	0.08	0.02	30600
	2天库水位从146.5m泄至145m	0.54	0.01	0.20	0.01	0.11	0.02	0.08	0.03	
	3天库水位从146.5m泄至145m	0.37	0.01	0.19	0.01	0.11	0.01	0.08	0.02	
	1天库水位从147m泄至145m	0.93	0.01	0.37	0.02	0.16	0.02	0.10	0.03	
	2天库水位从147m泄至145m	0.72	0.01	0.27	0.01	0.15	0.03	0.10	0.03	
	3天库水位从147m泄至145m	0.49	0.01	0.26	0.01	0.15	0.03	0.10	0.03	
	2天库水位从148m泄至145m	1.02	0.01	0.41	0.02	0.24	0.04	0.14	0.04	
	3天库水位从148m泄至145m	0.72	0.01	0.38	0.02	0.21	0.03	0.13	0.04	
	2天库水位从150m泄至145m	1.60	0.02	0.68	0.03	0.42	0.05	0.23	0.06	
	3天库水位从150m泄至145m	1.12	0.02	0.63	0.03	0.40	0.04	0.22	0.07	
1954	1天库水位从146.5m泄至145m	0.86	0.00	0.23	0.00	0.16	0.00	0.06	0.00	17400
	2天库水位从146.5m泄至145m	0.80	0.00	0.19	0.00	0.14	0.00	0.05	0.00	
	3天库水位从146.5m泄至145m	0.54	0.00	0.18	0.00	0.12	0.01	0.06	0.01	
	1天库水位从147m泄至145m	1.14	0.00	0.30	0.00	0.19	0.00	0.07	0.00	
	2天库水位从147m泄至145m	1.06	0.00	0.24	0.00	0.18	0.01	0.07	0.01	
	3天库水位从147m泄至145m	0.71	0.00	0.24	0.00	0.15	0.00	0.07	0.00	
	2天库水位从148m泄至145m	1.52	0.00	0.37	0.00	0.27	0.00	0.11	0.00	
	3天库水位从148m泄至145m	1.06	0.00	0.36	0.00	0.22	0.01	0.11	0.00	
	2天库水位从150m泄至145m	2.39	0.00	0.62	0.00	0.43	0.01	0.19	0.01	
	3天库水位从150m泄至145m	1.67	0.00	0.59	0.00	0.36	0.00	0.18	0.01	

从表 7.2-2 可见，三峡水库预泄期间将引起中下游各站水位有不同程度的抬高，对于后期洪峰水位一般影响较小，但对于单峰型如 1982 年洪水，在城陵矶站洪峰略有影响。

依据表 7.2-2 的计算结果，三峡水库预泄加大下泄流量引起的中下游各站水位最大抬高值见表 7.2-3。

表 7.2-3　三峡水库预泄引起的中下游各站水位最大抬高值

泄水方案		对水位抬高值(m)			
上浮水位	泄水历时	沙市	城陵矶	汉口	湖口
146.5m	1 天	0.86	0.27	0.17	0.08
	2 天	0.80	0.21	0.15	0.08
	3 天	0.54	0.19	0.14	0.08
147m	1 天	1.14	0.37	0.22	0.11
	2 天	1.06	0.29	0.20	0.11
	3 天	0.71	0.26	0.19	0.11
148m	2 天	1.52	0.43	0.31	0.17
	3 天	1.06	0.38	0.28	0.16
150m	2 天	2.39	0.71	0.52	0.27
	3 天	1.68	0.63	0.48	0.27

从上表可见，随水位升高，影响下游水位值加大；随预报期增长，影响下游水位值减小；不同典型年，影响值趋势一致。按最不利的预报时间 1 天计算，146.5m 预泄后，增加的下游水位可控制在 1m 以下。

(4)敏感性分析

①考虑自然涨水过程：上述计算未考虑预泄时下游河道自然涨水过程，为分析影响，拟选 146.5m 和 150m 方案进行预泄时考虑下游河道自然涨水过程的共同影响模拟计算。计算结果如表 7.2-4 所示。

表 7.2-4　三峡水库泄水对中下游水位影响

（沙市、城陵矶设防水位控制，考虑自然涨水）

典型年	泄水方案	对水位抬高值(m)						泄水时宜昌流量(不包括加大的下泄流量)(m³/s)
		沙市			城陵矶			
		泄水时期	总影响	洪峰	泄水时期	总影响	洪峰	
1981	1 天库水位从 146.5m 泄至 145m	0.63	0.48	0	0.22	0.36	0.01	32400
	2 天库水位从 146.5m 泄至 145m	0.61	0.29	0.01	0.19	0.67	0.02	
	3 天库水位从 146.5m 泄至 145m	0.43	0.04	0.01	0.17	0.45	0.02	
	2 天库水位从 150m 泄至 145m	1.76	1.44	0.04	0.61	0.83	0.06	
	3 天库水位从 150m 泄至 145m	1.26	0.87	0.04	0.55	0.83	0.06	

续表

典型年	泄水方案	对水位抬高值(m)						泄水时宜昌流量(不包括加大的下泄流量)(m^3/s)
		沙市			城陵矶			
		泄水时期	总影响	洪峰	泄水时期	总影响	洪峰	
1982	1天库水位从146.5m泄至145m	0.42	1.63	0.02	0.25	0.76	0.03	50400
	2天库水位从146.5m泄至145m	0.39	1.87	0.02	0.21	0.98	0.03	
	3天库水位从146.5m泄至145m	0.28	1.7	0.02	0.19	1.71	0.03	
	2天库水位从150m泄至145m	1.33	2.88	0.06	0.71	2.23	0.11	
	3天库水位从150m泄至145m	0.91	2.33	0.06	0.61	2.13	0.11	
1996	1天库水位从146.5m泄至145m	0.71	0.52	0	0.24	0.14	0	25100
	2天库水位从146.5m泄至145m	0.68	0.33	0	0.21	0.02	0	
	3天库水位从146.5m泄至145m	0.48	−0.05	0	0.19	−0.17	0	
	2天库水位从150m泄至145m	2.03	1.68	0	0.65	0.46	0.01	
	3天库水位从150m泄至145m	1.43	0.91	0	0.63	0.27	0.01	
1998	1天库水位从146.5m泄至145m	0.77	1.74	0	0.26	1.04	0	18800
	2天库水位从146.5m泄至145m	0.77	2.19	0	0.21	1.56	0	
	3天库水位从146.5m泄至145m	0.51	2.07	0	0.19	2.45	0	
	2天库水位从150m泄至145m	2.32	3.74	0	0.69	2.04	0.02	
	3天库水位从150m泄至145m	1.68	3.24	0	0.58	2.84	0.02	
1999	1天库水位从146.5m泄至145m	0.72	1.46	0.01	0.27	0.96	0.01	30600
	2天库水位从146.5m泄至145m	0.54	2.41	0.01	0.2	1.59	0.01	
	3天库水位从146.5m泄至145m	0.37	2.32	0.01	0.19	2.15	0.01	
	2天库水位从150m泄至145m	1.6	3.47	0.02	0.68	2.13	0.03	
	3天库水位从150m泄至145m	1.12	3.07	0.02	0.63	2.59	0.03	
1954	1天库水位从146.5m泄至145m	0.86	1.57	0	0.23	0.4	0	17400
	2天库水位从146.5m泄至145m	0.8	1.51	0	0.19	0.95	0	
	3天库水位从146.5m泄至145m	0.54	1.65	0	0.18	1.22	0	
	2天库水位从150m泄至145m	2.39	3.1	0	0.62	1.38	0	
	3天库水位从150m泄至145m	1.67	3.08	0	0.59	1.63	0	

由表7.2-4可见，下游河道自然涨水过程影响主要反映在距坝较近的沙市站，在共同作用下，150m水位预泄时沙市水位涨幅将超过3m，影响较大。

②考虑按下游警戒水位为控制条件：由于按警戒水位开始预泄时，三峡来量已较大，三峡水库已开始拦洪，下游水位已较高，河道过流面积加大，虽增加下游水位比按设防水位控制的小，但由于底水高，加上增加值，将会导致增加中下游超额洪量。

三峡工程正常运行后，遇1954年洪水，中下游仍有300～400亿m^3的超额洪量需要安排。根据前述拟定的汛限水位运行方式，若在洪水到来之前根据预报加大三峡水库下泄流量，将库水位仍降至145m，分析对1954年洪水中下游超额洪量的影响。计算结果表明，以下游沙市及城陵矶警戒水位为控制条件进行加大下泄流量的调度方式，对中下游的超额洪

量有一定影响，即遇 1954 年洪水，设想的不同调度方式将增加中下游超额洪量 4.7～19.7 亿 m^3。但对以下游沙市及城陵矶设防水位为控制条件进行加大下泄流量的调度方式，对中下游的超额洪量影响不大。

(5)拟选水位浮动范围分析

按照抬高水位运行，但不增加中下游防洪负担的原则，需要在设防水位以下为上浮水位库容留有预泄的空间，根据三峡水库预泄引起的中下游各站水位最大抬高值，分析各站不同预报水平时需预留的水位空间，分析表如表 7.2-5 所示。

由表 7.2-5 可见，若沙市及城陵矶在设防水位下分别按 1m、0.5m 为控制条件(即开始预泄)，146.5m、147m 方案可基本消化预泄的影响。148m 方案则需分别留 1.5～2m、0.5m；150m 则需分别留 2.5～3m、1m。根据对沙市及城陵矶水位统计，在 6 月中旬至 9 月中旬(102 天)，两站同时满足设防水位下 1m、0.5m 的几率可达 66%，若按设防水位下 3m、1m 考虑，出现的几率将降至 33%。上浮水位运用的时间将大幅减少。

表 7.2-5　设防水位以下需预留水位表　(单位：m)

预泄时间 / 水位方案	1 天		2 天		3 天	
	沙市	城陵矶	沙市	城陵矶	沙市	城陵矶
146.5	0.86	0.27			0.54	0.19
147	1.14	0.37			0.71	0.26
148			1.52	0.43	1.06	0.38
150			2.39	0.71	1.68	0.63

同时考虑到区间自然涨水的不确定性和预报误差，本阶段上浮水位的幅度不宜过高。随着预报水平的提高和洪水组成的深入研究，将进一步研究提高上浮水位的幅度和可操作性强的汛期水位动态运用的调度方式。

7.2.2　对泥沙的影响

自 2003 年蓄水以后的实践表明，近年来出现了一些新的情况：①入库泥沙量比初设预计值明显偏小，且随着上游干支流水库群的建设，今后还会继续减少。②入库洪水的预报水平有所提高，可以提前 3 天实现较可靠的预报。在此条件下，为了最大限度地发挥三峡水库的综合效益，在确保防洪安全的前提下，允许汛期运行水位有一定变幅。然而，汛期限制水位的变动必然导致水库泥沙淤积的变化。因此，需要对各种水位运用方案下的水库泥沙淤积进行计算，了解淤积量变化以及对淤积分布的影响。

采用中国水利水电科学研究院的水沙数学模型，以方案 145－610(汛限水位－达到汛限水位日期)为基准，与整个汛期汛限水位提高 3m(方案 148－610)和 5m(方案 150－610)进行比较，对不同汛限水位运用方式对库区泥沙淤积影响进行了计算分析，不同汛限水位的淤积量的差值和差值百分数见表 7.2-6。与 145－610 方案相比，148－610 方案第 10 年末变动回水区淤积增加 $0.309\times10^8 m^3$(增幅 23.3%)，150－610 方案增加 $0.499\times10^8 m^3$(增幅

37.6%)；第 20 年末相应的增加值分别为 $0.386\times10^8m^3$（增幅 39.5%）和 $0.624\times10^8m^3$（增幅 63.8%）。

表 7.2-6 不同汛限水位的淤积量 （单位：10^8m^3）

时间	方案与项目	重庆主城区河段	长江干流变动回水区			全库区
			朱沱—长寿（224km）	长寿—涪陵（45km）	朱沱—涪陵（269km）	
10 年末	基本方案淤积量	0.067	0.418	0.908	1.326	14.989
	148 增减量	+0.002(3.0)	+0.120(28.7)	+0.189(20.8)	+0.309(23.3)	+0.431(2.9)
	150 增减量	+0.003(4.5)	+0.180(43.1)	+0.319(35.1)	+0.499(27.6)	+0.661(4.4)
20 年末	基本方案淤积量	0.134	0.375	0.603	0.978	25.370
	148 增减量	+0.005(3.7)	+0.060(16.0)	+0.326(54.1)	+0.386(39.5)	+0.627(2.5)
	150 增减量	+0.012(9.0)	+0.106(28.3)	+0.518(85.9)	+0.624(63.8)	+1.030(4.1)
第 2 年内	基本方案淤积量	0.044	0.415	0.163	0.578	2.407
	148 增减量	+0.001(2.3)	+0.008(1.9)	+0.035(21.5)	+0.043(7.4)	+0.047(2.0)
	150 增减量	+0.001(2.3)	+0.018(4.3)	+0.065(39.9)	+0.083(14.4)	+0.069(2.9)

注：表中的增减量为与基本方案淤积量的差值，括号内数值为相对于基本方案的增减百分数(%)。

结果表明：随着汛限水位的提高，全库区淤积量增幅相对较小，变动回水区淤积量明显增加。全库区 20 年淤积量增加的幅度基本不超过 5%，但长江干流变动回水区淤积量增加较为明显。

7.2.3 对发电效益的影响

与初步设计方案相比，上述各汛期运行水位上浮方案发电指标见表 7.2-7。

表 7.2-7 三峡汛期运行水位上浮方案发电效益表

汛期水位控制条件	汛期允许蓄水位	比初步设计方案增加发电量(亿 kW·h)			
		增加值		平均上浮 1m 增加值	
		年电量	汛期电量	年电量	汛期电量
未来 3 天内流量大于 $30000m^3/s$ 库水位降低，流量在 $25000m^3/s$ 到 $30000m^3/s$ 之间库水位维持不变	147	3.95	1.63	1.97	0.81
	148	5.30	1.88	1.77	0.63
	150	6.87	1.24	1.37	0.25
未来 3 天内流量大于 $35000m^3/s$ 库水位降低，流量在 $30000m^3/s$ 到 $35000m^3/s$ 之间库水位维持不变	147	7.64	4.90	3.82	2.45
	148	10.27	6.23	3.42	2.08
	150	13.76	7.15	2.75	1.43
未来 3 天内流量大于 $40000m^3/s$ 库水位降低，流量在 $30000m^3/s$ 到 $40000m^3/s$ 之间库水位维持不变	147	9.48	6.50	4.74	3.25
	148	13.34	8.94	4.45	2.98

从表 7.2-7 可以看出，随着三峡水库汛期运行水位上浮的幅度增加，电站的年发电量和汛期电量也相应增加；但在相同的控制条件下，汛期运行水位上浮的幅度越大，库水位平均上浮 1m 增加的发电量越小；相同水位条件下，控制条件越宽松，即水位上浮时间越长，电量效益越大。

7.2.4 对生态环境的影响分析

汛期运行水位上浮，水位抬高库区回水延长，使得库区支流变为库湾和静水区域的几率增加，干流回水增加将减小流水江段长度。库区支流河口受干流水位抬高的顶托的影响，水文情势普遍发生变化，影响的范围和程度取决于支流在库区中的位置、来水量及河口地形等多种因素。汛期运行水位上浮可能影响现有库区生态结构，降低水生生境异质性的复杂程度。

另一方面，汛期运行水位上浮，水库内流速变缓，有利于上游江段鱼类种群的增长，但上游繁殖的鱼苗将滞留库区，减小了上游对中下游资源的补充。三峡水库蓄水后，库区江段仍有四大家鱼自然繁殖，如珞璜断面四大家鱼卵苗径流量已形成一定规模，以鲢与草鱼为主。江津江段采集到的“四大家鱼”以草鱼和鲢为主。2011 年江津监测结果表明，流经江津断面的早期资源的种类有中华沙鳅、长薄鳅、双斑副沙鳅、花斑副沙鳅、鲢、草鱼、鳙、犁头鳅、中华金沙鳅、铜鱼、蒙古鲌、银飘鱼、翘嘴鲌、吻鮈、蛇鮈、银鮈、宜昌鳅鮀等 18 种。

同时，三峡库区也是产黏性卵鱼类的产卵场，汛期水位下降过快导致大批黏性卵露出水面而死亡，水位上浮是否对粘着基质产生影响，需要进一步调查研究。

7.3 小结

(1)上述汛期运行水位运用方式分析初步结论

防洪。三峡水库汛期运行水位小幅上浮，对长江中下游防洪影响不大，但若上浮幅度过大，下游需留出的预泄空间将加大，水位上浮运用的几率将减少，若预泄空间不变，随上浮水位加大，防洪风险加大，会在一定程度上增加长江中下游的防汛负担。

泥沙。三峡水库汛期运行水位上浮，全库区淤积量增幅相对较小，变动回水区淤积量明显增加。全库区 20 年淤积量增加的幅度基本不超过 5%，但长江干流变动回水区淤积量增加较为明显。

发电。随着三峡水库汛期运行水位上浮的幅度增加，电站的年发电量也相应增加，电量增加值还与控制条件相关，同一水位上浮方案，控制流量越大(即上浮运行时间越长)，增加的发电量越多。

(2)研究设想根据下游控制站和上游来水作判别条件，采取预报预泄的调度方式，可有效地控制防洪风险。但由于在预报来洪水前，需预泄一定的水量，抬高了下游水位，因此对防洪工作还是存在一定影响的。考虑到本调度方式很大程度上依靠水情预报，而三峡水库水情预报需包括上、下游，范围之大，区间组成之复杂，上下游的相对关系等，使之存在较多的不确定性。为确保防洪安全，又使方案具有操作性，判别条件不宜太复杂，且要留有充分的安全裕度。本阶段，三峡水库汛期运行水位上浮幅度不宜过高，为积累运行经验，实时调度方案拟定时，可考虑在原上浮 1m 的基础上，适当增加上浮 0.5～1.0m 的范围。

8 三峡工程中小洪水调度方式研究

8.1 研究必要性

三峡工程2008年试验性蓄水以来，最大入库洪峰流量71200m³/s，远小于设计洪水(最大洪峰流量98800m³/s)，在中下游地区要求减轻防洪压力的情况下，防汛调度部门依据水文气象预报，在“防洪风险可控，泥沙淤积许可”的前提下，多次对中小洪水进行了调度实践，有效发挥了三峡水库的防洪效益。对中小洪水进行拦洪控泄调度，可降低沙市站及中游沿线测站水位，减轻长江中下游防汛面临的压力和负担；同时，利用汛期及汛末的一部分洪水资源，可增加发电效益，还为三峡水库汛后完成蓄水任务奠定了基础。因此，根据水文预报，利用三峡水库适度地拦蓄一部分洪水，对中小洪水进行积极稳妥的相机滞洪调度是需要的，也是可行的。

但是，实施中小洪水拦洪控泄调度也带来一系列新问题。如由于实施中小洪水拦洪控泄调度，使库水位超过防洪限制水位几率增多，需要进一步提高水情预测预报，研究预泄腾库的控制条件，以降低防洪风险；实施中小洪水调度，拦蓄洪水，降低了排沙比，增加水库泥沙淤积量，2010年汛期水库淤积增加约2000万t，泥沙风险问题也受到重点关注；试验性蓄水以来，坝下游枝城站流量尚未超过45000m³/s，更未达到三峡初步设计规定的56700m³/s，荆江河段堤防御洪能力尚未得到全面检验，实施中小洪水拦洪控泄调度，如一直按40000～45000m³/s控泄，坝下游河段将可能长期处于平滩水位以下运行，可能使河道洪水河槽发生萎缩，洲滩被占用，不利于大洪水时的行洪安全，也改变了天然条件，带来了一定的生态环境风险。特别是汛期中小洪水调度是一种汛期酌情启用的机动性调度，比常规调度更加复杂，考虑水文预报水平和来水过程模拟的中小洪水调度原则、条件、方式需要进一步深入研究，尤其是需开展中小洪水调度时又遭遇大洪水甚至特大洪水等极端情况的风险分析。

为此，本研究分析汛期来水特性，针对实测水文资料中不同典型年的洪水，深入研究中小洪水调度方式，分析存在防洪风险的程度和对策措施，及其对库区淤积和下游河道冲刷的影响；加强气象与洪水耦合预报研究，提高洪水预报的精度和预见期，为完善中小洪水调度提供可靠依据，降低中小洪水拦蓄调度的风险；研究中小洪水调度方式结合利用沙峰滞后洪峰的时机，以提高水库排沙效果，减少水库淤积；研究中小洪水分级调度，综合考虑防洪、排沙、坝下游河床正常发育等因素，合理利用对城陵矶补偿的库容，进行中小洪水滞洪调度。

总之，为在确保防洪安全的前提下更好地发挥三峡水库的综合效益，减轻长江中下游防

洪压力，利用部分洪水资源，同时，减轻实施中小洪水调度对水库泥沙淤积和对长江中下游河道发育的影响，结合近年来调度实践对三峡水库水资源有效利用方式及其降低风险对策措施进行综合研究是十分必要的。

以下将分析和拟定三峡水库中小洪水调度的规则和控制条件，进而制定不同控制条件下的计算方案，在此基础上开展不同方案的防洪影响和效益分析，并重点针对2010年和2012年中小洪水过程进行实践分析。

8.2 三峡水库中小洪水调度方案拟选

8.2.1 三峡水库洪水资源利用调度规则研究

(1)洪水资源利用原则

对主汛期洪水资源利用实践分析，洪水资源利用应该满足以下基本条件：①根据实时雨水情和预测预报，三峡水库尚不需要实施对荆江或城陵矶河段进行防洪补偿调度时开展汛期洪水资源利用调度。②不降低三峡工程对荆江和城陵矶地区的防洪作用和保证枢纽安全，不增加荆江和城陵矶地区的防洪压力。③大洪水来临之前可将水库水位预泄至145m为条件。④需要根据三峡上游实际来水、下游水位预报及预测预报情况、防洪形势预判进行机动控制。

(2)洪水资源利用控制条件

荆江和城陵矶水位。汛期洪水资源利用，需在大流量洪水到来前实施预泄，将水库水位降至汛限水位145m。水库预泄将抬高下游荆江和城陵矶地区的水位，为了不增加下游的防洪压力，需在下游水位在警戒水位以下时实施汛期洪水资源利用。

三峡水库当前水位。在汛期洪水资源利用调度过程中，如果三峡水库水位前期洪水资源利用时已蓄水，或者前期因防洪调度蓄水，水库水位高于145m，当大洪水来临前需要预泄以降低水库水位至145m。库水位越高，需要预泄的水量越大，预泄将抬高下游水位增加下游防洪压力，同时若不能及时预泄而占用防洪库容的风险也越大，因此为了控制主汛期洪水资源利用时的防洪风险，需要充分考虑水库当前水位对防洪安全的影响。

预报期内三峡水库来水。预报期三峡水库来水量，将影响大流量洪水来临前预泄空间。只有在预报期内三峡水库来水较小，可在下泄流量控制范围内将高于汛限水位的水量安全下泄时，才可以实施洪水资源利用调度。

洪水资源利用调度控泄流量。考虑到三峡水库对中小洪水滞洪调度的目标是控制中游沿线控制站水位不超过警戒水位，若城陵矶在警戒水位32.5m，对应沙市警戒水位43.0m的沙市流量约为42200m^3/s。考虑到中游地区来水组成复杂、水情多变，区间来水的不确定性等，为稳妥安全起见，应在警戒水位以下留有一定的水位空间，三峡水库对中小洪水滞洪调度的控泄流量一般按不超过42000m^3/s考虑。

8.2.2　洪水资源利用启动时机和预报预泄

通过分析洪水资源利用控制条件，拟定洪水资源利用的调度方式为：当沙市及城陵矶水位低于警戒水位时，三峡水库可在预报预见期以内将来水量和水库汛限水位以上的水量在安全泄量以内下泄时，可以利用三峡水库对城陵矶补偿调度的防洪库容实施洪水资源利用调度。当预报遇见期内来水量和水库汛限水位以上的水量之和超过安全泄量时，在安全泄量以内加泄水量将水位降至汛限水位。

（1）启动时机

沙市及城陵矶低于警戒水位是实施洪水资源利用调度的前提条件，当预报沙市或城陵矶水位高于警戒水位时，停止实施洪水资源利用调度，并在控制沙市及城陵矶水位不超警戒水位的情况下加泄水量降低库水位。若不满足启动条件，则应该停止洪水资源利用调度。

具体而言，当下游沙市及城陵矶水位在警戒水位以下时，预见期内三峡水库来水量与水库高于汛限水位水量之和，其在预见期内的平均流量 Q_{ave} 小于判别流量 Q_{con}，方可开始实施洪水资源利用调度。

预见期平均流量 Q_{ave}：预见期内三峡水库来水流量平均值与水库高于汛限水位水量按预见期预泄至汛限水位的流量，即平均的来水流量和预泄流量之和。为此，预见期平均流量的计算方法为：

$$Q_{ave} \quad \frac{1}{T}\sum_{t=1}^{T} Q_t + \frac{1}{T} \cdot V/86400 \tag{8.2-1}$$

式中：T 为预见期，单位为日；V 为汛限水位以上库容，单位为 m^3；Q_t 为第 t 预见期的三峡水库平均入库流量，单位为 m^3/s。

判别流量 Q_{con}：洪水资源利用设定流量，当预见期平均流量大于其值时，三峡水库按控泄流量出库。判别流量需根据三峡水库来水情势、中下游防洪形势进行综合选取，是洪水资源有效利用的“决策流量”或“目标流量”，在洪水资源利用过程中至关重要，决定了洪水资源有效利用的成败。

控泄流量 Q_{safe}：当预见期平均流量大于判别流量时，三峡水库洪水资源利用过程中指定出库流量。

（2）预报预泄调度参数

当预见期内平均流量 Q_{ave} 大于等于判别流量 Q_{con} 时，水库需要加泄水量以降低库水位，按控泄流量 Q_{safe} 控泄。

（3）预见期分析

一般来说对于长江上游 1～3 天、长江中下游 3～5 天预见期的预报具有较高精度，可以用于预报调度，结合降水预报，提供有一定可靠性的 3～5 天短期洪水预报，为调度提供保障服务。

结合目前服务于三峡水库汛期调度的水文预报水平，本次研究考虑 3～5 天的预见期，

并分析不同预见期对汛期洪水资源利用的影响。

8.2.3 三峡水库洪水资源利用调度方式研究

三峡水库汛期洪水资源利用调度方式，主要是在确保防洪安全的前提下，合理利用洪水资源，科学运用三峡水库防洪库容进行调度。根据洪水资源利用的启动时机和预报预泄措施，结合控制沙市站、城陵矶站水位不超警戒水位的控制条件，以及相应的控制流量数据等条件，拟定三峡水库洪水资源利用调度规则如下：

(1)当三峡水库水位不高于155m且下游水位不高时

①如果预见期内平均流量不超过机组满发流量，a如果此时库水位在145m，按入库流量下泄；b如果此时水位高于145m，可按机组最大过流能力下泄。

②如果预见期内平均流量大于机组满发流量但不超过判别流量，按机组满发流量下泄。

③如果预见期内平均流量大于判别流量，按控泄流量下泄。

(2)当水库水位高于155m或来水大于55000m³/s或下游水位将超警戒水位时

停止实施洪水资源利用调度，转入防洪调度。

8.2.4 洪水资源利用调度比较计算方案

一般而言，三峡水库预见期为3～5天，三峡机组满发流量$Q_{满发}$为30000m³/s；在考虑下游沙市站、城陵矶站水位不超警戒水位的情况下判别流量Q_{con}为42000m³/s，控泄流量Q_{safe}为42000m³/s。目前三峡水库中小洪水运用水位一般为对城陵矶防洪补偿控制水位，即155m。当然，在实际洪水资源利用调度中，需相机统筹三峡入库和中下游防洪形势各方面因素，结合三峡水库来水、中下游水位过程、防洪形势来调整相应判别流量和控泄流量的启动时机、量级水平，甚至要在下游水位将超警戒水位时适当停止洪水资源利用调度，将防洪安全放在首位，以确保大坝枢纽防洪安全和中下游防洪安全。

根据拟定的汛期洪水资源利用启动条件和预报预泄措施，结合不同的预见期，分别拟定洪水资源利用方案如表8.2-1所示。

表8.2-1　洪水资源利用方案拟定(预见期3天)

方案编号	预见期ΔT(天)	判别流量Q_{con}	控泄流量Q_{safe}
方案a1	初步设计调度方式		
方案a2	不考虑预报预泄条件的分级控泄方式		
方案b1	3	42000	42000
方案b2	3	38000	42000
方案b3	3	40000	40000
方案b4	3	40000	42000
方案b5	3	40000	45000
方案b6	3	42000	40000
方案b7	3	45000	45000

各方案均不考虑汛期水位上浮运行方式的影响。各方案详细说明如下：

方案 a1：初步设计调度方式。即当入库流量小于 55000m³/s 时，按入库流量下泄；当入库流量大于等于 55000m³/s 时，按 55000m³/s 下泄。

方案 a2：不考虑预报预泄条件的控泄方式。即当水库水位不高于 155m 时，采用下泄流量不超过 42000m³/s 控泄：当入库流量小于 42000m³/s 时，按入库流量下泄，当入库流量大于等于 42000m³/s 时，按 42000m³/s 下泄；水库水位高于 155m 时，转入防洪调度。

b1～b7：三峡水库洪水资源利用调度方式。即考虑三峡水库预报预见期，根据三峡水库洪水资源利用调度规则实施调度。不同方案的区别在于制定的判别流量和控泄流量不同。主要分为 3 类：①判别流量＝控泄流量，如方案 b1、b3、b7；②判别流量＜控泄流量，如方案 b2、b4、b5；③判别流量＞控泄流量，如方案 b6。例如 b1 详细说明如下：①如果 3 天预见期内平均流量不超过 30000m³/s，若此时库水位在 145m，按入库流量下泄；若如果此时水位高于 145m，可按机组最大过流能力下泄。②如果 3 天预见期内平均流量大于 30000m³/s 但不超过 42000m³/s，按 30000m³/s 下泄。③如果 3 天预见期内平均流量大于 42000m³/s，按 42000m³/s 下泄。

8.3 三峡水库洪水资源利用效益分析

8.3.1 不同洪水资源利用方案防洪影响和发电效益分析

（1）发电量及防洪影响比较

应用 1877—2014 年共 138 年宜昌站实测流量过程，对 6 月 10 日至 9 月 10 日实施洪水资源利用调度，不同洪水资源利用方案的多年平均调度期内（6 月 10 日至 9 月 10 日）发电量、弃水量及防洪影响如表 8.3-1 所示。

表 8.3-1　　不同方案发电效益及防洪影响分析

方案号	平均发电量（亿 kW·h）	平均弃水量（亿 m³）	年均下泄流量超过 42000m³/s 的洪量（亿 m³）	水位超过 155m 年数	年平均最高水位（m）	最高水位（对应年份）
方案 a1	364.33	217.43	44.85	1	145.78	157.57（1954 年）
方案 a2	365.85	211.67	11.15	18	149.80	165.20（1954 年）
方案 b1	370.48	165.91	11.84	18	151.71	165.20（1954 年）
方案 b2	368.18	179.29	11.17	18	150.83	165.20（1954 年）
方案 b3	370.79	168.25	14.39	21	151.97	165.20（1954 年）
方案 b4	369.29	172.37	11.30	18	151.31	165.20（1954 年）
方案 b5	367.62	176.31	34.14	11	150.54	163.95（1954 年）
方案 b6	371.89	161.00	15.2	27	152.37	165.20（1954 年）
方案 b7	371.05	159.88	36.15	13	151.84	164.68（1954 年）

从表 8.3-1 中可以看出，有以下结论：

①按照拟定的三峡水库水资源利用方式，拟定的洪水资源利用调度方案 b1～b7 相比于初步设计方式 a1、不考虑预报预泄条件的分级控泄方式 a2，各方案充分利用了 145～155m 之间库容的调蓄作用，多年平均发电量增加 3.3～7.6 亿 kW·h 和 1.8～6 亿 kW·h、弃水量减小 38.1～57.6 亿 m^3 和 32.4～51.8 亿 m^3。b1～b7 方案相比于 a1，a2 的平均最高库水位略有升高，但也不超三峡水库中小洪水调度利用水位 155m，不致影响三峡大坝安全。表 8.3-1也统计了 a1、a2 和 b1～b7 长系列计算的最高水位，对于各种方案都将超过 155m，1954 年的最高水位为 165.20m。

当然，由于缺乏历年中下游水位过程、区间洪水资料，不能得到沙市站、城陵矶站的水位过程，下节将针对 2010 年和 2012 年进行更深入的防洪影响分析。

对于判别流量、控泄流量分别为 42000m^3/s 的方案 b1，相比于 a1 和 a2，多年平均调度期内发电量增加了 1.69％和 1.26％，弃水量减少了 23.69％和 21.62％，库水位超过 155m 的年数没有增加，也没有明显增加下泄流量超过 42000m^3/s 的洪量，这说明由于采取了有效的预报预泄措施，均在大洪水来临之前将水位预泄至汛限水位 145m，从而避免了对防洪产生影响。对于 b1，最高水位超过 155m 的年份分别为 1896、1898、1908、1909、1917、1919、1921、1922、1926、1931、1937、1938、1945、1949、1954、1966、1981、1998 共 18 年，可以对这些年份的来水过程总结经验、分类评价。在水文预报中出现相似洪水特征时，可以事先做出预判，停止洪水资源利用调度，转入防洪调度，确保防洪安全。

②对于方案 b1～b7，由于拟定的判别流量和控泄流量不完全相同，发电效益及防洪影响分析的计算结果也不尽相同。具体而言：

a. 在相同的判别流量下，控泄流量越大，意味着降低三峡库水位越多，三峡水库平均最高水位越低，多年调洪超过 155m 的年份就越少，而此时弃水量增加，发电量减少。

b. 对于相同的控泄流量下，判别流量越大，意味着在预见期内流量操作空间更大，能更好地利用平均流量在 30000m^3/s 到判别流量之内的洪水，弃水量减少，发电量增加，多年调洪超过 155m 的年份不变均为 18 次，但平均最高水位会增加，但也不致超过 155m，在对防洪具有充分把握时适当拦蓄一定量级的洪水，这在实际调度过程中是有意义的。

(2)发电量增加的原因分析

方案 b1～b7 与方案 a1 相比，发电量增加的主要原因为较好地利用了 30000～55000m^3/s 这部分中小洪水，抬高了三峡水库水位，增加了发电水头，较好地利用了洪水资源。

方案 b1～b7 与方案 a2 相比，洪水资源利用调度发电量增加主要有两个原因。①在没有防洪需求时，充分利用了三峡水库 155m 以下库容对可能的弃水流量进行调节，利用弃水发电，增加了发电流量。②在洪水资源利用调度过程中，抬高了三峡水库水位，增加了发电水头，弃水量减少，发电量增加。

8.3.2 考虑预报误差的洪水资源利用防洪影响和发电效益分析

考虑在实际调度中水文预报存在预报误差，如果预报流量大于实际来水，则可能导致洪水资源利用时机推迟、或者预泄时机提前，不会对防洪产生负面影响，但是洪水资源利用效益将减小。反之，如果预报流量小于实际来水，则可能导致洪水资源利用时机提前、或者预泄时机推迟，将增加洪水资源利用效益，但是可能导致不能及时将水库水位预泄至 145m，从而占用了防洪库容，影响三峡水库对城陵矶的防洪效果。

(1)预报流量偏大

表 8.3-2 和表 8.3-3 分别列出了预报流量偏大 10%、预报流量偏大 20%的调度期内多年平均发电量、弃水量和防洪影响。

表 8.3-2　　预报流量偏大 10%时发电效益及防洪影响分析

方案号	平均发电量(亿 kW·h)	平均弃水量(亿 m^3)	年均下泄流量超过 42000m^3/s 的洪量(亿 m^3)	水位超过 155m 年数	平均最高水位(m)
方案 a1	364.33	217.43	44.85	1	145.78
方案 a2	365.85	211.67	11.15	18	149.80
方案 b1	368.52	175.05	11.17	18	150.95
方案 b2	367.22	188.98	11.17	18	150.37
方案 b3	369.10	177.94	13.98	19	151.34
方案 b4	367.62	182.64	11.17	18	150.66
方案 b5	366.24	186.61	29.38	11	149.70
方案 b6	369.96	171.16	14.06	26	151.68
方案 b7	368.74	168.69	34.76	11	150.93

表 8.3-3　　预报流量偏大 20%时发电效益及防洪影响分析

方案号	平均发电量(亿 kW·h)	平均弃水量(亿 m^3)	年均下泄流量超过 42000m^3/s 的洪量(亿 m^3)	水位超过 155m 年数	平均最高水位
方案 a1	364.33	217.43	44.85	1	145.78
方案 a2	365.85	211.67	11.15	18	149.80
方案 b1	367.28	186.01	11.15	18	150.45
方案 b2	366.44	199.22	11.17	18	150.06
方案 b3	368.13	188.53	13.98	19	151
方案 b4	366.91	192.70	11.17	18	150.22
方案 b5	365.64	197.22	28.38	11	149.19
方案 b6	368.75	181.16	13.98	26	151.21
方案 b7	366.71	180.66	31.02	11	150.00

从表 8.3-2 和 8.3-3 可以看出，如果预报流量偏大，库水位会提前预泄，多年平均最高水位会降低，但也导致调度期内平均发电量减少，发电效益变小，所以精确的水文预报对于增

加洪水资源利用效益是非常重要的。

(2)预报流量偏小

以下从控制防洪风险的角度出发，着重分析预报流量小于实际来水时的影响。表 8.3-4 和表 8.3-5 分别列出了预报流量偏小 10%和预报流量偏小 20%时的调度期内多年平均发电量、弃水量和防洪影响。

表 8.3-4　　预报流量偏小 10%时发电效益及防洪影响分析

方案号	平均发电量(亿 kW·h)	平均弃水量(亿 m^3)	年均下泄流量超过 42000m^3/s 的洪量(亿 m^3)	水位超过 155m 年数	平均最高水位(m)
方案 a1	364.33	217.43	44.85	1	145.78
方案 a2	365.85	211.67	11.15	18	149.80
方案 b1	372.66	157.29	13.15	21	152.58
方案 b2	370.15	169.43	11.62	18	151.58
方案 b3	372.65	159.76	16.02	22	152.68
方案 b4	371.58	162.63	12.57	20	152.19
方案 b5	369.94	167.04	36.94	11	151.39
方案 b6	373.79	153.12	16.86	33	153.12
方案 b7	373.51	151.85	35.64	15	152.84

表 8.3-5　　预报流量偏小 20%时发电效益及防洪影响分析

方案号	平均发电量(亿 kW·h)	平均弃水量(亿 m^3)	年均下泄流量超过 42000m^3/s 的洪量(亿 m^3)	水位超过 155m 年数	平均最高水位(m)
方案 a1	364.33	217.43	44.85	1	145.78
方案 a2	365.85	211.67	11.15	18	149.80
方案 b1	374.60	149.83	15.66	23	153.29
方案 b2	372.27	161.21	13.10	21	152.43
方案 b3	374.35	152.14	18	26	153.34
方案 b4	373.61	154.67	14.31	22	152.99
方案 b5	372.40	158.53	36.45	14	152.42
方案 b6	375.38	146.93	19.22	46	153.70
方案 b7	375.52	145.51	35.74	20	153.68

从表 8.3-4 和 8.3-5 可以看出，随着误差增大，调度期内平均发电量和平均弃水量会增加，但是下泄流量超过 42000m^3/s 的洪量也随之增加，调洪最高水位也增加，调洪水位超过 155m 的年数也增加，防洪影响增大。

对于洪水资源利用调度方案 b1～b7，通过比较表 8.3-1、表 8.3-4 和 8.3-5 可知，在预报流量偏小时水位超过 155m 的年数增加，平均最高水位也抬高，预报流量偏小 20%时的防洪风险更大。其中 b5 方案为判别流量 40000m^3/s 和控泄流量 45000m^3/s，即在预判平均流量超过 40000m^3/s 时就按 45000m^3/s 预泄，能够迅速消落库水位，降低库水位超过 155m 的风险；相反，b6 方案为判别流量 42000m^3/s 和控泄流量 40000m^3/s，即在预判平均流量超过 42000m^3/s 时仅按 40000m^3/s 预泄，将抬高库水位，增加库水位超过 155m 的风险。

为此，综合比较不同汛期常遇洪水资源利用发电效益及防洪风险，特别预报误差对不同方案的影响，需在安全流量以下预留一定的安全余度，以减小洪水资源利用对防洪的影响，正如方案 b2，判别流量 38000m^3/s 和控泄流量 42000m^3/s，即在预判平均流量超过 38000m^3/s 时就按 42000m^3/s 预泄来消落库水位，降低库水位超过 155m 的风险，也不致增加中下游防洪影响。当然，此时还需视下游防洪形势，如果沙市站、城陵矶站水位已较高，应通过下游沙市、城陵矶水位预报及区间洪水预报，根据预报误差估计及预见期不同，判别流量取 40000m^3/s 或 38000m^3/s 甚至 35000m^3/s 进行控制。

风险控制措施。为了减小预报误差对洪水资源利用调度的不利影响，除在调度过程中实时滚动预报，尽量提高预报精度，并逐步修正预报误差对调度带来的影响以外，在设定判别流量和预泄安全限量时，可以针对不同水情，适当降低判别流量值，以使洪水资源利用调度方式对预报误差具有更好的容错性。

8.3.3 提高预见期的洪水资源利用防洪影响和发电效益分析

目前服务于三峡水库汛期调度的水文预报水平，一般为 3～5 天，以上方案比较都是考虑 3 天的预见期。本节将针对 5 天的预见期，分析洪水资源利用的防洪影响和发电效益。并分析不同预见期对汛期洪水资源利用的影响。

仍然应用 1877—2014 年共 138 年宜昌站实测流量过程，对 6 月 10 日至 9 月 10 日实施洪水资源利用调度，考虑 5 天预见期的不同洪水资源利用方案（如表 8.3-6）的多年平均发电量、弃水量及防洪影响等如表 8.3-7 所示。

表 8.3-6　洪水资源利用方案拟定（预见期 5 天）

方案编号	预见期 ΔT（天）	判别流量 Q_{con} (m^3/s)	控泄流量 Q_{safe} (m^3/s)
方案 a1	初步设计调度方式		
方案 a2	不实施洪水资源利用调度方式		
方案 c1	5	42000	42000
方案 c2	5	38000	42000
方案 c3	5	40000	40000
方案 c4	5	40000	42000
方案 c5	5	40000	45000
方案 c6	5	42000	40000
方案 c7	5	45000	45000

表 8.3-7　考虑 5 天预见期的发电效益及防洪影响分析

方案号	平均发电量（亿 kW·h）	平均弃水量（亿 m^3）	年均下泄流量超过 42000m^3/s 的洪量（亿 m^3）	水位超过 155m 年数	平均最高水位（m）
方案 a1	364.33	217.43	44.85	1	145.78
方案 a2	365.85	211.67	11.15	18	149.80
方案 c1	375.57	145.74	11.66	18	153.28
方案 c2	372.49	161.72	11.17	18	151.97
方案 c3	375.10	149.98	14.30	21	153.02
方案 c4	374.19	152.71	11.17	18	152.69
方案 c5	372.89	156.12	30.34	11	152.17
方案 c6	376.49	143.21	15.30	27	153.64
方案 c7	375.51	143.63	32.31	12	153.92

通过表 8.3-6 与表 8.3-7 分析比较可知，对于 b1～b7 与 c1～c7，相同的判别流量和控泄流量，c1～c7 相比 b1～b7 多年平均最高水位略高，水位超过 155m 的次数基本相同（仅在 c7 相比 b7 中，超过 155m 的年数少），在中小洪水运用的 155m 内未有增加防洪影响，但 c1～c7 考虑 5 天预见期的多年发电量都大于 b1～b7，考虑 3 天预见期的多年平均发电量，说明提高水文预报预见期对提高水库洪水资源利用效益是有益的，且预见期越长，预报精度提高，对三峡入库和中下游防洪形势预判更有充分把握，能够更灵活地应用到中小洪水相机调度。可见，利用水文气象技术制作较长预见期的洪水预报是三峡水库发挥综合效益的基本前提和关键手段。

8.4　2010 年和 2012 年中小洪水调度实例分析

宜昌站长系列流量统计数据完备，但长江中下游区间资料较为缺乏，考虑到三峡水库试验性蓄水以来的实际情况，以 2010 年和 2012 年的汛期洪水作为典型进行深入分析。为全面分析洪水资源利用调度后对防洪方面的作用，本节将重点比较不同方案调度后对下游控制站的水位影响。

8.4.1　2010 年和 2012 年洪水资源利用防洪影响和发电效益分析

（1）2010 年洪水资源利用防洪影响和发电效益分析

应用 2010 年实际来水过程，根据拟定的中小洪水调度规则，对 6 月 10 日至 9 月 10 日整体考虑，结合长江中下游洪水演进，分析表 8.4-1 中不同方案 a1，a2 和 b1～b7 的防洪影响，并分析比较不同方案的发电效益。

采用大湖演进模型来模拟计算沙市站、城陵矶站不同调度方案下的水位过程。大湖演进模型简要介绍如下。

长江中下游洪水演进采用“大湖演进模型”，并按宜昌—沙市、沙市—城陵矶（包括洞庭湖)、城陵矶—汉口、汉口—湖口(包括鄱阳湖)四个河段逐段演算。其中槽蓄曲线采用相应典型年实测河道地形资料、历年水文资料推算。计算方程如下:

对任一河段,根据水量平衡原理有连续方程表达式:

$$I_1 + I_2 - O_1 + \frac{2V_1}{\Delta t} = O_2 + \frac{2V_2}{\Delta t} \tag{8.4-1}$$

式中:I_1、I_2为时段初、时段末的河段总入流,O_1、O_2为时段初、时段末的河段总出流,V_1、V_2为时段初、时段末的槽蓄。

大湖演算模型综合考虑了断面冲淤、主泓摆动、水位顶托和江湖关系的影响,涉及的计算对象众多、模块功能复杂。为了得到较为精确的数值结果,针对中下游河道特点和防洪形势,需要精细的水位流量关系曲线、江湖槽蓄曲线等,且迭代次数多,计算时间较长。

由表 8.4-1 和图 8.4-1、图 8.4-2 可知,对于 2010 年中小洪水调度,拟定的洪水资源利用调度方案 b1~b7 相比于初步设计方案 a1、不考虑预报预泄条件的分级控泄方案 a2,对比说明如下:

①防洪影响方面。初步设计方案 a1 的沙市站、城陵矶站最高水位分别为 43.31m(已超警戒水位 43m)和 33.17m(已超警戒水位 32.5m),而对于方案 b1~b7,相比于方案 a1 降低了沙市最高水位和城陵矶最高水位。还有,方案 b1~b7 的城陵矶最高水位均超过了警戒水位 32.5m,分析表明由于城陵矶水位受下游区间来水影响较大,在实际调度中可综合考虑城陵矶的调度需求,相机调整预泄控制流量。

②发电效益方面。方案 b1~b7 相比方案 a1、a2 的发电量均增加、弃水量均减小。对于判别流量、控泄流量分别为 42000m³/s 的方案 b1,相比于方案 a1 和 a2,发电量增加了 15.18 亿 kW·h和 9.20 亿 kW·h,弃水量减少了 85.1 亿 m³ 和 68.43。

表 8.4-1　　2010 年洪水资源利用的发电效益及防洪影响分析

方案号	发电量(亿 kW·h)	弃水量(亿 m³)	下泄流量超过42000m³/s的洪量(亿 m³)	最高库水位(m)	最大下泄流量(m³/s)	沙市站最高水位	城陵矶站最高水位
方案 a1	353.58	242.44	78.54	148.96	55000	43.31	33.17
方案 a2	359.56	225.77	0.18	155	42206	42.33	32.8
方案 b1	368.76	157.34	0.18	155	42206	42.33	32.74
方案 b2	366.41	167.71	0.18	155	42206	42.33	32.74
方案 b3	368.51	160.28	4.50	155	45300	42.28	32.61
方案 b4	366.41	167.71	0.18	155	42206	42.33	32.74
方案 b5	363.15	179.63	32.83	153.36	45000	42.72	33.06
方案 b6	370.31	151.64	4.50	155	45300	42.28	32.62
方案 b7	365.54	163.81	31.10	153.36	45000	42.70	33

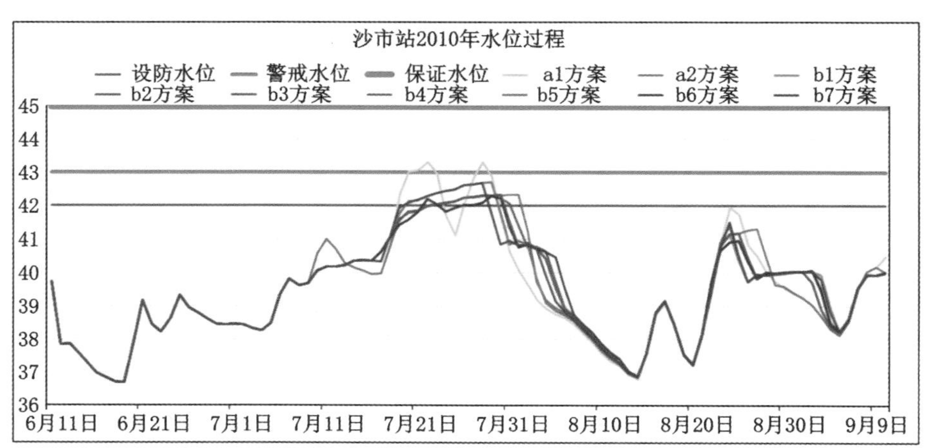

图 8.4-1　不同方案下沙市站 2010 年水位过程

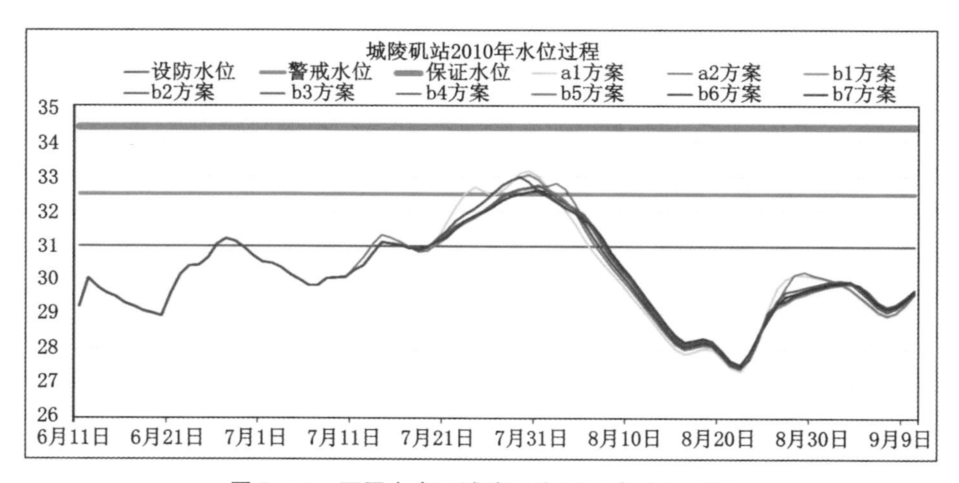

图 8.4-2　不同方案下城陵矶站 2010 年水位过程

(2)2012 年洪水资源利用防洪影响和发电效益分析

应用 2012 年实际来水过程,根据拟定的中小洪水调度规则,对 6 月 10 日至 9 月 10 日整体考虑,结合长江中下游洪水演进,分析表 8.4-2 中不同方案 a1,a2 和 b1～b7 的防洪影响,并分析比较不同方案的发电效益。

由表 8.4-2 和图 8.4-3、图 8.4-4 可知,对于 2012 年中小洪水调度,方案 b1～b7 相比于方案 a1、方案 a2,对比说明如下:

①防洪影响方面。方案 a1 的沙市站、城陵矶站最高水位分别为 43.74m 和 33.47m,而对于方案 b1～b7,在增加发电量的同时降低了沙市最高水位和城陵矶最高水位。但 b1～b7 方案和 a1、a2 方案,沙市站、城陵矶站最高水位均超过了警戒水位。分析表明,当遭遇上、下游来水均较大,且洪水持续时间较长的来水典型,为规避防洪风险,需放弃控制下游水位不超警戒水位的中小洪水防洪调度目标。本次计算时,控制最高蓄洪水位为 155m,根据拟定的调度规则,此时已转入防洪调度,相应最大下泄流量在 49600m^3/s。相比于 2012 年实际情

况，最高蓄洪水位在163.11m，如果三峡水库多拦蓄一点，将减少下泄流量，这样会进一步降低下游水位。实际调度中在预报有把握的情况下可相机调整风险对策措施。

②发电效益方面。b1～b7方案相比a1、a2的发电量均增加、弃水量均减小。对于判别流量、控泄流量分别为42000m³/s的方案b1，相比于a1和a2，发电量增加了11.69亿kW·h和6.41亿kW·h，弃水量减少了53.16亿m³和45.35亿m³。

这一比较结果与2010年中小洪水调度方案的比较结果是一致的。

表8.4-2　2012年洪水资源利用的发电效益及防洪影响分析

方案号	发电量（亿kW·h）	弃水量（亿m³）	下泄流量超过42000m³/s的洪量（亿m³）	最高库水位（m）	最大下泄流量（m³/s）	沙市站最高水位（m）	城陵矶站最高水位（m）
方案a1	366.93	381.54	111.46	148.49	55000	43.74	33.47
方案a2	372.21	372.73	0	154.46	42000	42.41	32.83
方案b1	378.62	327.38	6.74	155	49600	42.85	32.86
方案b2	377.01	341.11	0	154.46	42000	42.41	32.83
方案b3	381.13	322.45	20.57	155	49600	43.18	32.96
方案b4	378.63	378.63	0	154.82	42000	42.41	32.77
方案b5	378.63	328.49	0	154.82	42000	42.73	32.93
方案b6	381.46	321.24	20.57	155.18	49600	43.18	32.97
方案b7	378.84	317.52	59.62	153.67	45000	42.73	32.94

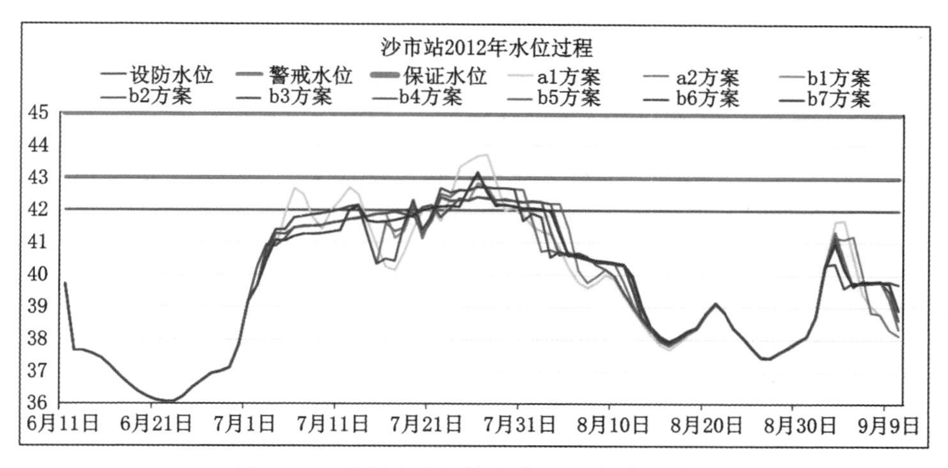

图8.4-3　不同方案下沙市站2010年水位过程

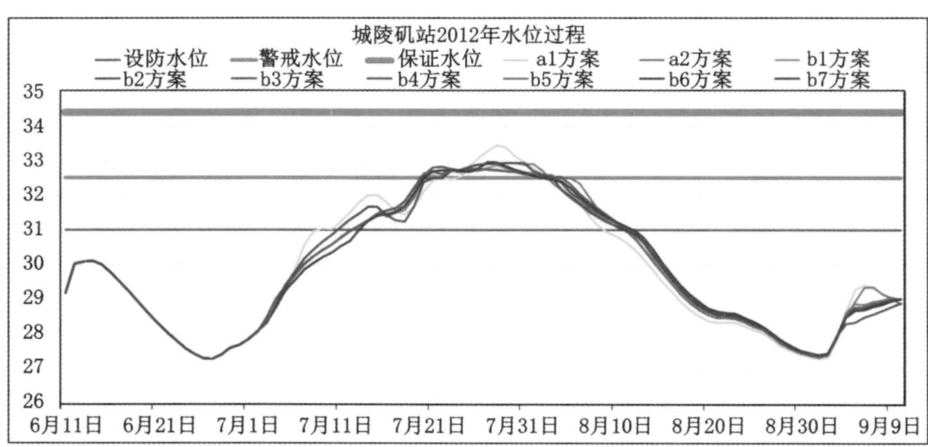

图 8.4-4　不同方案下城陵矶站 2012 年水位过程

(3)洪水资源利用风险对策措施

对于 2010 年和 2012 年中小洪水调度,方案 b1～b7 均降低了沙市和城陵矶站最高水位,但也出现了略高于警戒水位的情况。2010 年各方案沙市站都不超警戒水位,但 2012 年方案 b3(判别流量、控泄流量分别为 40000m^3/s)和 b6(判别流量、控泄流量分别为 42000m^3/s 和 40000m^3/s)沙市站超过了警戒水位。分析表明,控泄流量小,三峡水库出库流量小、水位逐步抬高,到 155m 后已转入防洪调度,最大下泄流量在 49600m^3/s,使沙市站超出警戒水位。为此,在实际调度中拟定方案时要兼顾三峡水库和中下游的防洪形势,既要不加重当前防洪风险,也要为后续防洪风险作出较好的预判。

还有,需要说明的是,拟定方案时均是考虑 6 月 10 日至 9 月 10 日,按指定的判别流量和控泄流量进行中小洪水调度,由各方案下泄流量计算结果作为大湖演进模型输入,进而得到沙市、城陵矶水位过程,实质是一个单向计算过程,如果计算条件允许,可以将模型水位过程计算结果作为反馈和预警,来调整相关流量参数和启动时机。实际调度中,洪水资源利用调度均不是应用在整个汛期,而是有条件的中小洪水相机调度,实际调度中是不会发生这种局面的,已经提早进行了风险防范。

具体而言,在实际调度过程中要结合中下游水位过程、防洪形势进行相应的判别流量和控泄流量启动时机、量级相机调整,或者在下游水位将超警戒水位时适当停止洪水资源利用调度,将防洪安全放在首位。当预报沙市或城陵矶水位高于警戒水位时,或预见期内三峡水库入库水量加水库内高于汛限水位的水量平均流量大于判别流量时,停止实施洪水资源利用调度,并在控制沙市及城陵矶水位不超警戒水位的情况下相机加泄水量降低水位,在大洪水来临之前相机将水位预泄至 145m,从而避免对防洪产生影响。

8.4.2　2010 年和 2012 年三峡水库洪水资源利用调度过程

(1)2010 年三峡水库洪水资源利用调度过程

图 8.4-5、图 8.4-6 分别给出了 2010 年不同方案 a1,a2 和 b1 的三峡水库的流量过程和

水位过程，各方案描述详见表 8.2-1。

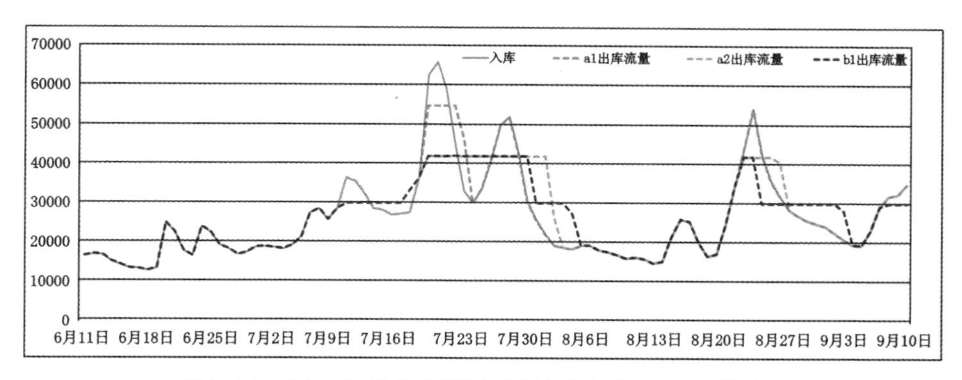

图 8.4-5 2010 年三峡水库不同方案的入库、出库流量过程

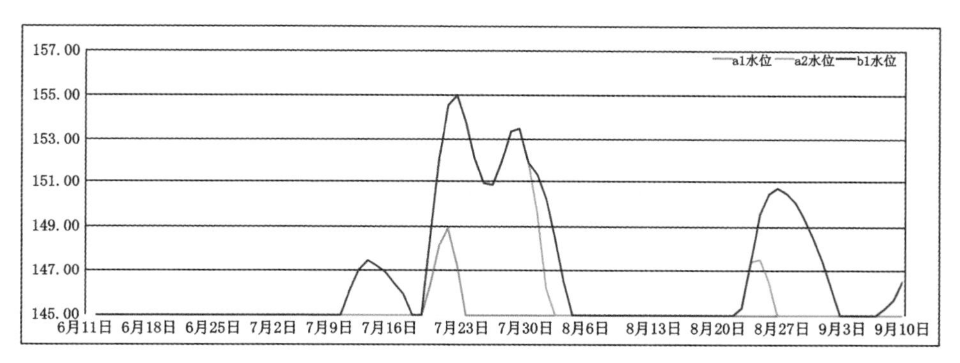

图 8.4-6 2010 年三峡水库不同方案的水位过程

根据拟定的三峡洪水资源利用调度方式分析。①当荆江、城陵矶地区水位较低、三峡水库入库流量为 30000～42000m³/s 时，三峡水库按照机组满发流量下泄，通过拦蓄抬高水位、减少弃水量和增加发电量，也不会在后期增加防洪影响；②当荆江、城陵矶地区水位较低、三峡水库入库流量在 42000m³/s 以上时，三峡水库按照 42000m³/s 下泄来拦蓄一定的洪水，并在后期通过增加发电流量的方式消落水位，可以在不影响防洪的前提下减少三峡水库的弃水量、增大发电量。

在 2010 年 7 月 10 至 7 月 17 日的调度过程中，7 月 10 日以前三峡水库入库流量均小于 30000m³/s，在 7 月 10 日出现了超过 30000m³/s 的入库流量，按照 a1 和 a2 方案三峡水库均不会进行拦蓄，此时将产生 12.6 亿 m³的弃水量。而 b1 方案将利用防洪库容开始拦蓄抬高库水位、减少弃水，水库水位最高达到 147.48m，并在 7 月 13 日在入库流量小于 30000m³/s 开始增加发电流量来消落水位，将库水位降至 145m，整个过程下泄流量均控制在42000m³/s 以下，在不影响防洪调度的同时，增加了 1.22 亿 kW·h 的发电量。

在 2010 年 7 月 19 日至 8 月 4 日的调度过程中，7 月 15 日洪水开始起涨至 7 月 20 日达到洪峰，三峡水库入库流量较大，下游荆江或城陵矶地区需要三峡水库拦蓄洪水来降低水位，此时三峡水库按照 42000m³/s 下泄，水库水位抬高；洪峰过后，洪水逐渐衰减，三峡水库入库流量减小。此时 b1 方案在 7 月 22 日达到 155m，然后在预见期以内开始按照 $42000m^3/s$ 下泄缓慢消落水库，至 8 月 4 日降低水库水位至汛限水位 145m，以应对下一场洪水的防洪调度需求，相比 a1 和 a2 降至 145m 时间推迟了 12 天和 2 天，该方案利用了水头发电，分别增加发电量 9.1 亿 kW·h 和 3.5 亿 kW·h。整个过程水库水位控制在 155m 以内，下泄流量控制在 $42000m^3/s$，不致影响下游水位，在利用水文预报信息控制防洪风险的同时有效利用洪水资源，增加了发电效益。

(2)2012 年三峡水库洪水资源利用调度过程

考虑 3 天预见期，仍采用 b1 方案。图 8.4-7、图 8.4-8 分别给出了 2012 年不同方案下三峡水库的流量过程和水位过程。应该来说，b1 方案针对 30000～$42000m^3/s$ 和大于 $42000m^3/s$ 的入库流量都进行了有效拦蓄，在不影响中下游防洪的情况下增加了发电量，这与 2010 年是基本一致的。

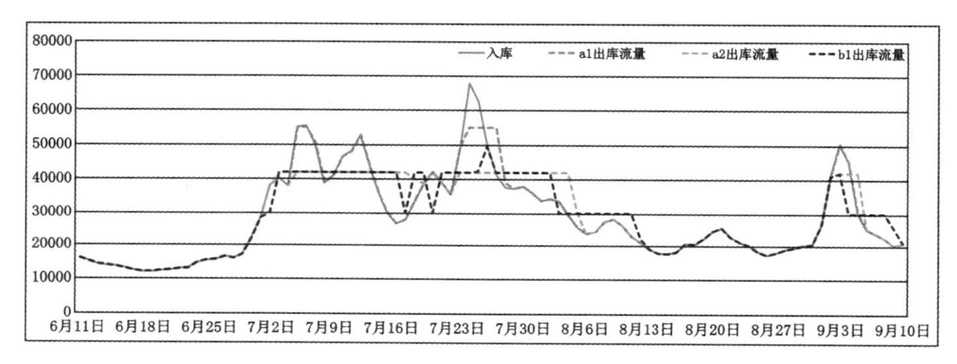

图 8.4-7 2012 年三峡水库不同方案的入库、出库流量过程

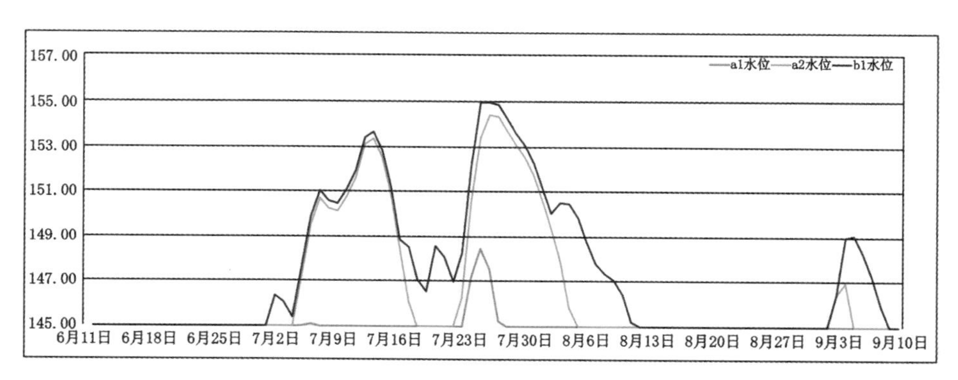

图 8.4-8 2012 年三峡水库不同方案的水位过程

8.4.3 考虑预报误差的 2010 年和 2012 年洪水资源利用

三峡水库洪水资源利用采用预报预泄的调度方式，预报对于调度决策至关重要，本节利用 2010 年和 2012 年的实际来水资料，分析预报流量偏小 10%、偏小 20%、偏大 10%、偏大 20%时的发电量、弃水量和防洪影响成果见表 8.4-3 和表 8.4-4。

从表 8.4-3 和 8.4-4 可以看出，如果预报流量偏大，库水位会提前预泄，发电量减少，发电效益变小，相应防洪风险减小；而如果预报流量偏小，随着误差增大，发电量和平均弃水量会增加，沙市和城陵矶水位也会抬高，防洪影响增大。对于 2012 年洪水资源利用时，如果预报流量偏小 20%，虽然发电量增加、弃水量减少，但此时水库最高水位会超过 155m，沙市站最高水位在 43.39m 超过了警戒水位 0.39m，城陵矶最高水位在 33.04m，超过了警戒水位 0.54m，这对防洪是不利的。所以要尽量提高预报精度，并逐步修正预报误差对调度带来的影响，在设定判别流量和控泄流量时，可以针对不同水情、不同防洪形势进行相机调度，适当降低判别流量值，以使洪水资源利用调度方式对预报误差具有更好的容错性。

表 8.4-3　　考虑预报误差的 2010 年洪水资源利用发电效益及防洪影响分析

方案号	发电量（亿 kW·h）	弃水量（亿 m^3）	水库最高水位（m）	最大出库流量（m^3/s）	沙市最高水位（m）	城陵矶最高水位（m）
方案 a1	353.58	242.44	148.96	55000	43.31	33.17
方案 a2	359.56	225.77	155	42206	42.33	32.8
方案 b1	368.76	157.34	155	42206	42.33	32.74
方案 b1（偏小 10%）	370.98	143.26	155	42206	42.32	32.71
方案 b1（偏小 20%）	373.46	132.89	155	42206	42.32	32.71
方案 b1（偏大 10%）	366.41	167.81	155	42206	42.33	32.74
方案 b1（偏大 20%）	364.40	178.08	155	42206	42.33	32.74

表 8.4-4　　考虑预报误差的 2012 年洪水资源利用发电效益及防洪影响分析

方案号	发电量（亿 kW·h）	弃水量（亿 m^3）	水库最高水位（m）	最大出库流量（m^3/s）	沙市最高水位（m）	城陵矶最高水位（m）
方案 a1	366.93	381.54	148.49	55000	43.74	33.47
方案 a2	372.21	372.73	154.46	42000	42.41	32.83
方案 b1	378.62	327.38	155	49600	42.85	32.86
方案 b1（偏小 10%）	384.09	297.05	155	49600	42.87	32.89
方案 b1（偏小 20%）	385.40	290.48	155.97	55000	43.39	33.04
方案 b1（偏大 10%）	379.23	330.74	154.46	42000	42.41	32.83
方案 b1（偏大 20%）	375.20	351.48	154.46	42000	42.41	32.83

8.4.4 考虑上游调蓄的2010年和2012年洪水资源利用

根据相关研究成果报告，在考虑溪洛渡、向家坝上游水库调蓄影响下，三峡水库对城陵矶控制水位可由155m提高至158m。为了提高研究成果的全面性，以下也考虑158m的控制水位进行2010年和2012年洪水资源利用分析研究，即本节的三峡水库中小洪水控制水位定为158m，预见期为5天，而洪水资源利用判别流量和控泄流量仍然与方案b1一致，取为42000m³/s，方案号为d1。

针对2010年和2012年开展洪水资源利用发电效益及防洪影响分析，计算结果将表8.4-5和8.4-6，不同方案下沙市、城陵矶站水位过程分别见图8.4-9至图8.4-12。

分析表明，当考虑上游水库调蓄时，如果控制水位在158m，发电量相比155m时发电量会增加，弃水量减少，能够发挥三峡洪水资源利用效益，且还在一定程度上降低了沙市和城陵矶最高水位，这对长江中下游防洪也是有利的。

表8.4-5　2010年洪水资源利用发电效益及防洪影响分析(控制水位为158m)

方案号	发电量(亿kW·h)	弃水量(亿m³)	水库最高水位(m)	最大出库流量(m³/s)	沙市最高水位(m)	城陵矶最高水位(m)
方案a1	353.58	242.44	148.96	55000	43.31	33.17
方案a2	359.56	225.77	155	42206	42.33	32.8
方案b1	368.76	157.34	155	42206	42.33	32.74
方案d1	378.40	117.76	155.27	42000	42.31	32.66

表8.4-6　2012年洪水资源利用发电效益及防洪影响分析(控制水位为158m)

方案号	发电量(亿kW·h)	弃水量(亿m³)	水库最高水位(m)	最大出库流量(m³/s)	沙市最高水位(m)	城陵矶最高水位(m)
方案a1	366.93	381.54	148.49	55000	43.74	33.47
方案a2	372.21	372.73	154.46	42000	42.41	32.83
方案b1	378.62	327.38	155	49600	42.85	32.86
方案d1	389.14	282.01	155.69	42000	42.41	32.76

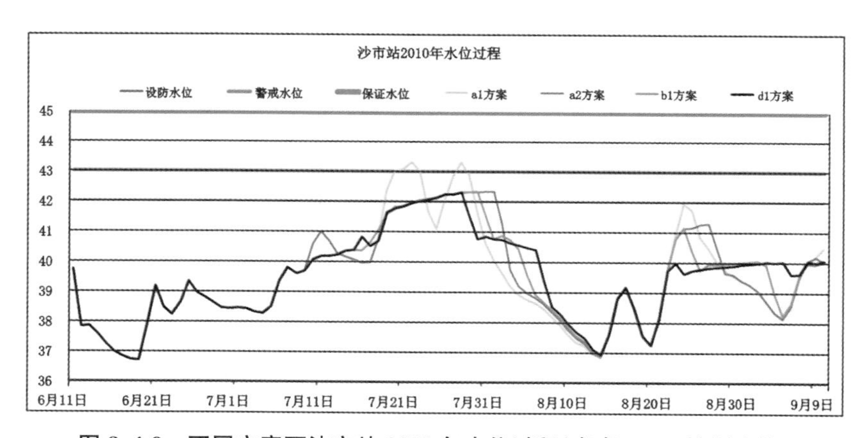

图8.4-9　不同方案下沙市站2010年水位过程(考虑158m控制水位)

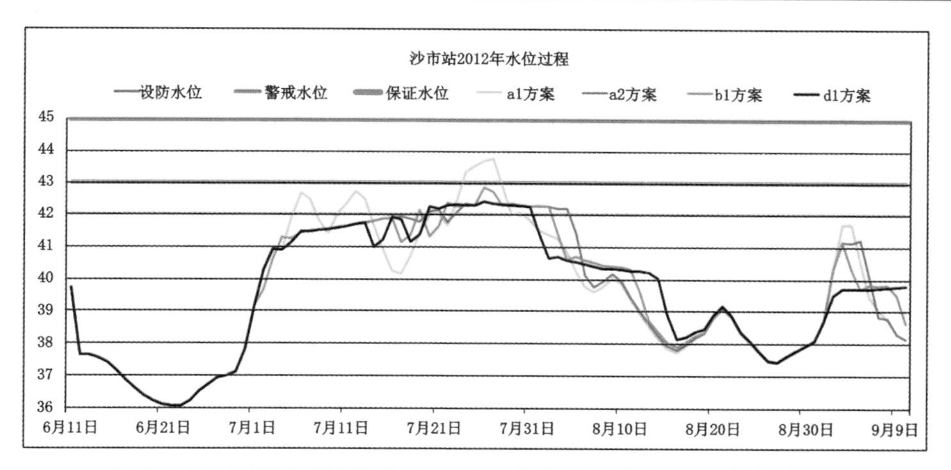

图 8.4-10 不同方案下沙市站 2012 年水位过程(考虑 158m 控制水位)

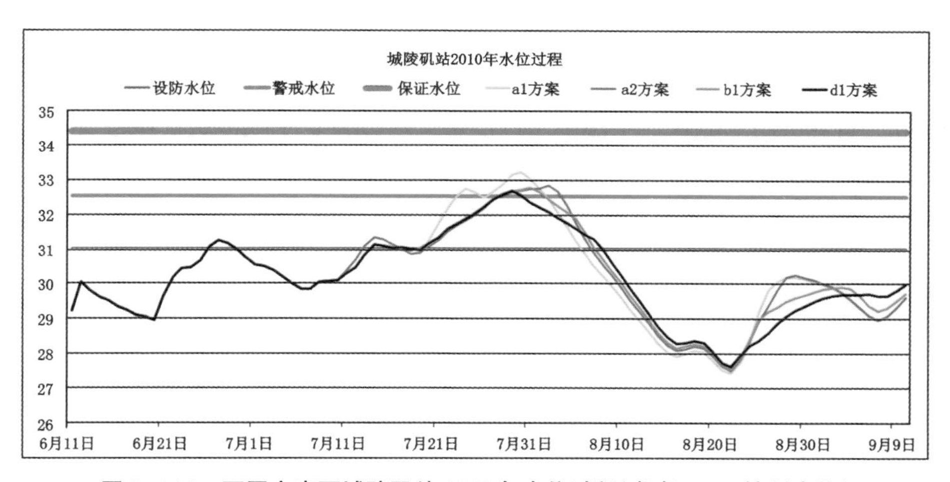

图 8.4-11 不同方案下城陵矶站 2010 年水位过程(考虑 158m 控制水位)

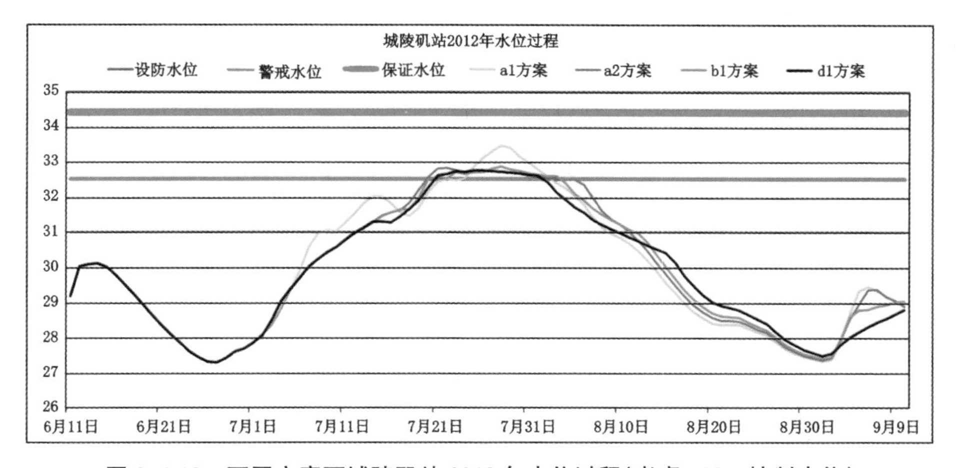

图 8.4-12 不同方案下城陵矶站 2012 年水位过程(考虑 158m 控制水位)

8.5 三峡水库中小洪水调度防洪风险分析

洪水资源利用风险是多方面的，包括来水不确定性、预报误差带来的风险、上下游防洪形势、三峡水库水位超出155m的风险、三峡水库中小洪水利用到155m之后遇大洪水的风险、中下游沙市站和城陵矶站超出警戒水位的风险和下游堤防、航运、库区移民、泥沙等风险。其中来水不确定性、预报风险、上下游防洪形势、三峡水库水位超出155m的风险、下游沙市站和城陵矶站超出警戒水位的风险等一系列风险已经在上一章中作了详细分析，以下将补充分析三峡水库中小洪水利用到155m之后遇大洪水的风险和下游堤防、航运、库区移民等风险。还有，泥沙方面的风险将在下一章中重点分析。

8.5.1 考虑不同设计频率洪水的中小洪水调度风险分析

(1)对调洪高水位的不同频率设计洪水风险分析

由三峡水库水资源有效利用的运用库容分析可知，目前中小洪水运用的库容主要还是按最大控制在155m水位以下约56.5亿m^3库容内考虑，即中小洪水调度的运用水位为145～155m。首先分析三峡水库中小洪水调度水位已经蓄至155m，又发生设计标准洪水的极端情况，即如果此时面临不同设计频率来水，分析三峡库水位可能达到最高水位。这里以三峡水库优化调度方式为基础方案，控制枝城泄量为56700m^3/s，调洪成果见表8.5-1。

表8.5-1　三峡水库不同频率设计洪水最高调洪成果

频率	最高调洪水位(m)(起调水位:155m)				
	1954年	1981年	1982年	1998年	MAX
0.1%	173.89	172.23	175.54	174.53	175.54
0.2%	172.07	171.42	174.08	172.63	174.08
0.5%	171.35	170.85	172.1	171.34	172.1
1%	170.24	168.5	171.23	169.23	171.23

从上表可以看出，结合三峡水库优化调度方案中关于对兼顾城陵矶防洪调度控制水位，即水库从155m水位起调，1000年一遇设计洪水遇1954、1981、1998年型水库蓄洪最高水位均在175m以下，最不利的1982年型水库蓄洪最高水位为175.54m，超过约0.5m。在调洪成果中，仅三峡水库在遭遇1982年1%洪水时，调洪水位超过171m，但幅度不大，超蓄库容大致在2.3亿m^3左右；在遭遇1000年一遇洪水中，调洪水位超过175m，幅度为0.54m，相应库容为5.7亿m^3。

1981年洪水为上游型洪水、1982年洪水为上游区间偏大型洪水，这两个典型年的洪峰过程，三峡来量在短期预报期(1～3天)内从40000m^3/s激增至60000m^3/s左右，对于这样的来水态势，三峡水库显然不会启用中小洪水滞洪方案。三峡水库如对中小洪水滞洪调度，主要应用于涨势平缓的洪水过程。总体而言，三峡水库对中小洪水进行滞洪调度的最高蓄水位，按不超过兼顾对城陵矶防洪运用的155m控制，调度风险是不大的。

考虑到本次计算为不考虑先后进行的对城陵矶、对荆江两种补偿调度方式重叠的拦蓄量，实际上，对于发生洪水过程，水库一般在兼顾城陵矶防洪调度期间，同时也可拦蓄一定的荆江超额流量。此外，上游干支流建库，堤防加高、加固等因素，流域对洪水的调蓄能力在现有基础上会更强。综合这些有利因素，对保证从 155m 起调，荆江遇百年一遇不分洪是在可控范围内，总体风险不大。

(2)下游水位防洪形势风险分析

以上结合三峡入库洪水特征进行了风险分析，对 1954 年、1981 年、1982 年、1998 年类型洪水三峡水库是按规定的防洪调度方式调度，不进行洪水资源利用调度。同时对全流域型的大洪水，如 1954 年、1998 年等在汛初下游控制站也出现水位明显高于同期平均水位，且水位有快速上涨的现象，在这种情况下，三峡水库将不启动洪水资源利用调度。

图 8.5-1 和 8.5-2 给出了 1954 年、1981 年、1982 年、1998 年沙市站和城陵矶站 6 月 11 日至 9 月 10 的实际水位过程，沙市站、城陵矶站水位均较高，特别是 1998 年沙市站、城陵矶站都超过了保证水位。对于 1954 年、1981 年、1982 年、1998 年这样的年份，三峡水库显然不会开展洪水资源利用调度。

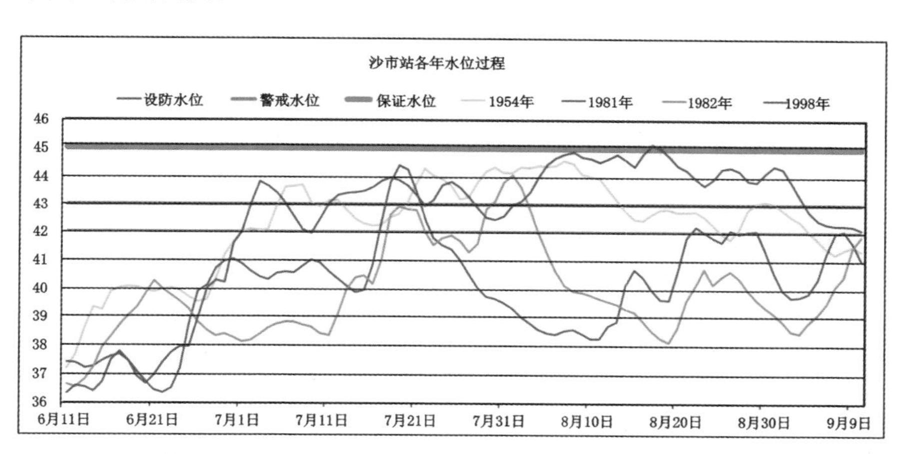

图 8.5-1 1954、1981、1982、1998 年沙市站实际水位过程

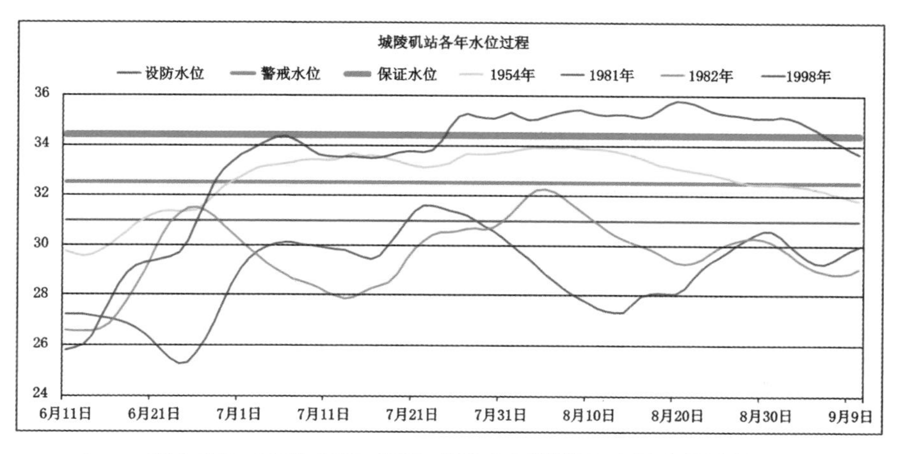

图 8.5-2 1954、1981、1982、1998 年城陵矶站实际水位过程

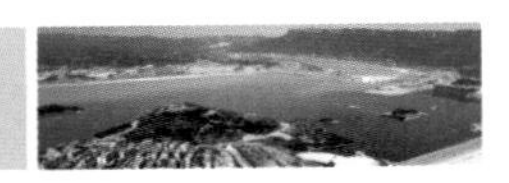

(3)风险应对措施

三峡水库实施中小洪水调度,主要是针对上游型洪水或下游型洪水,对三峡入库流量进行调控,或者通过三峡水库库容来拦蓄三峡下泄流量,减轻下游防洪压力;如果发生全流域型洪水,出现入库流量大且下游水位高的严重局面,这种情况就不具备实施中小洪水调度,应以水库本身和中下游防洪安全为主。

在实际调度过程中针对上游型洪水或下游型洪水,要结合中下游水位过程、防洪形势进行相应的判别流量和控泄流量启动时机、量级相机调整,或者在下游水位将超警戒水位时适当停止洪水资源利用调度,将防洪安全放在首位。当预报沙市或城陵矶水位高于警戒水位时,或预见期内平均流量(三峡水库入库水量加水库内高于汛限水位的水量)大于判别流量时,停止实施洪水资源利用调度,并在控制沙市及城陵矶水位不超警戒水位的情况下相机加泄水量降低水位,在大洪水来临之前相机将水位预泄至145m,从而避免对防洪产生影响。

8.5.2 考虑检验荆江河段堤防抗洪能力的中小洪水调度风险分析

实施中小洪水滞洪调度的下泄流量,如果长期控制在小于荆江河道安全泄量56700m^3/s(此时三峡出库流量在55000m^3/s左右),如一直按40000～45000m^3/s控泄,致使洪水多年不上滩,可能造成长江中下游河道萎缩退化、洲滩被占用等情况,不利用发生大洪水时的泄洪安全,改变了天然自然条件,带来了一定的生态环境风险,也不利用在早期发现堤防实际存在的堤基、堤质、白蚁等隐患。一旦后期发生大洪水、特大洪水必须加大出库泄量时,防洪能力会受到影响,发生意外事件的风险会加大。

表8.5-2统计了至2008年试验性蓄水以来三峡水库汛期(6月11日至9月10日)出库流量具体情况。2008—2013年,三峡水库平均出库流量分别为23568m^3/s、23800m^3/s、25014m^3/s、17953m^3/s、27442m^3/s和22609m^3/s,最大出库流量为48400m^3/s(2013年7月24日),最小出库流量为9960m^3/s。总体而言,三峡水库出库流量尚未超过50000m^3/s,加上宜—枝区间来量,下游枝城站流量也未达到初步设计规定的56700m^3/s。

表8.5-2　试验性蓄水以来三峡水库出库流量极值统计

年份	平均出库流量(m^3/s)	最大出库流量(m^3/s)	出现日期	最小出库流量(m^3/s)	出现日期
2008	23568	37900	8.17	10100	6.11
2009	23800	39200	8.5	10300	6.17/6.18
2010	25014	40500	7.27	12800	6.19
2011	17953	28600	7.8	10100	9.8
2012	27442	45200	7.28	12100	6.21/6.23
2013	22609	48400	7.24	9960	6.21

为了保证荆江防洪标准,全面检验荆江河段堤防抗洪能力,保证河道安全泄洪,减小防洪风险,有必要相机控制三峡水库下泄流量大于50000m^3/s,此时三峡水库水位会逐步降低,降低了大坝防洪风险。但如果下游堤防发现了堤基、堤质、白蚁等对防洪不利情况,应及时减少三峡水库下泄流量,以防扩大下游防洪风险。同时,加大泄量有可能出现下游水位超警的情况,实施前应做好相应的预案,组织好下游防汛工作。

当然，在检验荆江河段堤防抗洪能力的过程中，应需要密切关注洪水变化和水利枢纽运行状态，统筹考虑来水情况、上下游防洪要求等因素，当预报水库上游或中下游将发生洪水时，应及时、有效地采取预泄措施，减少下泄流量，避免与中下游洪水遭遇的可能性，降低中下游水位，达到防洪风险可控，确保大坝枢纽和中下游防洪安全。

8.5.3 考虑改善航运条件的中小洪水调度风险分析

统计三峡来水 1878—2013 年长系列实测日平均流量资料，汛期（6—9 月）来量大于 25000m³/s 的天数共有 7698 天，平均每年汛期约 56.6 天，即平均每年汛期有近两个月的时间三峡来水量在 25000m³/s 以上。上述 136 年系列汛期中，来水量连续一周以上超过 25000m³/s 的过程共有 338 次，其中：连续半个月以上超过 25000m³/s 的过程共有 172 次；连续一个月以上超过 25000m³/s 的过程共有 55 次。有些大水年份如 1954 年、1998 年汛期来水量连续超过 25000m³/s 的绵延时间达 2～3 个月，以下统计了宜昌站 1877 年以来实测汛期超过 25000m³/s 超过 75 天的年份汇总表，见表 8.5-3，136 年中共有 22 年；同时，由宜昌站多年日平均值可知，7 月 1 日—31 日、8 月 1 日—20 日、8 月 21 日—9 月 10 日的平均值均大于 25000m³/s。

表 8.5-3　宜昌站 1877 年以来实测汛期超过 25000m³/s 超过 75 天的年份汇总表

序号	年份	日平均最大流量(m³/s)	出现日期	≥55000m³/s 天数				
				6 月	7 月	8 月	9 月	合计
1	1949	57900	7.10	14	31	28	30	103
2	1890	52200	8.4	15	29	25	27	96
3	1938	61200	7.24	19	31	15	30	95
4	1918	50200	9.13	16	18	30	30	94
5	1954	66100	8.6	3	31	31	29	94
6	1911	49100	8.16	21	31	31	9	92
7	1948	56900	7.21	11	31	27	20	89
8	1921	64800	7.17	9	28	22	28	87
9	1883	54700	7.10	11	24	22	29	86
10	1947	50400	8.7	8	28	31	19	86
11	1998	61700	8.16	5	31	31	18	85
12	1907	48500	9.1	8	18	28	30	84
13	1968	57500	7.7	4	25	25	30	84
14	1974	61000	8.13	0	22	30	30	82
15	1903	56300	8.4	8	29	21	21	79
16	1934	45900	7.29	2	17	31	29	79
17	1965	48400	7.17	3	29	16	30	78
18	1893	56000	7.16	9	27	26	14	76
19	1905	64400	8.14	5	15	27	29	76
20	1964	49700	9.18	8	18	20	30	76
21	1931	64600	9.10	0	24	27	24	75
22	1889	51200	8.4	5	1	27	27	60

显然，对于汛期如此频繁出现而又持续时间较长的超过 25000m³/s 的来水量过程，不能完全寄希望于三峡水库拦蓄控泄降低下泄流量，来消除两坝间因禁航和限航造成的大量中小船舶积压滞留的局面，还需考虑船舶标准化、两坝间航道整治等综合措施。

当然，洪水资源利用调度方案通过控制三峡水库流量，减少下泄流量，对航运方面能够产生一定的效益。以下应用 1877—2014 年共 138 年宜昌站实测流量过程，对 6 月 10 日至 9 月 10 日实施洪水资源利用调度，统计出了不同洪水资源利用调度方案超出 30000、35000、45000m³/s 等不同流量级别的的多年平均天数，并与初步设计调度方案进行了对比，见表 8.5-4。

表 8.5-4 不同方案航运效益影响分析

方案号	下泄流量 超 30000m³/s 平均天数	下泄流量 超 35000m³/s 平均天数	下泄流量 超 45000m³/s 平均天数
方案 a1	29.22	17.45	5.46
方案 b1	14.96	14.91	1.38
方案 b2	17.40	16.89	1.28
方案 b3	17.53	17.39	1.71
方案 b4	15.89	15.76	1.30
方案 b5	14.21	14.04	0.91
方案 b6	16.57	16.51	1.80
方案 b7	11.96	11.96	0.96

由表 8.5-4 可知，洪水资源利用调度方案 b1～b7 方案相比于初步设计方案 a1 下泄流量超 30000、35000m³/s 的平均天数都减少，分别大致在 11.69～17.15 天和 0.06～5.49 天，这对于航运是有利的；下泄流量超 45000m³/s 的平均天数减少了 3.66～4.55 天，这对于航运也是有利的。当然，下泄流量与洪水资源利用方式有关，而洪水资源利用与设定的判别流量和预泄流量紧密相关，当航运方面需要水库采取相应流量级别的控泄措施使三峡船闸及两坝间航运疏散时，可相机采取水库控泄措施予以缓解，但前提条件是确保防洪风险可控。

由于实施该调度将增加一定的防洪风险，在现阶段，面对汛期出现的大量船舶积压滞留的现实困难情况，在不影响三峡工程汛期防洪的前提下，可相机采取水库控泄措施予以缓解。该项措施机动性很强，需要根据当时的上下游水雨情预报分析、船舶积压滞留困难程度、航运部门的具体要求等来综合确定并采用。根据 2009 年和 2010 年汛期水库采取控泄措施使三峡船闸及两坝间在两天内疏散和安全通过数百次船舶的的调度实践效果，水库实施控泄的历时按两天考虑，水库控制下泄流量应不超过 25000m³/s，控泄期间的水库水位控制应不超过 155m。

对于中小洪水三峡水库启用滞洪调度预案运用期间，水库控制泄量约 40000m³/s，此间很可能会出现航运部门迫切需要疏散滞留积压船舶的要求，而航运需要的控制泄量约 25000m³/s，按疏散历时 2 天计，水库 2 天内将多蓄水约 25.9 亿 m³，如要在水库水位 155m

以下留出这一部分蓄水库容，相应的水库水位约为150.8m。考虑可能的不利因素，为安全稳妥起见，采用150m水位作为控制值(150～155m水位间库容约31.1亿m³)，即三峡水库为减轻下游防汛压力，对中小洪水滞洪运用期间，如迫切需要按航运要求改善两坝间航运条件以疏散大量滞留积压船舶，则按航运要求开始控泄的水库起始水位应控制不高于150m。

8.5.4 考虑库区移民淹没影响的中小洪水调度风险分析

三峡水库确定对城陵矶防洪补偿库容，即库水位145m到155m之间的56.5亿m³，既要保证荆江地区具有百年一遇防洪标准，又要分析对库区移民淹没影响。现阶段对于水库中小洪水运用的滞洪库容，主要还是按最大控制在155m水位以下约56.5亿m³库容内考虑，即与兼顾对城陵矶防洪调度的水位、库容一致。而当运用的库容大于56.5亿m³时，此时三峡水位已超155m，也需要分析中小洪水滞洪调度对库区移民的淹没影响。

三峡水库的移民标准为20年一遇洪水，移民线末端所在控制断面弹子田位于重庆市城区下游约24km。在三峡优化调度方案中，拟定三峡水库遇坝址20年一遇洪水时如果水库水位从155起调，回水末端将上延约3.7km，原末端处(弹子田)水位抬高约0.1m，对回水影响不大，在可以接受的范围内。由于三峡水库下游至城陵矶区间面积很大、洪水组成复杂，很难确定对应于宜昌20年一遇设计洪水情况，城陵矶地区是否有防洪需求以及要求的拦蓄量多少，亦需要作进一步的研究。按比较极端的洪水发生组合情况考虑，即当对城陵矶防洪补偿调度所分配的防洪库容用完后，再遇到三峡坝址20年一遇洪水时，分析上游回水水面线是否超过库区移民线。初步拟定溪洛渡、向家坝梯级水库配合运用，三峡水库对城陵矶补偿调度控制水位从156～159m，每隔1m，分别结合上游水库的拦蓄方式，作相应的调洪演算与库区回水推算，结果如表8.5-5。

表8.5-5 三峡水库不同起调水位遇坝址5%频率设计洪水时回水成果表

断面	距坝	移民	计算方案回水水位(m)			
名称	里程(km)	迁移线(m)	156m起调	157m起调	158m起调	159m起调
令牌丘	507.86	177.0	174.5	174.8	175.2	175.5
石沱	514.41	177.0	175.8	176.0	176.3	176.6
周家院子	518.20	177.3	176.4	176.6	176.9	177.2
瓦罐	522.76	177.4	177.0	177.2	177.5	177.7
长寿县	527.00	177.6	177.6	177.8	178.0	178.3
杨家湾	544.70	180.3	179.9	180.0	180.2	180.4
木洞	565.70	183.5	182.8	182.9	183.1	183.2
温家沱	570.00	184.2	183.5	183.6	183.7	183.9
大塘坎	573.90	184.9	184.2	184.3	184.4	184.6
弹子田	579.60	186.0	185.3	185.4	185.5	185.6

由表8.5-5可知，考虑上游溪洛渡、向家坝水库拦蓄作用，三峡水库分别在159m以下起调时，遇坝址20年一遇洪水，回水均于移民迁移线末端弹子田断面以下尖灭，即各方案回水

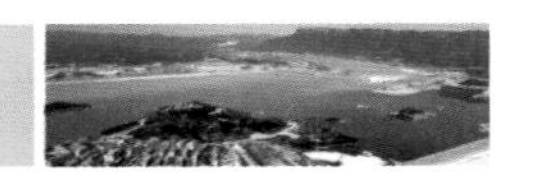

末端位置不会超过三峡库区移民迁移调查线。经与库区实地淹没调查指标对比，各控制水位下产生的具体淹没损失见表 8.5-6。

表 8.5-6　　三峡水库不同起调水位遇坝址 5%频率设计洪水时回水淹没指标统计

分类				157m 起调	158m 起调	159m 起调
农村	总户数(户)			23	48	96
	总人数(人)			81	171	335
	房屋面积(m^2)		小计	2811	5974	12366
淹没土地(亩)	小计			1268	1733	5652
城集镇	城市县城(个)			1	1	1
	集镇(个)			1	1	2
	总户数(户)			16	16	64
	总人数(人)			64	64	187
	行政事业单位数量(个)			5	5	5
	房屋面积(m^2)			8530	9330	15113
工业企业	企业数量(个)			0	0	0
	职工人数(人)			0	0	0
	户口在厂职工人数(人)			0	0	0
	占地面积(亩)			0	0	0
	房屋面积(m^2)	小计		0	0	0
专业项目	公路(km)	小计		0	0	0
	桥梁	小计	数量(座)	0	0	1
			长度(延 m)	0	0	45
		桥面受影响	数量(座)	0	0	1
			长度(延 m)	0	0	45
		通航受影响	数量(座)	0	0	0
			长度(延 m)	0	0	0
		其他受影响(如稳定性)	数量(座)	2	2	2
			长度(延 m)	50	50	50
	码头(处)			1	3	6
	输变电工程设施	输电线(km)	110kV	0	0	0
	水电站	数量(座)		1	2	2
		装机(kW)		6400	12800	12800
	抽水站	数量(座)		3	6	6
	文物古迹(处)			1	2	2

从表 8.5-6 可知，在三峡对城陵矶防洪控制水位在 157m、158m 时，人口、土地、房屋、桥梁淹没数量较少，但当三峡水库对城陵矶防洪控制水位抬升至 159m 及以上时，淹没指标成倍增长。

8.5.5　考虑上游水库调蓄的三峡水库水资源利用风险分析

8.5.5.1　溪洛渡、向家坝近年来汛期运行特点分析

溪洛渡、向家坝是金沙江下游两座大型枢纽，承担着防洪、发电等综合利用任务，防洪任务为对川渝河段防洪和配合三峡水库对长江中下游防洪。溪洛渡、向家坝水库控制金沙江流域面积 97%，占长江宜昌以上流域面积近一半，按 15 天洪量统计占宜昌的 32%，且洪水过程稳定；两库防洪库容共计 55.53 亿 m^3，拦蓄效果直接作用于三峡水库。溪洛渡、向家坝水库拦洪、蓄水对三峡水库入库洪水过程具有持续、稳定的削减作用，可使下游三峡水库水文情势发生较大变化，对三峡水库运行方式产生重要的影响。

以下以两库蓄水以来的调度实例，分别分析三峡水库上游溪洛渡、向家坝汛期（6 月中旬至 9 月上旬）的调度过程。

（1）溪洛渡

溪洛渡水库正常蓄水位 600m，防洪限制水位 560m，死水位 540m。汛期维持 560m 运行，9 月初开始蓄水，枯期根据发电需求可消落至 540m。一般情况下，溪洛渡水库汛期可能蓄水量与上一年水库已消落的水位有关，最大可蓄量为 18.11 亿 m^3（560～540m 间的库容）。2013 年溪洛渡水电站开始下闸蓄水，2014 年还处于初期运行期，水库水位从死水位 540m 不断抬高，是一个缓慢上升过程。溪洛渡水库 2014 年 6 月 1 日至 9 月 9 日的水位过程、入库流量过程、出库流量过程如图 8.5-3 所示。

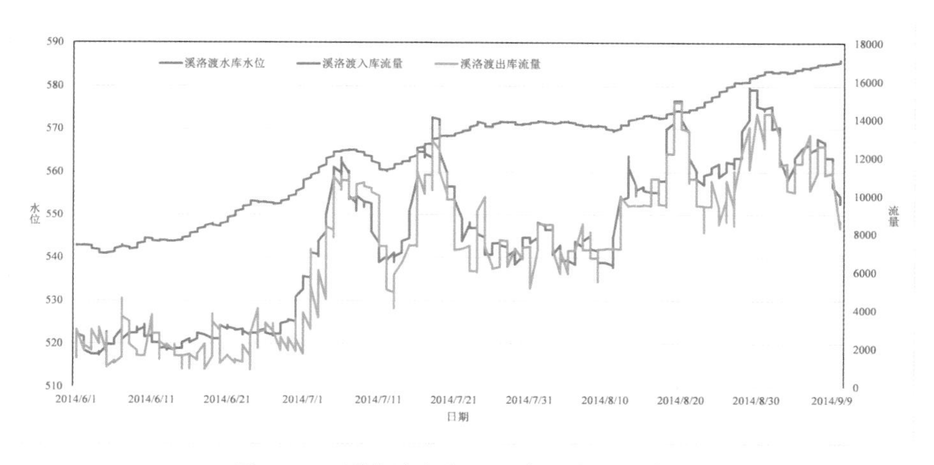

图 8.5-3　溪洛渡水库 2014 年汛期运行情况

从图中溪洛渡的调度过程可以看出，溪洛渡电站 6 月初水位在 542.75m 左右，9 月上旬水位在 587.78m 左右。同时，6—9 月溪洛渡水库平均每旬蓄水量（蓄水量＝入库流量－出库流量，拦蓄水量为负值则表示水库加泄水量，下同）如表 8.5-7 所示。

表 8.5-7　　溪洛渡 6—9 月平均每旬拦蓄流量

时间	平均蓄水流量(m^3/s)
6 月上旬	176
6 月中旬	278
6 月下旬	762
7 月上旬	724
7 月中旬	959
7 月下旬	936
8 月上旬	166
8 月中旬	376
8 月下旬	856
9 月上旬	724

从表中可以看出，溪洛渡 6 月上旬至 9 月上旬平均蓄水量均大于 0，处于拦蓄洪水的状态，起到了削减洪水作用。

(2)向家坝

向家坝水库正常蓄水位 380m，防洪限制水位和死水位均为 370m。汛期在为下游实施防洪调度时，水库拦洪蓄水。2012 年 10 月 10 日向家坝水电站正式下闸蓄水，2013 年 7 月 5 日首次蓄至死水位 370m。向家坝 2013 年 7 月 5 日至 2013 年 9 月 30 日和 2014 年 6 月 1 日至 2014 年 9 月 10 日的水位过程分别如图 8.5-4 和图 8.5-5 所示。

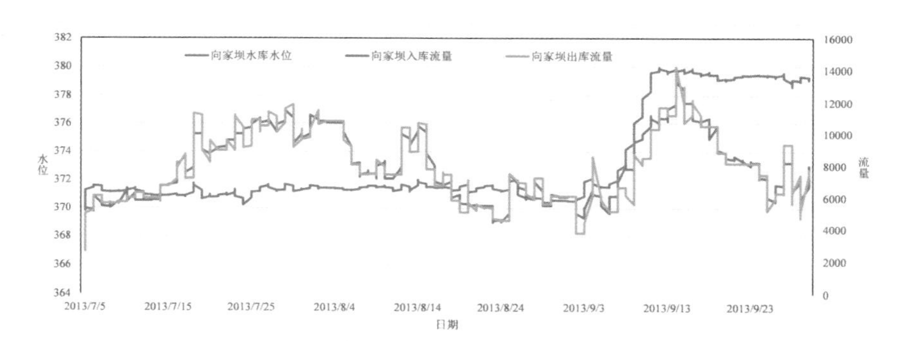

图 8.5-4　向家坝水库 2013 年汛期运行情况

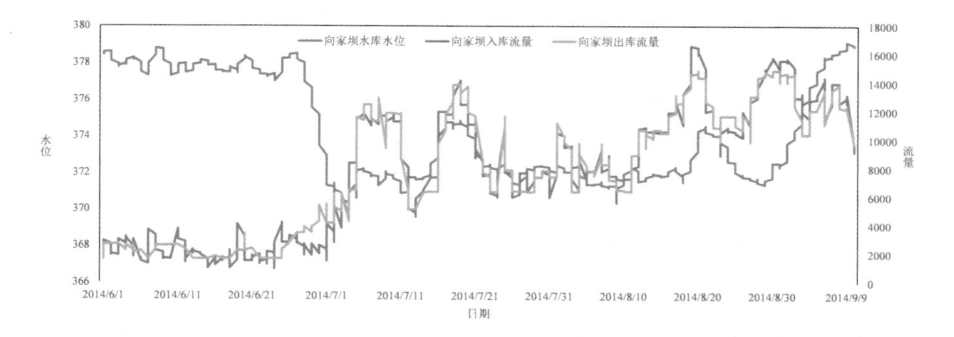

图 8.5-5　向家坝水库 2014 年汛期运行情况

从图中可以看出，向家坝2013年汛期基本在汛限水位370m左右运行，9月1日逐渐蓄水至正常蓄水位380m，之后水位根据发电需求调度有所变动，但基本维持378～380m。向家坝水库2014年6月上旬至9月上旬各旬蓄水量变化如表8.5-8所示。

表8.5-8 向家坝水库各旬拦蓄流量

时间	蓄水流量(m^3/s)
6月上旬	−139
6月中旬	129
6月下旬	−501
7月上旬	−22
7月中旬	69
7月下旬	−95
8月上旬	5
8月中旬	90
8月下旬	−111
9月上旬	736

(3)蓄水量综合分析

综合分析溪洛渡、向家坝2座水库在6—9月的实际运行情况，2座水库各旬平均蓄水量及总量如表8.5-9所示。

表8.5-9 溪洛渡、向家坝水库旬平均拦蓄量统计表

时间	旬平均蓄水量(m^3/s)		
	溪洛渡	向家坝	合计
6月上旬	176	−139	37
6月中旬	278	129	407
6月下旬	762	−501	261
7月上旬	724	−22	702
7月中旬	959	69	1028
7月下旬	936	−95	841
8月上旬	166	5	171
8月中旬	376	90	466
8月下旬	856	−111	745
9月上旬	724	736	1460

从表中可以看出，综合考虑上游水库溪洛渡、向家坝水库的调节作用，6—9月上游水库以拦洪为主，各旬拦蓄水量均大于0，为37～1460m^3/s。上游水库拦蓄可减小三峡水库的入库流量，对配合三峡水库进行中下游防洪调度是有利的。

8.5.5.2 溪洛渡、向家坝配合三峡水库防洪调度方式

溪洛渡、向家坝水库除对金沙江上游洪水进行调控，减轻川渝河段宜宾、泸州、重庆等城市的防洪压力以外，还配合三峡水库分担长江中下游地区防洪任务。根据《金沙江溪洛渡、

向家坝水库与三峡水库联合调度研究》的研究成果，溪洛渡、向家坝配合三峡水库拦洪方式具体如下：

①若预报2日后枝城流量超过56700m³/s，金沙江梯级水库拦蓄速率为2000m³/s；

②若预报2日后枝城流量超过56700m³/s，三峡入库流量超过55000m³/s，金沙江梯级水库拦蓄速率为4000m³/s；

③若预报2日后枝城流量超过56700m³/s，三峡入库流量超过60000m³/s，金沙江梯级水库拦蓄速率为6000m³/s；

④同时考虑对大流量级别的拦蓄，当预报2日后枝城流量超过56700m³/s，三峡入库达到70000m³/s以上时，拟定金沙江梯级水库拦蓄速率为10000m³/s。

在上游溪洛渡、向家坝水库的配合运用下，三峡水库对城陵矶防洪补偿控制水位可抬升至158m，进一步抬高需视上游来水情况，并密切关注长寿县附近区域水位的变动情况。

8.5.5.3 考虑上游水库调蓄的三峡水库洪水资源利用风险分析

(1)考虑溪洛渡、向家坝不同拦蓄能力的洪水资源利用风险分析

考虑溪洛渡、向家坝2座上游水库不同拦蓄能力，假设拦蓄500m³/s、1000m³/s、2000m³/s、4000m³/s、5000m³/s、6000m³/s和10000m³/s等不同情况，计算三峡水库不同频率设计洪水最高调洪成果，见表8.5-10。

表8.5-10 考虑上游不同拦蓄能力的三峡水库频率设计洪水最高调洪成果

拦蓄能力(m³/s)	频率	最高调洪水位(m)(起调水位:155m)				
		1954年	1981年	1982年	1998年	MAX
0	1%	170.24	168.50	171.23	169.23	171.23
	2%	165.79	166.32	167.31	166.02	167.31
	5%	161.31	162.86	161.97	161.45	162.86
500	1%	169.22	168.16	171.03	168.52	171.03
	2%	165.43	166.03	166.44	165.63	166.44
	5%	160.87	162.58	161.77	161.07	162.58
1000	1%	168.22	167.84	171.00	167.84	171.00
	2%	165.11	165.76	165.59	165.26	165.76
	5%	160.48	162.31	161.38	160.70	162.31
2000	1%	166.78	167.24	169.95	167.00	169.95
	2%	164.28	165.23	164.57	164.41	165.23
	5%	159.68	161.80	160.75	159.85	161.80
4000	1%	165.30	166.15	166.53	165.47	166.53
	2%	162.66	164.13	163.31	162.78	164.13
	5%	157.98	160.81	159.52	158.31	160.81

续表

拦蓄能力(m³/s)	频率	最高调洪水位(m)(起调水位:155m)				
		1954年	1981年	1982年	1998年	MAX
5000	1%	164.56	165.65	165.00	164.70	165.65
	2%	161.82	163.59	162.57	162.00	163.59
	5%	157.15	160.33	158.81	158.11	160.33
6000	1%	163.74	165.16	164.26	163.88	165.16
	2%	161.05	163.05	162.05	161.20	163.05
	5%	156.47	159.85	158.32	157.67	159.85
10000	1%	160.57	163.03	161.70	160.70	163.03
	2%	157.75	161.07	159.57	158.55	161.07
	5%	155.14	157.98	156.77	156.78	157.98

三峡水库对中小洪水进行滞洪调度的最高蓄水位，按不超过兼顾对城陵矶防洪运用的155m控制。由计算结果可知，随两库拦蓄量的加大，三峡水库最高调洪水位可相应降低。如对1982年型1%一遇洪水，拦蓄流量5000m³/s与500m³/s相比，最高调洪水位可降低5.9m。拦蓄流量达1000m³/s后，所有典型1%调洪最高水位均不超171.0m。分析表明三峡水库在上游溪洛渡、向家坝水库的配合下可在一定程度上减少防洪风险，上游水库配合三峡水库进行洪水资源利用是有利的。

(2)考虑溪洛渡、向家坝联合调度的洪水资源利用风险分析

三峡工程建成后，可使荆江地区防洪标准由十年一遇提高到百年一遇。虽然上游建库后，流域对遭遇大洪水调蓄能力提高，但如果扩大对城陵矶防洪库容会在一定程度上压缩三峡水库对荆江河段预留防洪库容空间。

在考虑上游水库配合三峡水库对荆江防洪调度中，根据溪洛渡、向家坝配合三峡水库防洪调度方式，选取157m、158m、159m不同三峡水库对城陵矶防洪补偿控制水位，并作为计算起调水位，对坝址百年一遇洪水进行调洪，表8.5-11给出了在考虑上游水库调蓄后，三峡水库在遭遇坝址百年一遇洪水时调洪最高水位值。从表8.5-11中可以看出，当起调水位在158m(含158m)以下时，三峡水库在遭遇各种典型百年一遇洪水时，对荆江河段进行防洪，对应最高调洪水位不高于171.0m。

表8.5-11　　考虑溪洛渡、向家坝调度三峡水库遇1%频率设计洪水调洪成果

典型年	最高调洪水位(m)		
	起调水位157m	起调水位158m	起调水位159m
1954年	168.2	169.0	169.8
1981年	165.5	166.3	167.1
1982年	170.1	171.0	171.5
1998年	166.4	167.2	168.0

从表8.5-11中可以看出，当起调水位在158m（含158m）以下时，三峡水库在遭遇各种典型百年一遇洪水时，对荆江河段进行防洪，对应最高调洪水位低于171.0m；当起调水位在159m以上时，在对1982年典型洪水调洪中，对应的最高调洪水位将超过171m。但由于1982年属于上游性洪水典型，涨势迅猛，水库是按对荆江防洪调度方式调洪，这种典型洪水，水库起调水位一般在防洪限制水位。从分析可见，上游干支流水库陆续建成，配合三峡水库拦洪，流域对洪水的调蓄能力在现有基础上会更强，三峡水库洪水资源利用的风险，可进一步降低。

8.6 中小洪水调度对泥沙的影响分析

三峡水库试运行以来，在运行方式方面超出了原论证和初设的界限做了中小洪水拦蓄试验，对发电有较好的效益，对防洪可减少防汛时人力和物资的消耗。但是另一方面，也有不同的看法。认为中小洪水对水库淤积、特别变动回水区有一定影响，加大了水库的淤积。其次，拦蓄中小洪水可能会减少三口分流，影响洞庭湖汛期中枯水时的来水量。更主要的是，如按中小洪水调度，会消减中下游河道洪峰，减少洪水的造床作用，使河床产生一定程度衰退。这种情况如果出现，对防洪和河道健康是至关重要的。当然，是否对航道有什么影响目前尚未有人正式提出。由于缺乏深入的研究，有的问题难以说清，致使拦蓄中小洪水的争论虽持续了数年，但仍无明确结论。

针对上述问题，我们对三峡水库调蓄中小洪水进行了研究，包括拦蓄中小洪水的意义，不同控泄流量对水库淤积、下游河道、三口分流等方面的影响。

8.6.1 三峡水库淤积计算概况

本节根据数学模型计算，简略介绍三峡水库淤积概况。

8.6.1.1 三峡水库淤积模型复演

三峡水库自2003年6月至2013年底的10余年，经过了围堰蓄水（2003.6—2006.8）、初期蓄水（2006.9—2008.9）、试验性蓄水（2008.9以后）等过程，蓄水位逐步抬高，坝前水位过程见图8.6-1。

2003年6月1日至2013年12月31日，三峡水库入库（朱沱、北碚、武隆三站之和）沙量累计21.67亿t，出库4.97亿t，由输沙量法可知水库累计淤积16.70亿t。数学模型计算三峡水库2003年6月1日至2013年12月31日累计淤积量16.27亿t，与实测的16.70仅相差2.6%（见图8.6-2），计算与实测数字十分符合。

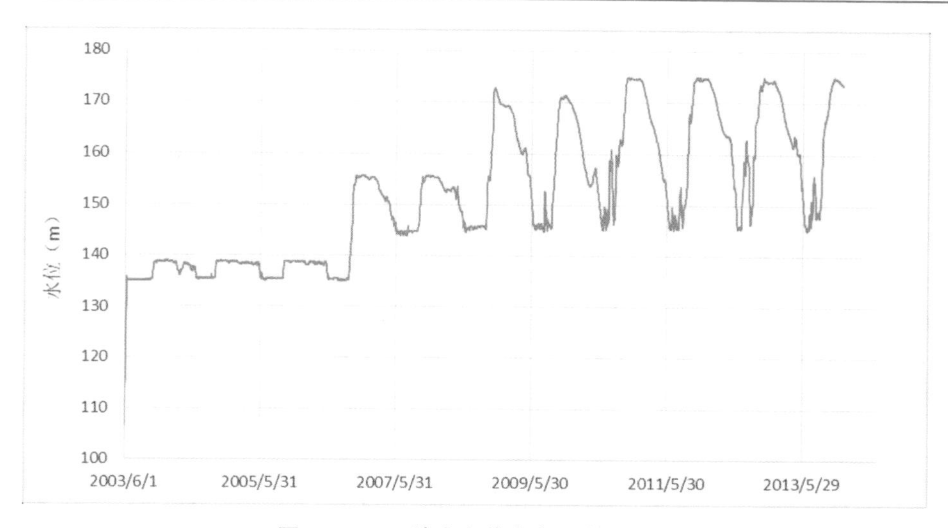

图 8.6-1　三峡水库蓄水水位变化过程

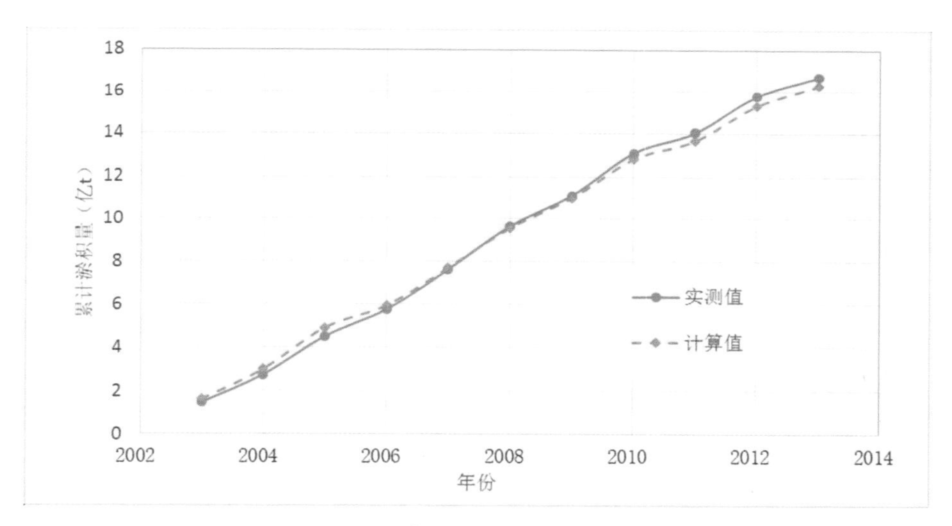

图 8.6-2　三峡水库累计淤积量计算结果

8.6.1.2　水库淤积过程

根据三峡水库90系列入库水沙条件，模型模拟了三峡水库运用300年的淤积状况。表8.6-1及图8.6-3为三峡水库总淤积量过程。三峡水库100年、200年、300年累计淤积量分别为70.6亿m^3、97.5亿m^3和132.1亿m^3。三峡水库上游梯级水库的运用大大减缓了三峡水库的淤积，也决定了三峡水库的淤积过程，三峡水库运用初期，因水库长、库容大，较细的泥沙亦易在库区落淤，因而淤积速率较快。100年后，随三峡水库死库容淤积，排沙增多，三峡水库淤积趋缓。101～200年年淤积量约为0.27亿m^3，仅为前100年的年均淤积量0.71亿m^3的38.1%。200年以后，随着上游水库相继淤积平衡，排沙加大，三峡水库来沙增多，淤积速率又加大，201～300年三峡水库年淤积量约为0.35亿m^3，比101～200年增加约

28.7%,这又表明入库沙量是影响三峡水库淤积的最重要的因素。

表 8.6-1　三峡水库总淤积量

年	10	20	30	40	50	60	70	80	90	100
累计淤积（亿 m^3）	9.2	16.9	24.6	32.2	39.6	46.7	53.4	59.8	65.5	70.6
年	110	120	130	140	150	160	170	180	190	200
累计淤积（亿 m^3）	75.0	78.6	81.5	84.2	86.6	89.1	91.2	93.3	95.4	97.5
年	210	220	230	240	250	260	270	280	290	300
累计淤积（亿 m^3）	100.4	103.6	107.3	111.1	115.0	118.8	122.5	125.9	129.2	132.1

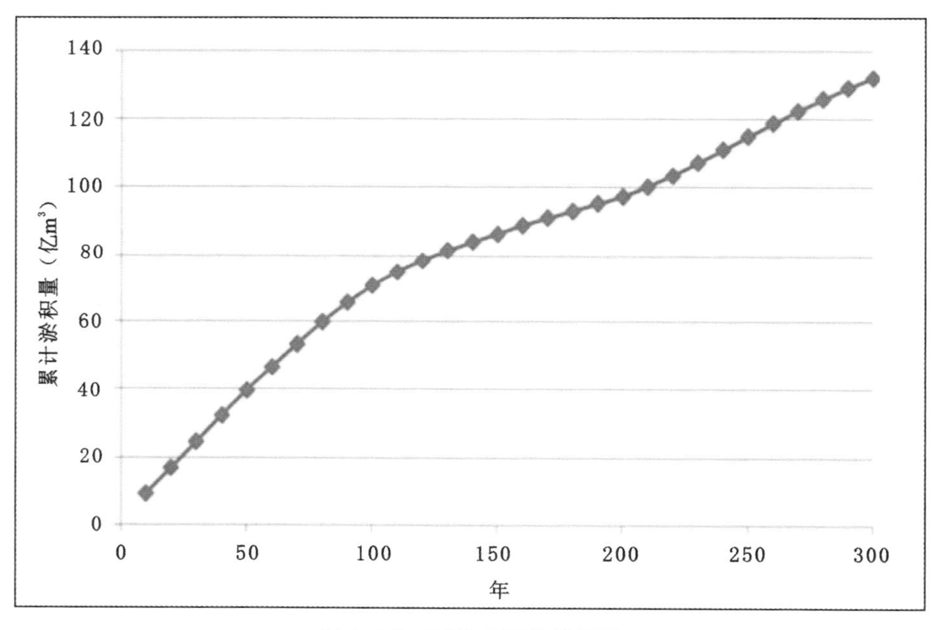

图 8.6-3　三峡库区总淤积量

8.6.1.3　变动回水区淤积

三峡水库 175－145－155m 正常蓄水运用后，非汛期回水将至重庆上游的江津附近，汛期回水在重庆下游的长寿附近，因而重庆河段处于三峡水库的变动回水区。表 8.6-2 及图 8.6-4为模型计算三峡水库变动回水区的淤积过程：200 年以前三峡水库变动回水区淤积缓慢，累计淤积量为 2.6 亿 m^3；200 年后，淤积发展较为迅速，这正是上游梯级水库淤积平衡后排沙量大、排沙级配粗的结果。

三峡水库变动回水区中重庆河段 200 年前淤积较少，约为 0.34 亿 m^3，200 年后开始累计性淤积，至 300 年淤积量约为 1.89 亿 m^3。

表 8.6-2 三峡水库变动回水区淤积量

年	10	20	30	40	50	60	70	80	90	100
累计淤积（亿 m^3）	0.745	0.930	0.997	1.045	1.073	1.099	1.136	1.194	1.238	1.273
年	110	120	130	140	150	160	170	180	190	200
累计淤积（亿 m^3）	1.349	1.422	1.481	1.605	1.746	1.930	2.021	2.165	2.367	2.638
年	210	220	230	240	250	260	270	280	290	300
累计淤积（亿 m^3）	3.180	3.848	4.463	4.992	5.465	5.975	6.486	6.901	7.307	7.562

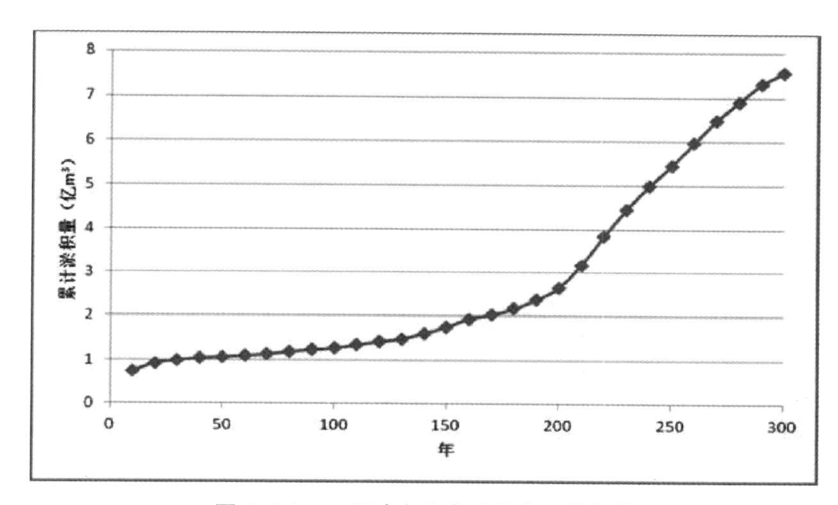

图 8.6-4 三峡水库变动回水区淤积量

8.6.1.4 三峡水库排沙

三峡水库出库沙量是逐渐增加的（见表 8.6-3 及图 8.6-5），前 100 年累计出库沙量 56.9 亿 t，101—200 年累计出库沙量 149.3 亿 t，201—300 年累计出库沙量 255.6 亿 t。随着三峡水库排沙的增多，排沙颗粒逐渐变粗，图 8.6-6 为三峡水库出库级配图，在前 10 年，三峡水库出库泥沙中值粒径约 0.01mm，此后排沙级配不断变粗，至 300 年，排沙中值粒径接近 0.02mm。

表 8.6-3 三峡水库出库沙量

年	10	20	30	40	50	60	70	80	90	100
累计出库（亿 t）	3.4	6.4	9.5	13.2	17.6	22.9	29.3	37.1	46.4	56.9
年	110	120	130	140	150	160	170	180	190	200
累计出库（亿 t）	68.6	81.2	94.5	108.6	123.4	138.9	154.8	171.1	188.2	206.2
年	210	220	230	240	250	260	270	280	290	300
累计出库（亿 t）	226.1	248.0	271.3	295.5	320.8	347.3	375.1	403.5	432.7	461.8

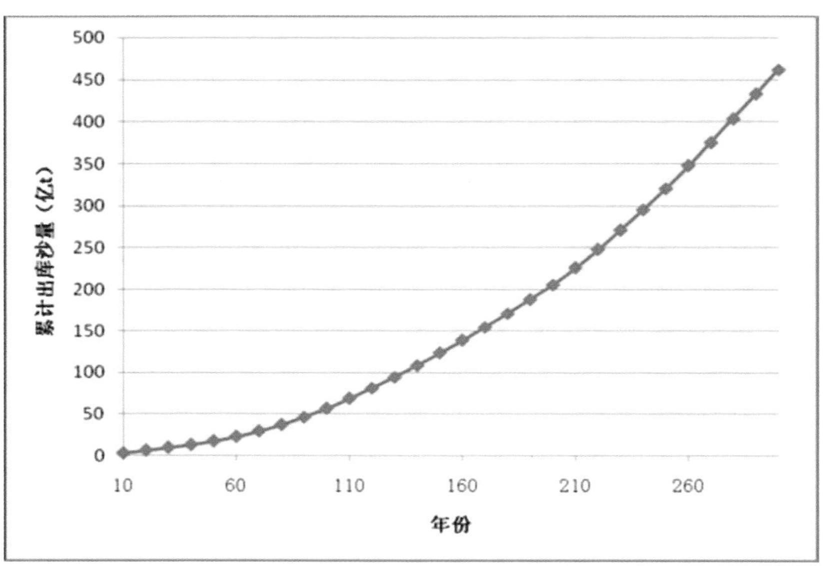

图 8.6-5　三峡水库出库沙量

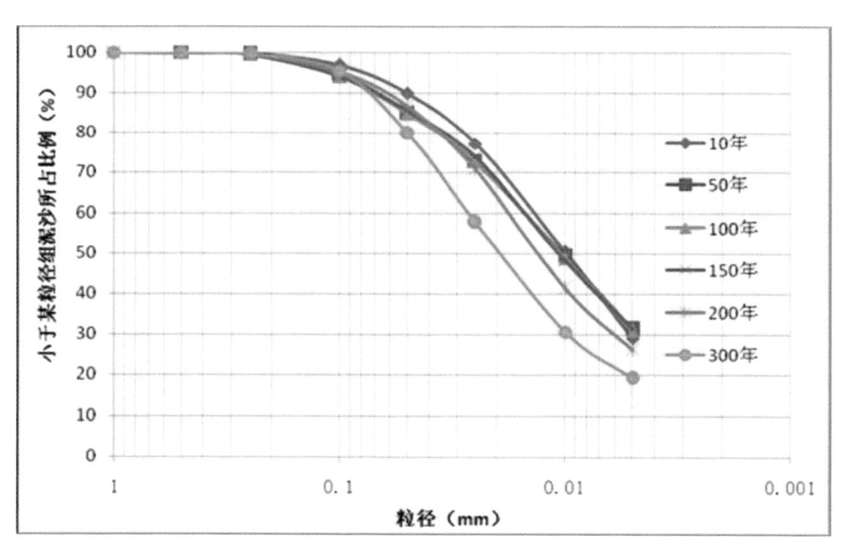

图 8.6-6　三峡水库排沙中值粒径

8.6.2　中小洪水调度对水库淤积影响

三峡水库进行中小洪水调度，抬高了调洪期间的水位，增加了水库的淤积，图 8.6-7 为模型计算调控流量 45000m³/s 及 35000m³/s 以上洪水工况下三峡水库淤积与正常蓄水方案(56700m³/s，145m)下的比较。可见，调控 45000m³/s 以上洪水，100 年三峡水库累计淤积量 72.344 亿 m³，比正常蓄水方案增加 0.462 亿 m³，差别不大；调控 35000m³/s 以上洪水，100 年三峡水库累计淤积量 77.002 亿 m³，比正常蓄水方案增加 5.12 亿 m³。水库变动回水区具有同样的淤积趋势(图 8.6-8)，如调控 45000m³/s 以上洪水，100 年三峡水库变动回水区累计淤积量 0.63 亿 m^3，比正常蓄水方案增加 0.001 亿 m^3；调控 35000m^3/s 以上洪水，100 年三峡水库变动回水区累计淤积量 0.664 亿 m^3，比正常蓄水方案增加 0.035 亿 m^3。

两种调控方案产生较大差异的原因是调控流量大，调控的机会就少，且壅高坝前水位的时间短。如以 1991 年 8 月 11 日至 1991 年 9 月 7 日为例，调控 45000m^3/s 以上洪水方案，控制流量 9 天(图 8.6-9)，最高坝前水位 147.59m(图 8.6-10)；而调控 35000m^3/s 以上洪水方案，控制流量 36 天，最高坝前水位 157.61m，所以导致调控 45000m^3/s 以上洪水方案三峡水库淤积量 0.185 亿 m^3，比正常蓄水方案多 0.005 亿 m^3，即多淤积 2.8%；调控 35000m^3/s 以上洪水方案三峡水库淤积量 0.209 亿 m^3，比正常蓄水方案多 0.029 亿 m^3，即多淤积 16.1%；从淤积分布上看(图 8.6-11)，调控 45000m^3/s 以上洪水方案与正常蓄水方案各河段淤积量差别不大；调控 35000m^3/s 以上洪水方案与正常蓄水方案相比，明显增加了万县以上河段淤积量。特别是其中的涪陵、忠县河段，调控流量 45000m^3/s 和正常蓄水位方案是冲刷，而调控流量 35000m^3/s 则是淤积。

综上所述，拦蓄中小洪水对水库淤积是不利的，调控流量 35000m^3/s 方案，水库总淤积量多淤 $5.12\times10^8 m^3$ 相当多淤了 2%，是很大一个数值。其次从变动回水区看，正常蓄水位方案与 45000m^3/s 方案在变动回水区涪陵以上河段是不淤的，这对水库消落期通航是很有利的。同时可减少淤积引起水位抬高，因此从水库淤积看，调控流量 45000m^3/s 应是可以接受的。

此外，尚需说明的是，此处引用的成果是淤积 100 年以内。如 100 年以后，尤其是 200 年以后，来沙增加，变动会失去淤积和水库淤积的绝对值均会增加。例如表 8.6-2 淤积 150 年，变动回水区累计淤积 1.746×10^8m；而 300 年累计淤积 2.562×10^8m，即增加到 4.33 倍。显然此时不同调控流量绝对淤积量的差别会大幅增加。

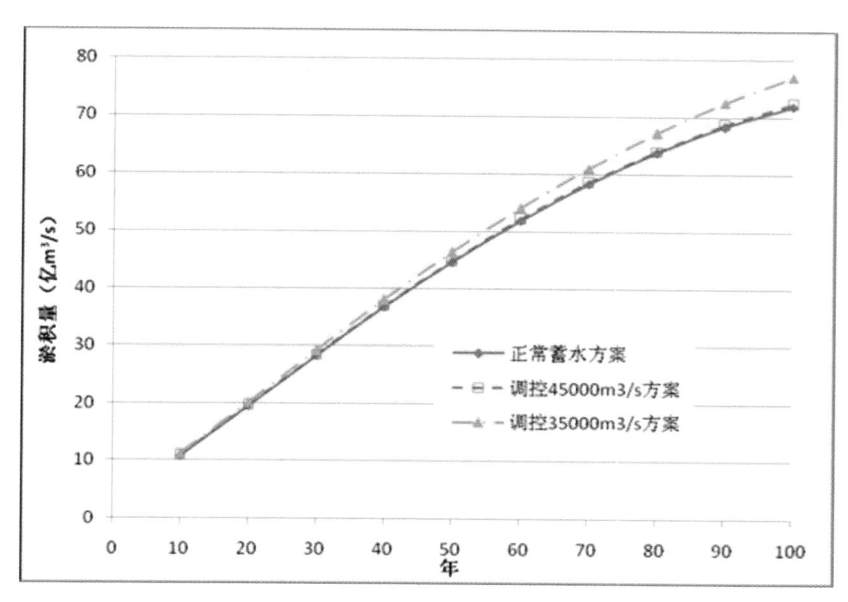

图 8.6-7 三峡水库累计淤积量

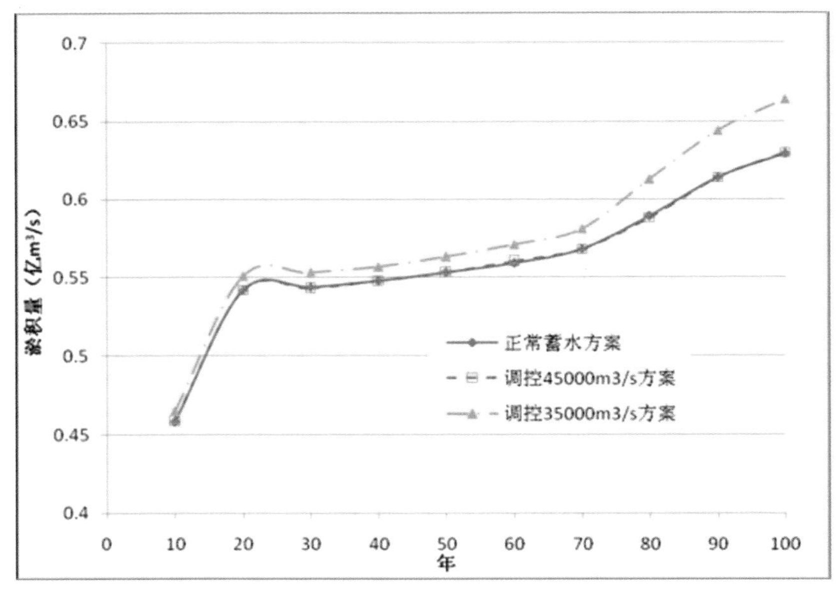

图 8.6-8　三峡水库变动回水区累计淤积量

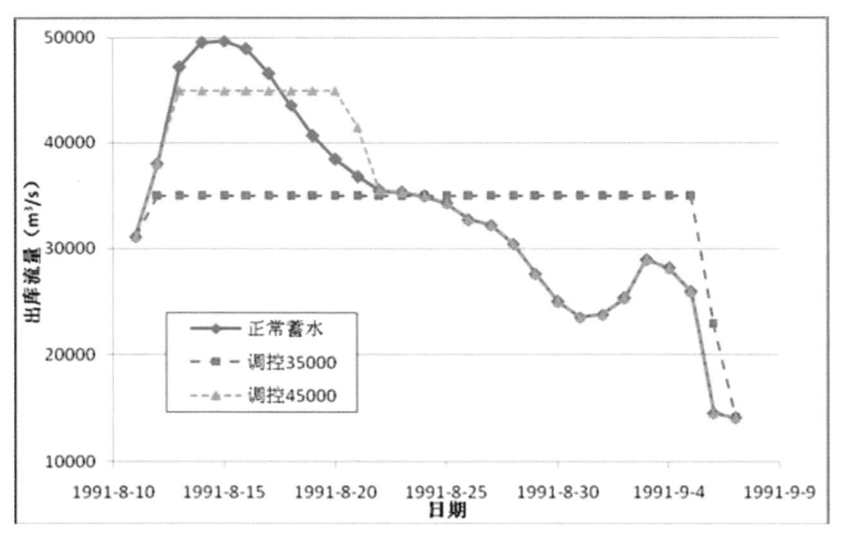

图 8.6-9　三峡水库出库流量过程

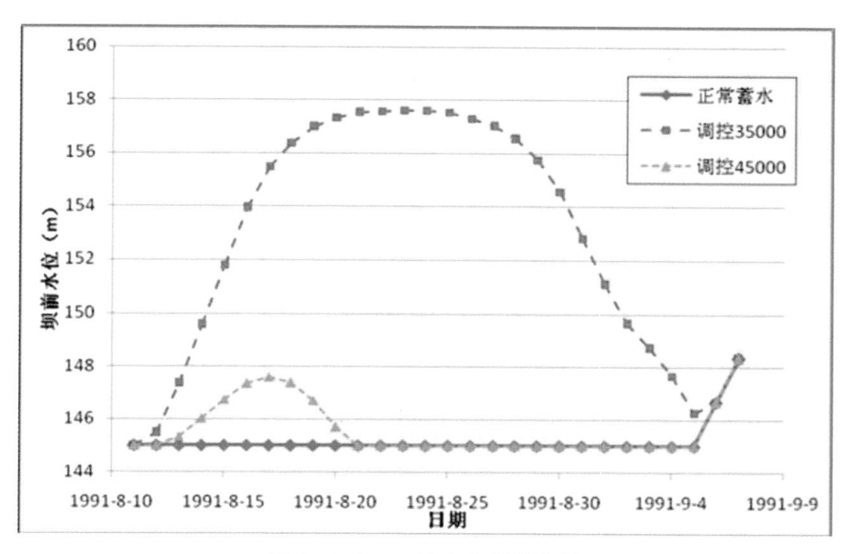

图 8.6-10　三峡水库坝前水位

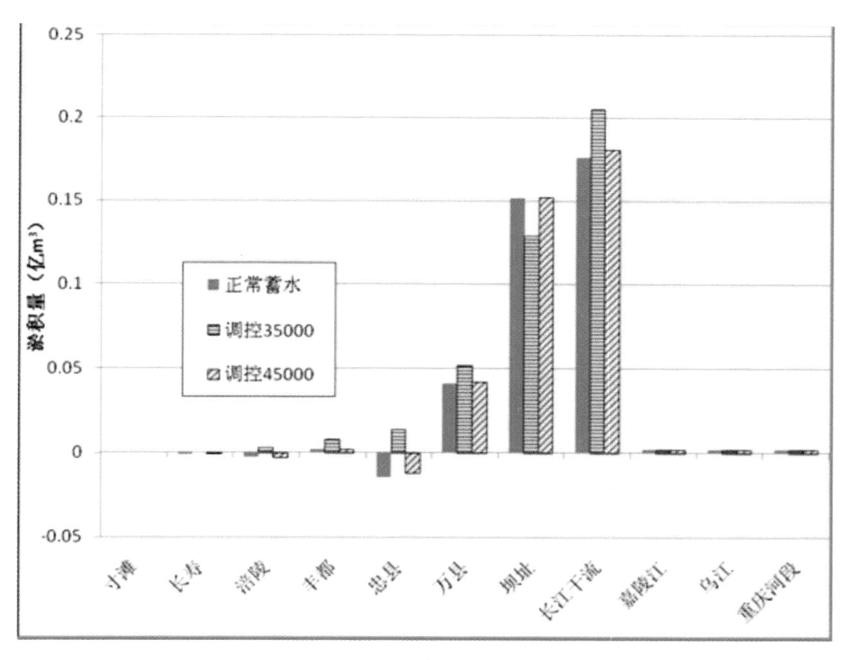

图 8.6-11　三峡水库淤积分布

8.6.3　上游水库运用对洞庭湖三口分流的影响

三口分流与枝城流量成相关的关系，枝城流量大，三口分流比也大；反之亦然。上游水库调蓄会减少三口分流入湖径流量。本研究主要分析减少的数值大小及利弊。

（1）联合调度后枝城径流量变化

参考三峡—葛洲坝水利枢纽梯级调度规程有关问题研究等成果，三峡水库及其上游干支流主要水库(溪洛渡、向家坝、二滩、瀑布沟、紫坪铺、宝珠寺、洪家渡、乌江渡等)联合调度后,出库(枝城)月径流量变化见表 8.6-4。

从表 8.6-4 看出,三峡水库联合调度后,枯季 11 月至次年 4 月,径流量增加 $496\times10^8m^3$,5 月至 10 月减少径流量 $496\times10^8m^3$。其中 1 月至 3 月增加约 100 亿 m^3 左右。

可见联合调度后,年流量过程变化较大,在表 8.6-5 中列出了与表 8.6-4 相应的三口径流。

表 8.6-4 枝城月径流量统计 (单位:亿 m^3)

月份＼项目	天然状态	正常蓄水		联合调度		
	径流量	径流量	与天然状态径流量之差	径流量	与天然状态径流量之差	月平均流量(m^3/s)
1	123	150	26	205	82	7654
2	102	147	45	203	101	8316
3	130	183	53	239	109	8923
4	189	222	33	278	89	10730
5	314	354	50	298	17	11130
6	490	516	25	380	−110	14660
7	898	878	−20	877	−21	32740
8	763	755	−8	712	−51	26580
9	576	558	−18	471	−105	18170
10	449	258	−190	258	−191	9633
11	216	256	−5	306	45	11810
12	166	174	8	236	69	8811
全年	4462	4462	0	4462	0	14149

表 8.6-5 三口月径流量统计 (单位:亿 m^3)

月份＼项目	天然状态	三峡水库正常蓄水		多库联合调度	
	径流量	径流量	与天然状态径流量之差	径流量	与天然状态径流量之差
1	0.2	0.9	0.7	5.0	4.8
2	0.2	1.4	1.3	6.3	6.2
3	0.7	3.1	2.5	9.2	8.5
4	5.9	8.7	2.7	17.0	11.1
5	25.0	35.4	10.3	22.2	−2.9
6	71.2	77.5	6.3	44.3	−26.9
7	178.7	173.3	−5.4	173.3	−5.4
8	139.5	137.4	−2.1	126.6	−12.9
9	90.2	85.5	−4.6	64.1	−26.0
10	54.4	14.6	−39.8	14.6	−39.8
11	15.6	14.8	−0.8	23.2	7.6
12	2.4	2.7	0.3	8.9	6.6
全年	583.8	555.2	−28.6	514.6	−69.2

(2)调洪削峰会导致三口径流量减少

例如来一个洪峰平均流量 70000m^3/s,共 7 天,水量共 $423.36\times10^8m^3$,峰后来水 20000m^3/s,共 10.5 天,来水 $181.44\times10^8m^3$。前后共 17.5 天,共来水 $604.8\times10^8m^3$。现在分两种情况调度。第一种是不蓄水,则三口分流量为 $423.36\times10^8m^3\times0.269+181.44\times10^8m^3\times0.157=142.74\times10^8m^3$;第二种按 40000$m^3/s$ 流量下泄,经 17.5 天将来水全部泄完。此时分流 $604.8\times10^8m^3\times0.217=131.24\times10^8m^3$。因此可见调洪后,入湖水量减少 $142.74\times10^8m^3-131.24\times10^8m^3=11.5\times10^8m^3$。所述计算中分流比见表 8.6-6。由此可见,上游水库蓄水消减了洪峰,也会消减三口分流量。

但是需要强调指出,这种减少分流入湖水量,对洞庭湖是好事,因为削了洪峰,正是发挥其防洪效益,是必须维护的。

表 8.6-6 三口分流比

枝城流量(m^3/s)	时期(年)	三口流量(m^3/s)	分流比%
70000		18800	26.9
60000		15100	25.2
55000	1981—2002		(24.0)
50000	1981—2002	11200	22.8
40000		8694	21.7
30000	2003—2013	5864	19.4
19000		2945	15.5
8000	2003—2013	592	7.4
5600		129	3.3
4600		7.36	0.16

(3)水库汛末蓄水对三口分流的影响

水库汛末蓄水也自然会减少三口入湖径流量,并且减少的幅度相对较大。这是因为汛末及枯季,三口分流量随着流量的减小,而迅速减小,以致接近断流,如表 8.6-6,现在举一个例子。

据上述资料(表 8.6-6)看出,在联合调度下,9 月份蓄水减少径流量 26 亿 m^3,10 月份蓄水减少径流量 39.8 亿 m^3两者合计减少入湖径流量 65.8 亿 m^3。12 月至 4 月加大入湖径流量 44.8 亿 m^3。两者之差,即汛后减少入湖径流量 21 亿 m^3。

当然,由于三峡水库蓄水是水库综合效益的基础,是需要保证的。因此减少入湖径流量的影响是存在的,目前正在研究三峡和上游水库群蓄水对两湖影响的综合应对措施。尚需指明的是,上述 9 月和 10 月入湖径流量减少 65.8 亿 m^3,12—4 月增加 44.8 亿 m^3,两者质量是不一样的。一方面减少的分流量在汛末,此时洞庭湖水量大,而且还有不断流出;同时增加的径流量均在枯季,对于枯季水资源意义要大得多。

(4)拦蓄中小洪水也会减少三口分流

拦蓄中小洪水,会消减一些中等洪峰,自然也会减少三口入湖径流量。例如,有如下一次中小洪水过程。洪峰来水平均 55000m^3/s,持续 4 天,共来水 $190.08\times10^8m^3$。接着 16 天

平均来流量 $30000m^3/s$，共来水 $414.72\times10^8m^3$。分两种调度。第一种完全不调度，来多少，走多少。此时入湖径流量：$190.08\times0.240+80.46\times0.194=126.08\times10^8m^3$。第二种调度，流量按 $35000m^3/s$ 下泄，共 20 天泄完。则此时三口入湖流量为 $60.48\times\times10^8m^3\times0.2005=121.3\times10^8m^3$。这个例子将减少中小洪水入湖径流量 $126.08\times10^8m^3-121.3\times10^8m^3=5.5\times10^8m^3$。

由此可见，拦蓄中小洪水的确要减少入湖流量。但是相对正常调洪和汛末蓄水，减少入湖径流量的幅度要小，且是在洪水期。看来影响三口入湖径流量较小，应不是拦蓄中小洪水的关键条件。

8.6.4 中小洪水运用对水库下游河道造床的影响

中小洪水运用大幅度削减了洪峰，减少了输沙能力，减少了塑造河床的能力。会在不同程度上减少水流造床能力，以致引起河床不同程度的衰退。问题是衰退的程度如何，是否能接受。如果河流衰退超出了能接受的而范围，则变成了一个重要的问题是，拦蓄中小洪水(减低起调流量)的关键，因此必须多方面研究。需要指出的是到目前为止，河流动力学对这个问题，尚难给出明确肯定的答案。这是因为径流量变化引起河流形态变化目前无法计算出可靠的定量结果。当然对河流造床过程，已有不少研究，能从实际资料定性分析和定量计算出一些结果，并且有一定可信度。特别是几种方法对比研究后可靠程度会更好一些。所以在下面，我们将采用三种方法结合。包括实际河道衰退资料的对比、借鉴，理论分析和半经验公式计算。

(1)水库下游河道衰退的实例

①三门峡水库修建后由于过流能力不够，大量削减了洪峰。加之径流量减少，使下游河道平滩流量由建库前的 $7200m^3/s$ 左右减小至 $2500\sim3000m^3/s$。至小浪底水库建成前，最小平滩流量仅 $2000\sim1800m^3/s$，从而使河槽发生萎缩。

②丹江口水库下游汉江经长期冲刷后，下游各站中小流量水位下降，大洪水水位抬高。坝下 5km 的黄家港站 $1000\sim10000m^3/s$ 流量以下是水位降低(−1.68m 至−0.53m)，$15000\sim25000m^3/s$ 是抬高(+0.1～+1.04m)，见表 8.6-7。其他老河口、襄阳、宜城均是流量 $1000\sim7000m^3/s$ 水位降低(−1.68～−0.10m)，而流量 $10000\sim25000m^3/s$ 是抬高(+0.26～0.86m)。为什么河床冲刷后水位还会抬高？原因是支汊由于主汊冲刷而衰塞，滩地增大主槽缩窄等综合作用。其次高滩长草、长树导致糙率加大也有一定影响。

表 8.6-7　丹江口水库蓄水前后同流量下汉江水位升降

站名	各流量下水位下降(−)和升高(+)值				水位(m)		流量(m^3/s)		
	1000	2000	3000	5000	7000	10000	15000	20000	25000
黄家港	−1.68	−1.64	−1.56	−1.85	−1.09	−0.53	+0.13	+0.57	+1.04
老河口	−1.55	−1.40	−0.80	−0.34	−0.06	+0.12	+0.40	+0.63	+0.86
襄阳	−1.20	−0.83	−0.66	−0.55	−0.49	+0.26	+0.28	+0.30	+0.40
宜城	−0.37	−0.28	−0.22	−0.20	−0.10	+0.30	+0.37	+0.38	+0.40

③在少沙河流，流量大小对河槽的影响也是很大的。丹江口水库下游汉江1977年至1979年连续三年枯水(年平均流量1254m^3/s)，1981年至1983年连续三年大水(年平均流量2205m^3/s)。前者使下游庙岗至碾盘山长河段(长152km)主槽冲刷2278万m^3，滩上淤积2735m^3，冲淤抵消后，尚淤457万m^3。实际是实现了泥沙搬家。滩上的淤积估计相当于河槽缩窄200m，河滩淤高0.75m。三年大水年主槽冲刷5364万m^3，滩上冲刷2025万m^3，两者合计总冲刷7642m^3。若按拓宽河槽200m，则滩上冲刷0.67m(冲淤量见表8.6-8)。

表8.6-8　庙岗—碾盘山河段槽、滩冲淤量变化表

序号	河段名称	河段长度(km)	1978.7—1981.6		1981.6—1984.6		1978.7—1984.6		说明
			槽冲淤量	滩冲淤量	槽冲淤量	滩冲淤量	槽冲淤量	滩冲淤量	
1	庙城—牛首	19.04	−329.0	+310.8	−631.2	+99.2	−960.2	+410.0	1. 冲淤量单位×10^4m^3； 2. (−)为冲，(+)为淤； 3. 襄阳—观音阁包括无粮洲左右汊左汊汊槽淤16.4×10^4m^3；右汊槽冲152.7×10^4m^3，滩冲249×10^4m^3。
2	牛首—白家湾	10.35	−287.8	+111.4	−131.3	−204.5	−419.1	+315.9	
3	白家湾—襄阳	8.78	−378.5	+273.9	−200.9	+51.2	−579.4	+325.1	
4	襄阳—观音阁	12.73	−237.7	−125.6	−365.1	−369.6	−602.8	−495.2	
5	观音阁—刘集	7.84	−132.6	+81.6	−559.9	−392.2	−692.5	−310.6	
6	刘集—小河口	11.59	−146.5	+427.5	−36.3	−727.7	−182.8	−300.2	
7	小河口—红山头	8.75	−74.7	+52.5	−271.3	−324.6	−346.0	−272.1	
8	红山头—宜城	5.68	−306.7	+754.9	+130.9	−225.3	−175.8	−70.4	
9	宜城—官庄	4.75	−117.4	+191.9	+239.6	−116.0	+122.2	+75.9	
10	官庄—雅口	8.36	−86.4	+241.4	+33.1	−16.8	−53.3	+224.6	
11	雅口—郭海营	4.45	−134.9	+43.2	+103.4	−65.5	−31.5	−22.3	
12	郭海营—万家脑	4.84	+392.7	+165.1	−1318.0	−268.0	−925.3	−102.9	
13	万家脑—流水沟	3.85	+242.1	+218.5	−399.3	−137.0	−157.2	+81.5	
14	流水沟—转斗湾	11.03	+46.9	−21.3	−849.6	−306.0	−802.7	−327.3	
15	转斗湾—薛家湾	12.82	−506.2	+437.2	−632.5	+21.1	−1138.7	+458.3	
16	薛家湾—碾盘山	14.31	−221.4	+172.5	−475.4	+547.5	−696.8	+720.0	
小计	庙岗—碾盘山	152.17	−2278.1	+2735.5	−5363.8	−2025.2	−7641.9	+710.3	

④中小洪峰削减。造成河道萎缩的典型例子，可见小浪底水库调沙运用前后的一组资料。事实上小浪底水库在调水调沙前(1999年10月至2002年5月)采用细水长流运用，花园口以上冲1.78亿m^3，花园口至高村冲1.64亿m^3，高村至利津淤0.42亿m^3，但是此时仅花园口水位降低0.48m，夹河滩至高村，虽然冲刷了，水位不仅未降，反而抬高了：夹河滩抬高0.16m，高村抬高了0.41m，艾山抬高了0.54m，利津抬高了0.25m。这是在小浪底下泄清水，采用细水长流，控制洪峰情况下出现的。本来水库拦了沙，下泄清水，高村以下反而淤积，水位抬高，这似乎是难以理解，但是确是事实。更难以置信的是花园口至高村发生了冲刷，但是水位却是抬高的。可见主槽缩窄的作用和河床演变的复杂性。与此形成鲜明对比的是由于调水调沙制造了洪峰流量后，2002年5月至2006年10月花园口以上冲刷2.84亿m^3，花园口至高村冲刷3.78亿m^3，高村至艾山冲1.56m^3，艾山至利津冲

2.04 亿 m^3。花园口至利津水位全部降低，花园口降低 1.39m，夹河滩降低 1.15m，高村降低 1.29m，艾山降低 0.87m，利津降低 0.85m。

(2)三峡下游河道变化的趋势

①据长江水利委员会水文局近期提供的资料，上荆江上段虎渡河以上，关洲、芦家河、董市、柳条洲、江口洲、火箭洲以及马羊州等七个洲滩变化的趋势均是固定高程以下的面积是扩大的(表 8.6-9)。上荆江上段七个洲滩平均每个洲滩扩大面积仅 0.38km^2，而且各洲滩扩大面积的数值较稳定。看来这是卵石夹沙河床的特点，经过 10 年冲刷后，河床可冲的细沙(悬移质)已经很少，而上游来的沙既少又细，难以淤积，故处于一种微冲状态，使洲滩面积减少很小，而且较稳定。至于上荆江下段(虎渡河口至藕池口)以及下荆江，为沙质河床，各洲滩冲淤幅度较大，一般在 1km^2以上。各洲滩冲淤的波动也较大，这主要受河势的影响。但是冲淤抵消后，该段共七个洲滩平均每个洲滩扩大的面积仍只有 0.33km^2。综上所述，从新近提供的资料，暂未反映河床的萎缩。

②但是表 8.6-9 的资料是单一的，并不足以说明如不加限制中小洪水调度，没有河床萎缩的风险。有几点值得思考：

第一，从荆江 2002 年 10 月至 2014 年底，冲刷约 7 亿 m^3，若按河道长 350km，冲刷宽度 1km，则平均冲深 2m，为什么大流量(30000～40000m^3/s)水位没有降低？有的研究单位给出的结果尚有抬高的趋势。

第二，有的水文资料指出，2002 年至 2006 年上荆江上段洲滩似有淤积的趋势。这与三峡水库施工期下泄泥沙相对正常蓄水要多，原床沙中中细颗粒有相当数量，故河床有冲有淤调整快是不矛盾的。

第三，从图 8.6-12 及图 8.6-13 看出，三峡水库运用后流量在 25000m^3/s 左右，冲刷率达到最大值。流量再大冲刷率反而减小。这两张图说明蓄水试运行后，大流量冲刷反而减弱。看来这似乎反映了蓄水后三峡水库下游河道造床流量减小，并且这与第二造床流量计算结果是一致的。

由此可见，三峡水库中小洪水运用需要有一定的限制，如洪峰减少太多，对维持河道的正常运行是不利的。

表 8.6-9　　荆江河段洲滩冲淤变化

洲滩名称	等高线高程(m)	等高线以下的变化			日期(年.月)	洲滩高程(m)	洲滩冲淤面积(km^2)
		长度(m)	宽度(m)	面积(km^2)			
关洲	40	3753	296	1.15	2002.9	47.0	−0.98
		2372	422	0.82	2013.10	47.0	
		2600	385	4.87	2002.10	47.0	
	35	4660	1531	3.24	2013.10	47.0	
		4612	1376				

续表

洲滩名称	等高线高程（m）	等高线以下的变化			日期（年．月）	洲滩高程（m）	洲滩冲淤面积（km^2）
		长度（m）	宽度（m）	面积（km^2）			
芦家河	35	1960	340	0.67	2002.10	36.0	−0.21
		1450	450	0.46	2013.11	37.7	
董市	35	2262	616	1.15	2002.10	41.8	−0.09
		3476	500	1.06	2011.11	45.3	
柳条洲	35	3870	510	1.45	2002.10	43.8	−0.50
		2886	454	0.95	2013.11	43.6	
江口洲	35	1700	130	0.124	2002.10	45.4	−0.094
		780	51	0.030	2013.11	45.0	
火箭洲	35	3341	820	1.75	2002.10	43.4	−0.41
		2880	744	1.34	2013.11	44.7	
马羊洲	35	6470	1780	7.48	2002.10	44.5	−0.35
		6280	1780	7.13	2013.11	43.7	
太平口心滩	30	4265	630	0.85	2002.10	30.3	0.53
		4558	490	1.35	2013.10	37.9	
三八滩	30	3970	790	2.05	2002.10	35.2	−1.09
		1580	168	0.96	2013.10	34.1	
金城洲	30	6965	1184	4.32	2002.10	34.7	−3.78
		4704	402	0.54	2013.11	38.3	
突起洲	30	5837	2200	6.79	2002.10	41.5	1.96
		6300	1988	8.25	2013.11	41.5	
五虎朝阳心滩	30	5251	2508	3.63	2002.10	32.2	1.34
		5574	2881	4.97	2013.11	35.1	
监利河湾	25	6510	4630	8.97	2002.10	34.2	−1.15
		7480	1622	7.86	2013.10	34.2	
孙良洲	25	5946	1896	7.94	2002.10	33.2	−0.09
		5621	1784	7.85	2013.11	33.2	

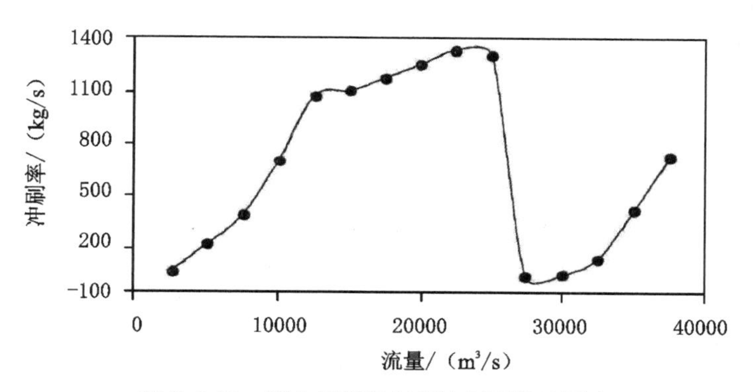

图 8.6-12　蓄水后荆江各级流量下的冲刷率

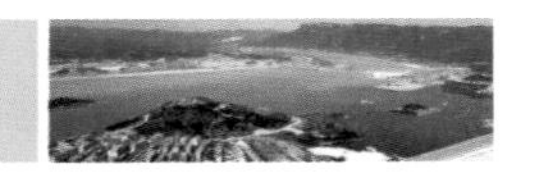

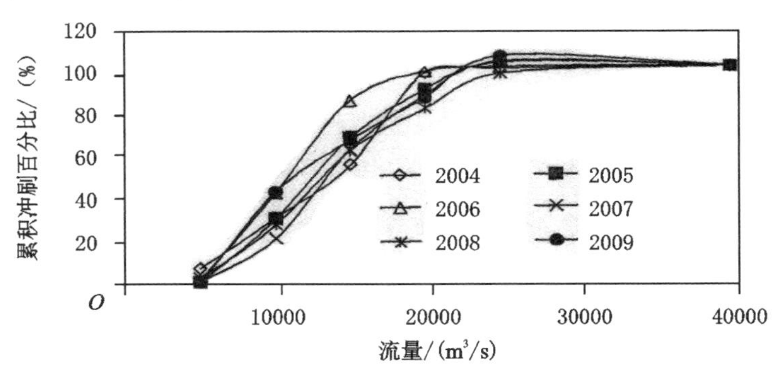

图 8.6-13　沙市—监利河段冲淤量年内变化过程

(3)平滩流量及第二造床流量的变化及其影响

河流衰退与发展,决定于河流尺寸的变化,特别表现在沿纵向冲淤和横剖面的变化。这两方面的变化有时是相应的,即冲刷时,横剖面加大,淤积时横剖面减小。但是这种变化有时也有不相应的,例如,虽然沿纵向(深泓纵剖面)冲刷,深泓高程减低,但是横剖面变窄,致使表微洪水时的横断面(平滩断面)反而减小,导致洪水时过渡能力减低。这种情况发生在来水径流量减少、削峰很大的水库,下游河道往往会出现这种现象。前面提到的丹江口水库同流量中,枯水位减低、洪水时水位抬高就是一个典型的例子。

代表河道过洪能力的是平滩流量的大小。所谓平滩流量是水流平河漫滩的流量。河漫滩是指靠两岸堤脚的高滩,而决定平滩流量的是造床流量,尤其是塑造河床横剖面的第二造床流量。径流量的减少,或者消减洪峰都会减少造床流量。据研究仅丹江口水库蓄洪削峰,可使下游河道造床流量减少 40%。目前研究河道衰退和萎缩,主要利用平滩流量。平滩流量可由实际河床断面决定。但是当径流量和过程改变后,断面进行相应的调整,往往要经历一个过程,所以无法据径流变换时,能及时由实际资料得到。下面我们采用几种方法来确定水流塑造横剖面的第二造床流量及平滩流量:

①假定第二造床流量与第一造床流量成正比

我们曾经提出了第一造床流量塑造平衡纵剖面的代表流量为

$$Q_1 = (\Sigma Q_i^r P_i)^{\frac{1}{\gamma}} \tag{8.6-1}$$

其中:Q_1 是各时段的实际流;P_i 为 Q_i 出现的频率;指数 γ 对平原河道在 2 左右,此处取 2。设 Q_2 为第二造床流量。当假定 Q_2 与 Q_1 成正比时,显然有

$$\frac{Q_2(\text{I})}{Q_2(\text{II})} = \frac{KQ_1(\text{I})}{KQ_1(\text{II})} \tag{8.6-2}$$

此处Ⅰ、Ⅱ代表一种流量过程。

在表 8.6-10,利用 90 年代水文系列,采用三种调洪的控泄流量 56700m³/s、45000m³/s、35000m³/s,经水库调蓄后有三种出流过程,计算了他们在下游河道的第一造床流量,并计算了他们的比值。

设Ⅰ代表控泄流量 56700m³/s(即不超过 56700m³/s 流量不蓄水)的过程,Ⅱ代表控泄

流量 45000m³/s，Ⅲ代表控泄流量 35000m³/s。则从表中可看出如下几点：

第一，对于过程Ⅰ，10 年平均造床流量与天然造床流量（完全不调蓄）一致。对于第Ⅱ系列，10 年平均造床流量为系列Ⅰ的 95.8%，差别已能看出。第Ⅲ系列 10 年平均造床流量仅为系列Ⅰ的 84.0%，差别已经很大。

第二，对于大水年，三个系列的造床流量，差别特别大。例如 1998 年，系列Ⅰ与天然状态，仍完全一直。但是系列Ⅱ造床流量仅为系列Ⅰ的 83.3%，系列Ⅲ的造床流量则仅为系列Ⅰ的 51.9%，相差巨大。

第三，从表 8.6-10 中还可看出，当年径流量小时，不仅系列Ⅱ，而且系列Ⅲ与系列Ⅰ的造床流量是相同的。这表明，如果来水径流量不仅按 45000m³/s 控泄，甚至按 35000m³/s 按控泄，看来均不影响下游河道的造床作用。

表 8.6-10　天然造床流量与不同控泄条件下造床流量　（流量单位：m³/s）

年份	9.10—10.31 造床流量	6月20日—9月9日造床流量				全年造床流量	控泄后造床流量与天然造床流量的输沙量比	
		天然造床流量	不同控泄流量的造床流量					
			56700	45000	35000		45000	35000
1991	18810	31523	31523	31468	31038	18000	0.996	0.969
1992	15823	25797	25797	25770	25478	15787	0.998	0.975
1993	22945	34031	34031	33735	29694	19364	0.983	0.761
1994	17876	18233	18233	18233	18233	12667	1.000	1.000
1995	19452	27091	27091	27091	27067	16285	1.000	0.998
1996	14745	29123	29123	29119	28793	17009	1.000	0.977
1997	14133	25605	25605	25517	24822	14674	0.993	0.940
1998	19664	46693	46636	42619	33653	24106	0.833	0.519
1999	20141	34831	34830	34726	33772	19558	0.994	0.940
2000	24511	32658	32658	32471	31475	19310	0.988	0.929
10年	19076	31381	31372	30715	28754	17930	0.958	0.840

从表 8.6-10 可以初步得出这样的看法，控泄流量 56700m³/s 不改变下游河道径流过程。控泄流量 45000m³/s 相对 56700m³/s 有一定影响，但似乎可承受。控泄流量 35000m³/s，造床流量消减太多，一般似难采用。当然对于枯水年如何运用，应进一步研究。

②第二造床流量直接计算

根据冲刷河道塑造横剖面的特点（如图 8.6-14），在一年一个冲淤轮回中，决定横坡面的是图中 7 月 8 日至 8 月 7 日的冲刷过程。此时图中的水位正在平滩水位附近，可见这个洪水冲刷过程对平滩面积非常重要。当然平滩面积既不能取 7 月 8 日的，也不能取 8 月 7 日的，故只能取这两种面积的平均值，即取它们对应的流量的平均值。从而平滩流量，确切地说是塑造横剖面的第二造床流量为

$$\frac{\sum_{Q_1=Q_m}^{Q_1=Q_2}(S_i - KQ_i)Q_i t_1{}'}{\sum_{Q_i=Q_m}^{Q_i=Q_M}(S_i - KQ_i)Q_i t} = \frac{1}{2} \tag{8.6-3}$$

式中：Q_m 为平滩时的最小流量（如图中 7 月 9 日）；Q_M 是最大流量（平滩时最大流量）；Q_2 为第二造床流量。尚需指出的是

$$K = \Sigma S_i Q_i t_i{}' / \Sigma S_i{}^2 t_i = \frac{W_s}{Q_1^2 T} \tag{8.6-4}$$

W_s 为年输沙量；Q_1 为第一造床流量；T 为全年的时间。

公式(8.6-3)曾在黄河下游河道及淮河中游运用，能满意地描述它们的第二造床流量。表 8.6-11 为黄河利津水位站第二造床流量与平滩流量的对比。其中第二造床流量是根据 Q_2 与平滩流量 Q_B 的关系推算出来的，而 5 天最大平均流量，则是据实际资料统计。

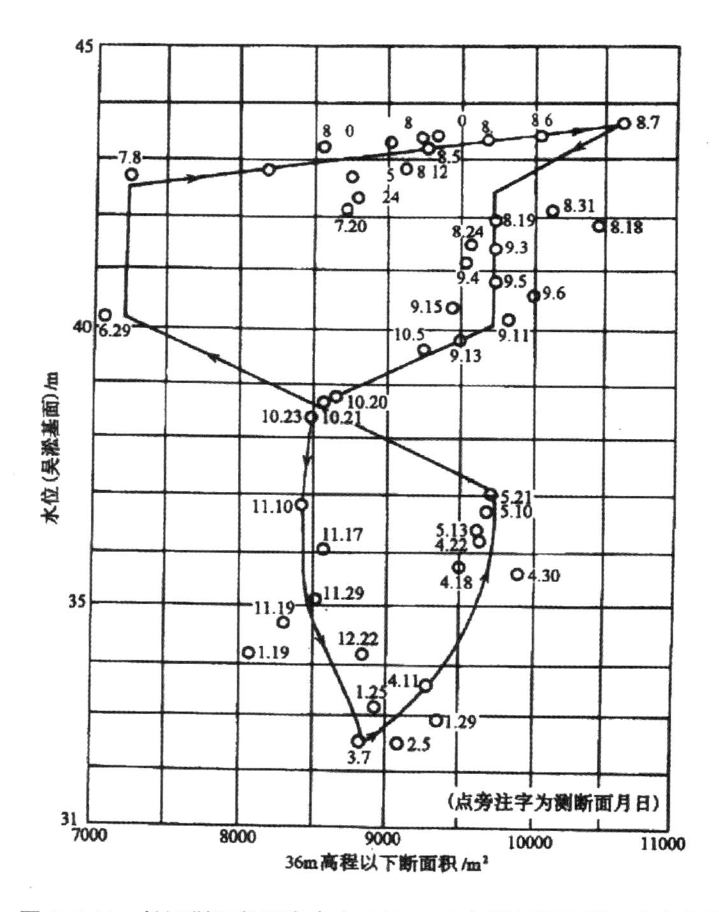

图 8.6-14　长江荆江段观音寺水文站 1954 年横剖面面积年内变化图

表 8.6-11 利津平滩流量与第二造床流量

年份	Q_{Pr} (m³/s)		
	实测	由第二造床流量推算	由 5d 最大流量推算
1950—1960	7327	7229	7011
1961—1964			
1965—1973	6443	5494	5439
1974—1980	5205	5500	5654
1981—1985	5775	6588	6505
1986—1999	3863	3492	3455
2000—2003	2857	2679	2809
1950—1959	7327	7743	7507
1960—1985	5736	5561	6128

由表中看出，Q_2 与 Q_B 两者颇为接近，并且彼此的变化非常相应，这说明我们给出的第二造床流量确实能代表平滩流量，严格地说 Q_B 是 Q_2 的滞后表现。值得注意的是，表中给出的 5 天最大平均流量与第二造床流量也很接近，黄河下游河道有更多的资料说明这一点，如花园口(图 8.6-15)、高村(图 8.6-16)、艾山(图 8.6-17)、利津(图 8.6-18)均如是。其实这不是偶然的。因为这种确定第二造床流量的方法就是要反映大洪水作用。事实上图 8.6-15 表明，花园水文站 1954 年第二造床流量显然只由 7 月 8 日至 8 月 7 日一个月的流量确定。

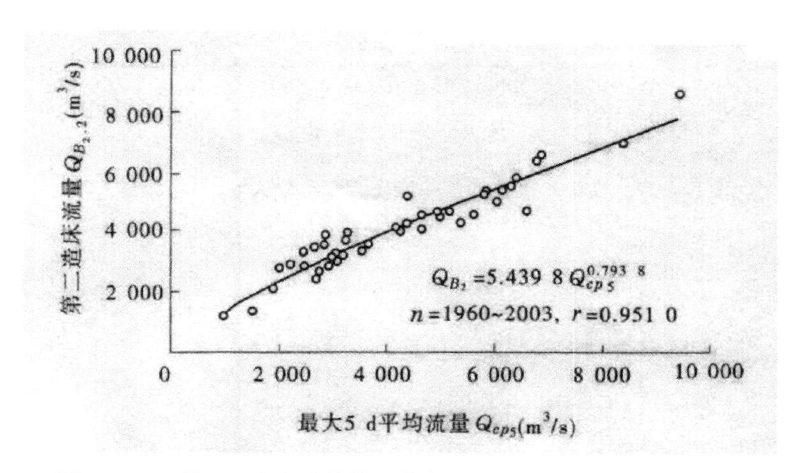

图 8.6-15 花园口水文站的第二造床流量与最大 5d 平均流量关系

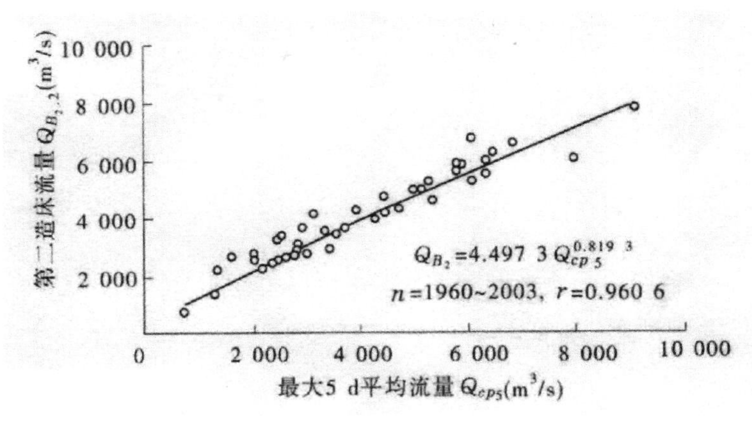

图 8.6-16 高村水文站的第二造床流量与最大 5d 平均流量关系

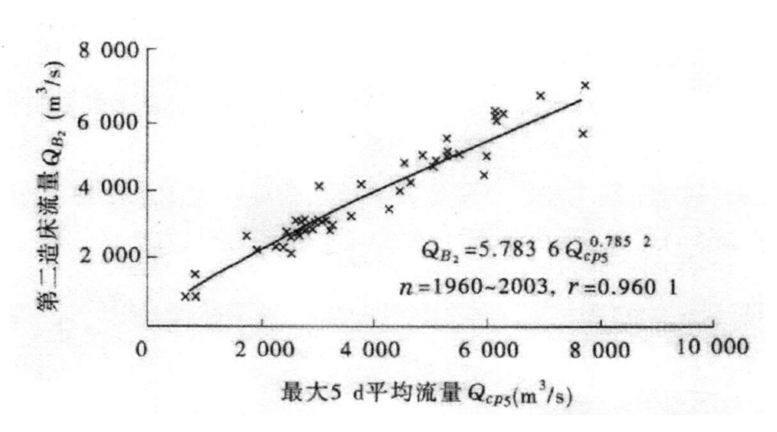

图 8.6-17 艾山水文站的第二造床流量与最大 5d 平均流量关系

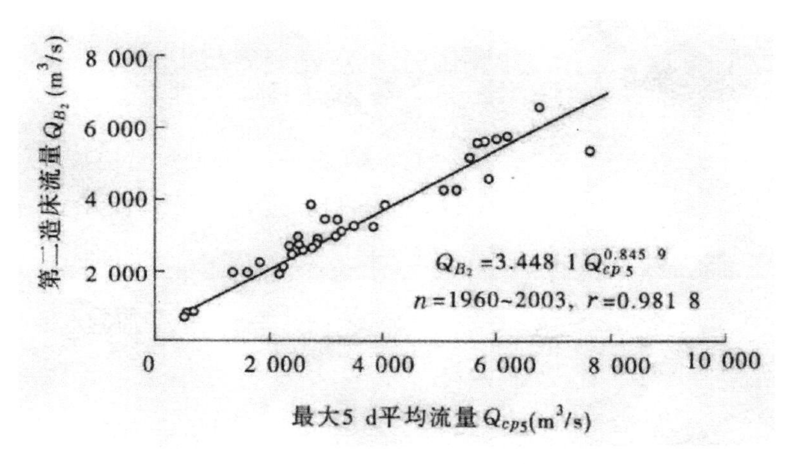

图 8.6-18 利津水文站的第二造床流量与最大 5d 平均流量关系

对于三峡水库下游河道冲刷阶段，使用第二造床流量的计算方法，需要说明两点。第一，本来计算第二造床流量是对平衡情况。实际三峡水库下游河床是冲刷。因此计算针对的条件是现有进入下游河道的径流过程，在平衡后的河道河床形态，它自然可以评论将来平衡后的情形。第二，由于是按冲淤平衡情况，计算的不同流量就会有的淤有的冲。但是实际的中小流量偏多，改变了天然条件下冲积河道三段式冲淤模式，即：中等洪水（汛前）淤，大水冲，小流量冲。现在不仅中等流量淤，大流量也淤，才能与小流量冲刷太多达到全年平衡。因个别年份（径流量偏小的年份），大流量也淤。此时我们还是按大流量确定造床，即令它是淤。这是因为淤也是一种造床作用。

这样我们分析了 1998 年、1991—2000 年，2003 年以及 2003—2014 年四种径流过程的造床流量。初步成果如下：1998 年第二造床流量为 47400m^3/s，1991—2000 年为 37100m^3/s，2003 年为 32100m^3/s，2003—2014 年为 32400m^3/s。由此可见，三峡水库运行后确实会减少第二造床流量。而三峡水库运用前的大洪水年第二造床流量最大。其中 2003—2014 年第二造床流量仅为运用前 1991—2000 年的 87.3%，为 1998 年的 68.4%这与第一种方法得到的结果（控泄流量 35000m^3/s）基本一致。

8.7 对生态环境的影响分析

中小洪水促进长江中下游鱼类自然繁殖，使产漂流性卵鱼类尤其是四大家鱼在发生洪水时有更多的繁殖机会，但中小洪水的拦蓄可能导致长江中下游水文情势发生改变，对鱼类自然繁殖产生不利影响。另一方面，洪水的发生时间、变幅、传播方式等的改变可能对饵料生物、鱼类护幼场产生影响。

近年来四大家鱼产卵盛期在不同年份有所差异：2008 年在 6—7 月，2009 年在 5 月，2010 年在 6 月，在 7 月下旬仍有繁殖发生。入汛后 6—7 月份中小洪水调度若频繁防洪运用，则对四大家鱼需要的涨水过程减弱，对四大家鱼自然繁殖不利。8 月份以后四大家鱼繁殖已进入尾声，中小洪水调度的影响较小。

8.8 小结

（1）三峡工程建成后，长江中下游对三峡水库防洪运用提出了更高的要求，希望在确保遭遇设计大洪水防洪安全的前提下，兼顾对中小洪水拦蓄，以减轻防洪压力。运行以来的实践表明，汛期对中小洪水拦洪调度，也将是今后三峡水库防洪调度的任务之一。为提升三峡工程的防洪作用，本次研究针对 30000～55000m^3/s 的三峡水库来水，开展了洪水资源利用调度规则研究，分析了洪水资源利用控制条件，包括荆江和城陵矶水位、三峡水库当前水位、预报期内三峡水库来水和洪水资源利用调度控泄流量等，给出了沙市站、城陵矶站水位不超警戒水位的控制条件，在此基础上分析了洪水资源利用启动时机和预报预泄措施，制定了三峡水库洪水资源利用调度规则，即考虑预报预泄条件的分级控泄方式。

（2）本次研究提出了以“判别流量”作为洪水资源利用调度判别条件，即根据三峡水库来

水情势、中下游防洪形势进行综合选取的“决策流量”或“目标流量”，是有效控制洪水资源利用调度风险的关键措施。研究拟定的三峡水库洪水资源利用调度规则如下：1）当三峡水库水位不高于155m且下游水位不高时：①如果预见期内平均流量不超过机组满发流量，如果此时库水位在145m，按入库流量下泄；如果此时水位高于145m，可按机组最大过流能力下泄。②如果预见期内平均流量大于机组满发流量但不超过判别流量，按机组满发流量下泄。③如果预见期内平均流量大于判别流量，按控泄流量下泄。2）当水库水位高于155m或下游水位将超警戒水位时，停止实施洪水资源利用调度。

（3）根据防洪风险分析，现阶段对于洪水资源可利用的库容，主要还是按155m水位以下约56.5亿m^3库容考虑，兼顾对城陵矶防洪补偿调度的水位、库容一致。从155m起调，控制枝城泄量为56700m^3/s，荆江遇百年一遇不分洪在可控范围内，且在考虑上游溪落渡、向家坝水库联合调度下遭遇1000年一遇洪水三峡水库最高调洪水位不超过175m，总体防洪风险可控。

（4）三峡水库洪水资源利用调度主要是针对上游型洪水或下游型洪水，全流域型洪水不具备实施洪水资源利用调度的条件。根据沙市、城陵矶站多年水位资料统计，对于1998年、1954年等全流域型洪水，下游水位有起涨早，水位高的特点。为规避防洪风险，中下游控制站水位也是实施洪水资源利用重要控制条件。在实际洪水资源利用调度过程中要结合三峡入库、中下游防洪形势相机调整预泄启动时机、控制流量，避免对防洪产生影响。

（5）以1877—2014年长系列三峡来水资料为基础，洪水资源利用防洪影响和发电效益分析结果表明，拟定的洪水资源利用调度方案b1～b7与初步设计方案a1和不考虑预报预泄条件的分级控泄方案a2相比，三峡水库汛期平均最高水位都不超155m，均在一定程度上降低了沙市、城陵矶水位，且能有效增加发电量、减少弃水量。

（6）开展了2010年和2012年三峡水库洪水资源利用防洪影响和发电效益分析，不同洪水资源利用方案b1～b7均相比于初步设计方案a1降低了沙市最高水位和城陵矶最高水位，发电量均增加、弃水量均减小。具体而言，判别流量、控泄流量均为42000m^3/s的方案b1，相比于a1：2010年，沙市最高水位和城陵矶最高水位降低了0.98m和0.43m，发电量增加了15.18亿kW·h，弃水量减少了85.1亿m^3；2012年，沙市最高水位和城陵矶最高水位降低了0.89m和0.61m，发电量增加了11.69亿kW·h，弃水量减少了53.16亿m^3。

（7）延长水文预报预见期和提高水文预报精度对于防洪安全和发挥三峡洪水资源利用效益是非常重要的。还有，考虑上游水库调蓄，可适度降低三峡水库水资源利用防洪风险，对于水资源有效利用也是非常有利的。

（8）分析了中小洪水调度对水库淤积、洞庭湖入湖流量、下游河道造床流量等方面风险。分析表明：由于上游水库兴建来沙大幅减少，2003年以来输沙量相比1990年以前减少达60%，拦蓄中小洪水在水库淤积方面不会产生太大影响；中小洪水调度发生在汛期，不同调度方案控泄后枝城流量在 40000～45000m^3/s，对洞庭湖入湖流量不致产生不利影响；对下游河道造床流量的影响进行了模拟计算和初步分析，从模拟计算结果看，随水库拦蓄几率增加，影响将增大。综合来看，水库在实施中小洪水调度的同时，也开展了汛期沙峰排沙调度和消落期库尾减淤调度试验，为三峡水库“蓄清排浑”运行探索出了新的模式。从近年来的观测结果看，中小洪水调度后的泥沙观测结果在“泥沙淤积许可”的范围内。当然，由于泥沙冲淤是一个长期变化的过程，需进行长期研究和密切跟踪观测，尤其是对下游河道过洪能力的研究和观测，并根据相应的研究和观测成果，调整、修正洪水资源利用调度方式。

9 三峡工程汛末提前蓄水方式研究

9.1 研究必要性

初步设计考虑防洪需要以及有利于排沙，安排水库汛后在10月初开始蓄水，为发挥既定的综合利用效益，汛后完成蓄水任务以保障水库的调蓄能力是十分重要的。由于三峡水库汛后蓄水库容将达221.5亿m^3，蓄水量大，蓄水任务重，蓄水期间下泄流量一般比来量减少较多，加上汛后天然来水量也在逐步下降，水库蓄水与各用水方面要求之间将出现较大的矛盾。近年来随着三峡水库蓄水运用，航运流量补偿、下游取水与抗旱、鄱阳湖与洞庭湖两湖补水需求、防范长江口咸潮入侵等对水库汛后蓄水期及枯水期下泄流量有了更高的要求。中下游各用水部门及航运、发电单位希望蓄水前后三峡水库下泄流量变化尽量平稳，并要求提高三峡水库蓄水期间的最小下泄流量。同时随着西部大开发战略的实施，三峡上游干支流诸多库容大、调节性能好的大型水库工程将陆续兴建，这些水库投入运行后的蓄水统一调度是一个难题，上游水库蓄水调度也将影响长江干流最下游一级的三峡水库的蓄水调度。

为保障三峡工程综合利用效益能够得到全面高效的发挥，提高水资源利用率，较好地协调蓄水期间各方面对三峡水库的调度要求，缓解三峡工程运行中存在的蓄水与下游用水矛盾，研究采取必要的调度措施是必要的。

水库提前在汛期开始蓄水，涉及汛期水库的防洪和走沙等问题，需要针对三峡工程正常运行期的情况，研究三峡水库提前蓄水期间的洪水特性，结合各部门用水要求，分析对防洪、泥沙淤积等的影响，在保证枢纽安全及工程防洪作用的前提下，统筹、协调各方面，研究水库的蓄水时机、蓄水进程中的控制下泄流量及水位，制订蓄水原则，拟定三峡水库的蓄水优化调度方式。

9.2 蓄水期间的水情分析

三峡水库从汛限水位145m蓄水至正常蓄水位175m，需要的蓄水量为221.5亿m^3。按照初步设计拟定的蓄水方式，水库10月初开始蓄水，一般情况下10月末可蓄满水库；遇来水较枯的年份，按电站发电不低于保证出力情况下的泄流量（为5300～6400m^3/s），水库蓄满时间将延至11—12月；蓄水期间遇来水特枯的情况如2002—2003年，三峡水库将蓄不满。

三峡水库蓄水以来，各用水方面要求提高三峡水库蓄水期间泄量，本分析按防范咸潮入侵大通站流量 10000～13000m³/s 的下游最大要求，适当考虑区间三峡水库按控制下泄流量 8000～10000m³/s，分析不同来水对水库汛末蓄水任务完成的影响。

根据表 9.2-1 的天然径流统计，如按水库蓄水期间控制下泄流量 8000～10000m³/s 计算，对于多年平均来水情况（$P=50\%$），10 月份可蓄水量 294～241 亿 m³，能够满足水库蓄满要求；但如遇来水偏枯的年份（$P=75\%$），10 月份可蓄水量为 163～110 亿 m³，则将会出现水量不足的情况；如遇来水特枯的年份（$P=96\%$），10 月份只能蓄水至 155m 左右，蓄水任务不能完成。

表 9.2-1　　三峡水库 9—11 月的天然径流统计表　　（单位：m³/s）

项目 \ 时间	旬平均流量									月平均流量		
	9 月			10 月			11 月			9 月	10 月	11 月
	上旬	中旬	下旬	上旬	中旬	下旬	上旬	中旬	下旬			
多年平均流量	27300	26200	24600	22400	19200	15800	12400	10300	8180	26000	19000	10300
1959 年流量 枯水年(96%)	12900	13100	14900	12600	11800	11600	10700	9020	7100	13600	12000	8940
2006 年流量 枯水年(98%)	13900	11500	12200	13000	13300	12300	8160	6580	6530	12500	12900	7090
2003 年流量 偏枯水年(75%)	36700	27600	25400	18800	14100	10000	8840	8070	6650	29900	14100	7850
1955 年流量 平水年(50%)	21700	23700	22600	21500	16700	13700	13300	17500	9670	22700	17200	13500
最大日平均流量	71100	54500	49500	45500	41400	35100	26600	30600	17500	71100	45500	30600
最小日平均流量	10500	9430	8780	8780	8920	7160	6670	5890	4920	8780	7160	4920

三峡汛末蓄水总量为 221.5 亿 m³，若按 1 个月蓄满，日均减少下泄流量将达 8200m³/s 以上，对下游的影响较大。若拉长蓄水过程，按 2 个月蓄满，日均减少下泄流量可减至 4000m³/s 左右。由于 10 月是三峡和下游由汛末进入枯期的时段，而 11 月多年平均流量为 10300m³/s，96%枯水年平均流量只有 8940m³/s，若 11 月还要承担 1/2 的蓄水任务，即使按最小下泄流量 5000～5500m³/s 后拦蓄其余水量，水库也将难以完成蓄水任务。而 9 月份多年平均流量为 26000m³/s，96%枯水年平均流量也有 13600m³/s，因此，可考虑三峡水库开始蓄水时间适当提前，在 9 月中下旬来水还较丰沛，下游还未进入枯期时，先拦蓄部分库容，以减轻 10 月和 11 月的蓄水压力。

9.3　汛末提前蓄水影响分析

根据《三峡水库优化调度方案》，在保证防洪安全和对泥沙影响不大的前提下，合理利用汛末水资源，三峡水库开始蓄水时间由初设的汛后 10 月初，提前到汛末 9 月中旬开始蓄水，以加大蓄水期间下泄流量的提前蓄水调度方式。对于具体开始蓄水时间，由水库运行管理

部门根据每年水文、气象预报编制提前蓄水实施计划，明确实施条件、控制水位及下泄流量，并经国家防汛抗旱总指挥部批准后执行。当沙市站、城陵矶站水位低于警戒水位(分别为43.0m和32.5m)，且预报短期内不会超过警戒水位的情况下，方可实施提前蓄水方案。蓄水期间，库水位按分段控制的原则，在保证防洪安全的前提下，均匀上升。10月底可蓄至汛后最高蓄水位。

9.3.1 对防洪的影响分析

(1)9月底控蓄水位分析

采用汛末期9月15日设计洪水进行调洪计算，分析9月底不同控制蓄水位对防洪的影响。

按照三峡水库防洪调度方式，以9月末不同控制水位起调，按对荆江河段防洪补偿进行水库调洪计算。从调洪计算分析结果可知，当水位在165m以下时，各频率、各典型的调洪水位均未超过1%洪水水库控制蓄洪水位171.0m(即按全年设计洪水1%的调洪水位)。当水位在169m以下时，遇9月15日1%设计洪水时，调洪高水位不超过171m。

(2)开始蓄水时间的风险分析

当起调水位(即9月10日至14日的已蓄水位)在162m以下时，各频率洪水的调洪水位可不超过171.0m。从9月10日的起蓄水位看，可能的起蓄水位范围为146.5～155.0m，按照水位逐步上升的原则，到9月15日，可能的最高蓄水位都不会超过162m。

从蓄水进程控制看，按照蓄水期间的防洪风险控制措施，蓄水过程中当预报上下游有洪水发生时，水库要停止蓄水转为防洪调度，遵照有条件地控制蓄水的原则，可以防范可能的风险。

为缓解集中蓄水对下游的影响，在分段控制蓄水位和控制蓄水位进程的条件下，可考虑9月10日为水库的起蓄时间。

(3)预蓄对防洪的影响分析

根据长江洪水特性分析，进入8月下旬后，城陵矶地区已度过主汛期，处于退水阶段，河道水位逐步降低，需要三峡水库对城陵矶防洪补偿调度的机会较小。三峡水库如果按从155m水位(对城陵矶防洪补偿调度的水位)起蓄，相当于兼顾对城陵矶防洪补偿调度库容使用完的情况，如再遭遇洪水，按《三峡水库优化调度方案》规定的防洪调度方式，不致影响对荆江特大洪水的防御能力。

9.3.2 对泥沙的影响分析

考虑到提前至9月份蓄水会增加三峡水库的泥沙淤积，开展了水库提前蓄水对水库淤积影响的研究，进行了不同水库运用方案的数学模型计算。水库开始蓄水的方案有8月21日、9月1日、9月11日、9月21日。9月底蓄水位达到150m、155m或160m。计算中采用的入库水沙量为上世纪90年代的实测资料，第5年开始考虑向家坝、溪洛渡水库投入运行。

采用中国水利水电科学研究院的水沙数学模型，计算结果表明：

①对变动回水区(涪陵以上河段)而言，提前蓄水方案前 10 年淤积量 2.854×10^8(921—150 方案，从 9 月 21 日开始蓄水，9 月底蓄水位达到 150m)～$3.221\times10^8 m^3$(821—160 方案，从 8 月 21 日开始蓄水，9 月底蓄水位达到 160m)，比基本方案(1001—145 方案，从 10 月 1 日 145m 开始蓄水)多 4.2%～17.6%，20 年、30 年则分别多淤积 3.6%～14.9%和 4.4%～11.1%。

②重庆河段提前蓄水方案前 10 年淤积量在 1330×10^4～$1530\times10^4 m^3$，比基本方案的 $1280\times10^4 m^3$ 多 80×10^4～$250\times10^4 m^3$，为 3.9%～19.5%，寸滩流量为 $60000m^3/s$ 时，重庆水位抬高 1.20～1.34m，比基本方案多 0.07～0.21m。

③全库区、变动回水区每年蓄水期均表现为淤积；重庆河段和九龙坡河段基本方案计算绝大多数年份冲刷，911－155 提前蓄水方案(从 9 月 11 日开始蓄水，9 月底蓄水位达到 155m)使该河段淤积加强，近 2/3 的年份淤积，最大淤积量分别为 $180\times10^4 m^3$ 和 $56\times10^4 m^3$。

④如果考虑金沙江修建溪落渡、向家坝水库，三峡库区，变动回水区及重庆河段累积及蓄水期的淤积量和水位抬高值略大于或接近基本方案，表明三峡水库运用初期，坝前水位抬高几米乃至十几米，相对于三峡水库巨大的水深变幅并不大，因而仅从泥沙淤积及由此引起的水位抬高来看，提前蓄水对三峡水库的影响不大。

计算结果综合表明，汛末提前蓄水后，库区泥沙淤积较之初步设计会有所增加，泥沙淤积的部位也会发生改变。全库区泥沙淤积增加的幅度相对较小，泥沙淤积增加在变动回水区最为明显。汛末提前蓄水，影响库尾重庆城区河段的走(冲)沙，增加了河道泥沙淤积量，对航运及港口码头运行造成不利影响。考虑上游建库的拦沙作用后，三峡水库的泥沙淤积将有所减缓，减幅仍以变动回水区最为明显。

9.3.3 对生态环境的影响分析

三峡水库蓄水位抬高后，库内水流变缓，污染物滞留时间延长，对水质造成不利影响，库区一些支流河口库湾处易发生水华。

提前蓄水可能导致水库水体交换时间变长，坝下游水温发生变化，从宜昌长系列水温分析结果来看，9 月份以后，水温过程呈现明显变化趋势。从三峡大坝建设前、大坝建设过程、三峡水库初期蓄水到 175m 试验性蓄水期水温逐渐升高，水温相差幅度变大。10 月份，175m 试验性蓄水比三峡大坝建设前水温偏高约 1～3℃，11 月份偏高约 2～3℃，12 月份偏高 2～4℃，尚未超过 5℃。

结合历年中华鲟自然繁殖情况(见图 9.3-1)，自然繁殖规模方面，2003 年以来，中华鲟的自然繁殖时期有逐步推迟的趋势，表现为 2002 年以前首次繁殖时间维持在 10 月中下旬，2003 年开始其繁殖时间推迟到 11 月上旬，2007—2012 年又推迟到 11 月下旬。自然繁殖规模方面，1998—2012 年历次中华鲟产卵雌体数量维持在低水平，并呈下降趋势。

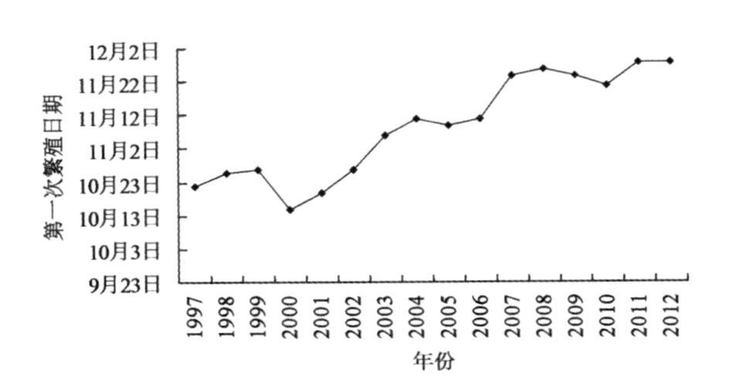

图 9.3-1 历年中华鲟自然繁殖情况

中华鲟自然繁殖水温过程是制约中华鲟性腺发育的关键参数，坝下河段水温周年变化及水文条件变化的影响是三峡水库汛末提前蓄水需考虑的重点问题。

9.4 小结

(1)针对下游两湖用水和减轻长江口咸潮入侵，对三峡水库蓄水期间下泄流量的要求，为了既提高水库蓄满保证率，又能较好地满足下游用水的要求，提前到 9 中下旬开始适度蓄水，减轻 10 月份蓄水压力并适当增加下泄流量，是合理的措施。

(2)经对长江汛期洪水特性分析，9 月 15 日以后发生洪水的量级与频次与主汛期有显著差别，即使提前蓄水后，各频率调洪最高水位均低于主汛期相应频率洪水位，故不会对防洪安全产生较大影响。为控制防洪风险，考虑在提前蓄水期间分时段控制上升水位，并设置下游城陵矶、沙市水位是否处在警戒水位以下为能否提前蓄水的判别条件，以应对各种来水的情况。

(3)从蓄水进程控制看，按照蓄水期间的防洪风险控制措施，蓄水过程中当预报上下游有洪水发生时，水库要停止蓄水转为防洪调度，遵照有条件地控制蓄水原则，可以防范可能的风险。

为缓解集中蓄水对下游的影响，在分段控制蓄水位和控制蓄水位进程的条件下，可考虑 9 月 10 日为水库的起蓄时间。

(4)提前蓄水与不提前蓄水相比，库区淤积量少量增加，并随着上游水库的兴建影响更小，考虑到对泥沙运动规律的认识，需要长期的观测验证。

10 三峡工程洪水资源利用风险对策研究

三峡水库洪水资源利用因降雨和洪水预报的预见期有限，且预报结果存在误差，还存在水情、工情、雨情等各方面不确定性因素，必然存在一定的风险，必须从技术、经济等多方面进行风险控制。

10.1 减小防洪风险的对策

10.1.1 汛期运行水位上浮减小防洪风险的对策

应加强水库控制运用方式研究，在实际运行调度中，可在确保枢纽工程安全和长江中下游防洪安全的前提下，较小幅度抬高水位审慎运用，应加强原型观测，积累经验，进一步优化水库水位运行方案。

同时，由于汛期运行水位上浮采用预报预泄调度方式，应当在水库预报水平与运用分析中加强水文气象预报成果水平分析，并提高水文气象预报水平。

10.1.2 中小洪水调度减小防洪风险的对策

(1)加强水文预报研究，提高水文预报精度

水文预报的不确定性分析。水文气象预报是根据已经发生的水文气象条件及未来可能发生的水文气象条件进行预测预报分析，是利用已知的水文气象规律输入确定性和不确定性因素产生的输出来预测未来的水文要素的变化，由于水文气象规律的复杂性以及目前人类技术水平的局限，还无法对其不确定性进行定量的描述。目前水文气象的预报水平分析是根据对已经发生的洪水的预报误差的统计分析，其精度指标是反映目前技术条件下对已经发生的洪水的作业预报误差，无法对极端事件(小概率事件)进行外延和推断，如1983年、2003年、2005年的汉江洪水的调度。因此，由于不确定的存在，水文气象预报成果的应用应引入风险管理的概念，决策者应基于审慎的原则，并在有风险对冲的条件下，综合权衡后进行决策。三峡水库上下游的水文气象预报是三峡水库优化调度的参考决策依据之一，由于其存在不确定性，特别是极端情况下的预报误差会大大增加，调度决策时还应综合权衡各种风险的条件下，审慎应用。

先进的水文预报技术是水库优化调度利用洪水资源的基础，预报精度与预见期直接影响调度成果。目前提高预报精度的途径主要有：①加强中长期水文气象和气候变化规律的研究，把握发生异常洪水的水文气象条件；②开展流域产汇流规律的研究，提高水情预报方

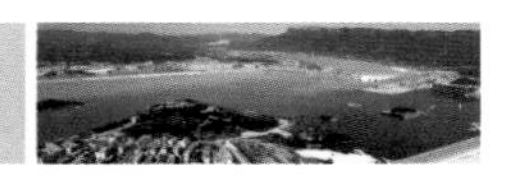

案的精度；③开展定量降水预报研究，提高降水预报精度；④加强水文气象耦合应用，延长水情预报的有效预见期；⑤加强水情信息采集与共享，掌握上游水库的水情、水库调度以及开展联合调度研究；⑥加强洪水调度和水库管理部门的会商决策，随着水情的变化，及时决策和应对。

为了减小预报误差对洪水资源利用调度的不利影响，在调度过程中要实时滚动预报，尽量提高预报精度，逐步修正预报误差对调度带来的影响；并开展洪水分类和评判，进行相似洪水查询、比较，结合中长期预报信息，当发现相似的大洪水时，应调整或停止洪水资源利用调度方式；在设定判别流量和预泄安全限量时，可以针对不同水情，适当降低判别流量值，以使洪水资源利用调度方式对预报误差具有更好的容错性。

(2)设定洪水资源利用调度启用条件，达到防洪风险可控

为减轻长江中下游防汛压力，在实时调度过程中，根据坝址上下游的水雨情和气象预报，在确保防洪安全的前提下，利用三峡水库适度地对中小洪水进行拦蓄是需要的，也是可行的。实施中小洪水调度应遵循“保障长江防洪安全、控制水库泥沙冲淤、减少生态环境影响”的工程运行调度理念，在防洪风险可控的前提下，科学调度利用防洪库容，充分发挥三峡工程综合效益。

三峡水库洪水资源利用调度主要是针对上游型洪水或下游型洪水，全流域型洪水不具备实施洪水资源利用调度的条件。在实际调度过程中针对上游型洪水或下游型洪水，要结合中下游水位过程、防洪形势进行相应的启动时机、判别流量和控泄流量、量级相机调整，在下游水位将超警戒水位时适时停止洪水资源利用调度。当预报沙市或城陵矶水位高于警戒水位时，或预见期内三峡水库入库水量加水库内高于汛限水位的水量平均流量大于判别流量时，停止实施洪水资源利用调度，并在控制沙市及城陵矶水位不超警戒水位的情况下相机加泄水量降低水位，在大洪水来临之前相机将水位预泄至 145m，从而避免对防洪产生影响。

鉴于三峡水库洪水组成较复杂，汛期实施洪水资源利用调度，使库水位超过防洪限制水位几率增加，增加了防洪风险。通过对长江上游与中游水文气象特征、暴雨成因、洪水遭遇规律、洪水分期特征、荆江河段河道泄洪能力、水文气象预报水平、预报预泄能力等进行分析研究，对各种设计洪水、典型大洪水进行了调洪演算及中下游防洪调度度分析，在防洪风险可控的前提下，设定启用条件：①沙市水位低于警戒水位 43.0m，城陵矶水位低于警戒水位 32.5m；②在可预见的 3～5d 内，长江上游和中游地区无明显强降雨过程，发生入库流量大于 55000m^3/s 的来水可能性很小，沙市、城陵矶水位超警戒水位的可能性不大；③在考虑预见期降雨和三峡水库预泄的情况下，沙市水位、城陵矶水位低于警戒水位；④三峡水库洪水资源利用调度可运用的库水位最高不超过 155m，不影响后期遭遇设计频率大洪水的防洪能力；⑤当需要三峡水库为中下游防洪时，三峡水库转按调度规程规定的防洪调度方式运用。

(3)相机适时控泄流量大于 50000m^3/s，检验下游堤防抗洪能力，防止河道萎缩

据三峡坝址下游宜昌站 1877 年以来 130 多年的实测水文资料，汛期洪水流量超过

70000m³/s 出现 2 年，超过 65000m³/s 出现 4 年，超过 60000m³/s 出现 28 年，超过 56700m³/s 出现 42 年。三峡坝址出现来水超过 56700m³/s 的几率约为 30%，可结合防洪调度安排控泄流量大于 50000m³/s 的调度。汛期如出现超过 50000m³/s 的洪水时，要求荆江河段两岸做好防洪准备，相机适时控泄流量大于 50000m³/s，全面检验荆江河段堤防防洪能力，以便及早发现堤防隐患并加以处理，降低防洪风险。三峡大坝下泄流量大于 50000m³/s，加上区间流量使荆江河道泄量达到 56700m³/s，河床全断面及洲滩过流，可防止长江中下游河道萎缩退化，减小防洪风险。

10.1.3 汛末提前蓄水减小防洪风险的对策

三峡工程是长江防洪的关键工程，保护着中下游广大地区的防洪安全，水库提前蓄水时要充分防范可能出现的风险。宜昌实测年最大洪峰流量为 71100m³/s(1896 年 9 月 4 日)，年最大洪水第 3 位洪峰流量为 67500m³/s(1945 年 9 月 5 日)，均发生在 9 月上旬。9 月上旬宜昌洪水仍会较大，需要防范可能的防洪风险。另外，长江洪水组成非常复杂，不但要考虑上游来洪水的情况，还需考虑下游防洪现状。

(1)水库蓄水位分时段控制

考虑 9 月洪水风险及上下游洪水组成分析，提出三峡水库汛末提前蓄水措施要分时段控制蓄水位。考虑到 9 月 15 日后的设计洪水尚需进一步论证，同时考虑到可能的天气极端情况，为确保防洪安全，并考虑均匀蓄水，对提前蓄水期间的水库蓄水位上升按分段控制。

在 9 月上旬，水库采用水位上浮运行的方式，以与汛末蓄水衔接，上浮最高水位按批准的度汛方案执行(一般为 155m)，水库开始蓄水的时间和上浮的水位以下游控制站的水位为判别条件，当沙市水位 40m 以下、城陵矶(莲花塘)水位 30m 以下，并逐步消退时，库水位可上浮至 150～155m 运行。9 月上旬水库仍按汛期的调度方式进行调度，即预报来洪水时，要根据防洪调度的指令，实施预泄。

(2)荆江河段沙市、城陵矶水位作为提前蓄水的制约条件

三峡大坝下游荆河河段重要防洪控制站沙市、城陵矶水位作为水库实施提前蓄水的制约条件。当沙市站、城陵矶站(莲花塘)水位均低于警戒水位(分别为 43.0m、32.5m)，并根据水情预报分析短期内不会出现超过警戒水位的情况下，水库方可实施提前蓄水调度方案。

(3)蓄水过程中的风险控制

在蓄水期间，注意控制水位上升的速率。当沙市站、城陵矶站(莲花塘)水位均低于警戒水位(分别为 43.0m、32.5m)，并根据水情预报分析短期内不会出现超过警戒水位的情况下，水库方可实施蓄水方案。同时，在蓄水期间，当预报短期内沙市站、城陵矶站水位将达到警戒水位，或三峡水库入库流量达到 35000m³/s 并预报可能继续增加时，水库暂停兴利蓄水，按防洪要求进行调度。

当然，由于长江洪水水情复杂，根据记载宜昌 9 月上旬发生过较大洪水，为确保防洪安

全，蓄水实施方案，要根据当年的上下游水情、预报的雨情以及下游水位等各方面条件，经综合分析研究后提出，并报防汛部门批准执行。

10.2 减小水库泥沙淤积的对策

10.2.1 优化水库调度，提高枢纽建筑物排沙孔(洞)排沙效果

三峡枢纽大坝左右厂房坝段范围布置7个排沙孔，分别为：左非18号坝段的1号排沙孔，左安Ⅲ坝段的2号、3号排沙孔，右厂排坝段的4号排沙孔，右安Ⅲ坝段的5号、6号排沙孔和右厂26号坝段的7号排沙孔。1号、7号排沙孔进口底高程90.0m，出口底高程60.5m，2—6号排沙孔进口底高程75.0m，出口底高程57.5m。排沙孔进口尺寸宽5m、高7m，喇叭形过渡至圆形，直径5m。排沙孔在水库水位150m(单孔排沙孔流量$360m^3/s$)以下时可兼作泄洪用。

右岸地下电站进口布置6个发电进水塔，在1号与2号、3号与4号、5号与6号发电进水塔之间设置3个排沙进水塔，排沙支管布置在排沙进水塔的下部，为直径4m的圆管，进口为喇叭形过渡至圆形，进口底高程102.0m，3根排沙支管在塔内汇为排沙洞，直径5.0m，向左侧延伸，从右非4号坝段坝基岩体穿越，出口在右厂安Ⅱ段，排沙洞出口底高程60.5m，全长441.2m，排沙流量为$3\times120m^3/s$。排沙洞3个排沙支管同时运行，避免单个支管运用。

右岸临时船闸坝段改建冲沙闸位于左岸非溢流坝8号坝段与9号坝段之间，冲沙闸坝2个冲沙孔，进口底高程102m，冲沙闸孔采用有压短管后接明流泄槽形式，有压段出口为宽5.5m、高9.6m，两孔冲沙闸孔的弧形工作门同步，均匀开启，冲沙流量分三级运用：$1000m^3/s$、$1250m^3/s$、$2500m^3/s$。冲沙闸孔主要用于船闸及升船机上、下游引航道冲沙。

三峡水库运行调度，尽量利用枢纽建筑物设置的排沙孔(洞)，并提高其排沙效果。

10.2.2 针对三峡水库特点，试验得出"蓄清排浑"新模式

三峡水库正常蓄水位175m，水库沿长江干流回水至重庆市江津羊角滩，距坝址663km。三峡水库面积$1084km^2$，总库容450.4亿m^3(校核洪水位180.4m相应的库容)，正常蓄水位175m相应库容393亿m^3；汛期防洪限制水位145m，防洪库容221.5亿m^3；枯季消落最低水位155m，水库兴利调节库容165亿m^3。三峡水库呈狭长条带形，库区奉节以东库段的水库宽度为500～900m，库区以西库段的水面宽度一般为1200～1500m，少数库段最宽为2000m，是典型的河道型水库。三峡坝址控制流域面积100万km^2，初步设计多年平均径流量4510亿m^3，多年平均含沙量$1.19kg/m^3$，多年平均输沙量为5.3亿t；三峡水库入库站水文资料采用朱沱站、北碚站(嘉陵江入长江的控制站)、武隆站(乌江入长江的控制站)三座水文站1990年以前实测水文资料之和。三座水文站控制流域面积93.4万km^2，多年平均径流量3859亿m^3，多年平均含沙量$1.25kg/m^3$，多年平均输沙量4.80亿t。

三峡工程初步设计拟定水库采用"蓄清排浑"的运行方式，三峡枢纽建筑物设置的泄洪

排沙设施，包括位于河床中部的泄洪坝段布置的23个泄洪深孔和两侧的电站厂房坝段设置的7个冲沙孔、左岸非溢流坝段8号坝段与9号坝段之间的临时船闸坝段改建的2个冲沙闸孔，右岸地下电站进口的排沙洞。汛期(6—9月)入库沙量占全年总量的80%～90%，水量占全年的60%以上。大坝泄洪深孔进口底高程较电站引水孔道底高程低18m，较船闸上游引航道底板低40m，更有利于泄洪排沙。汛期水库水位在145m运行，当流量大于56700m^3/s时拦蓄超额洪水抬高库水位，洪水过后将水位降至145m，泄洪深孔泄流可将泥沙排至大坝下游，称为“排浑”；汛后10月初开始蓄水，此时水流的含沙量减小，称为“蓄清”，库水位逐步升高蓄水至175m，12月至次年5年水库水位逐渐消落，向下游补水，按电站保证出力泄流，并满足下游航运要求的水深。三峡水库采用“蓄清排浑”运行方式，可将汛期库内泥沙淤积限制在降低的库水位以下，并可减少库尾河段的泥沙淤积，也有利于将泥沙排出库外。根据三峡水库淤积数学模型计算分析，不考虑上游干支流修建水库拦沙作用，采取“蓄清排浑”运行方式，三峡水库运行80年至100年，水库冲淤将基本达到平衡，水库仍能保持86%的防洪库容和92%的兴利库容，三峡水库可长期使用。

近十年来，长江上游干支流陆续建设了一批控制性水库，加之实施退耕还林、水土保持工程措施，长江上游的来沙量显著减少，1991—2002年三峡入库三座水文站实测年均输沙量为3.51亿t，较初步设计采用量减少27%；2003—2013年入库年均输沙量为1.96亿t，较初步设计采用值减少60%。长江上游来沙量减少，为利用洪水资源创造了条件。三峡工程在试验性蓄水运行期间，实施了汛期运行水位上浮、中小洪水调度、汛末提前蓄水等利用洪水资源方式，增加了水库泥沙淤积的风险。针对三峡水库为峡谷河道型水库特点，通过汛期沙峰排沙调度试验和消落期库尾减淤调度试验，得出“蓄清排浑”运行新模式，提高了排沙效果，减少了库尾泥沙淤积量。

(1)三峡工程汛期沙峰排沙调度

1)汛期沙峰排沙调度原理研究

由于洪峰和沙峰传播存在差异，洪峰和沙峰到达坝前的时间也是不一致的。不同入库流量和坝前水位条件下，洪峰传播时间是不同的，一般当坝前水位155m以下时，入库洪峰从寸滩到达坝前传播时间18～30h，平均约22h；当坝前水位155～165m，传播时间18h左右；当坝前水位165～175m，传播时间12h左右。而沙峰传播却滞后洪峰许多，沙峰在库区的传播时间为3～7d。

为此，利用入库洪峰、沙峰在水库内传播时间的差异，采用“涨水拦蓄削减洪峰，退水加大泄量排沙”的方式排浑，根据沙峰到达坝前的预测，适时加大下泄流量，排沙效果良好，探索出“排浑”新模式。

2012年、2013年汛期三峡水库在削峰调度的基础上，结合入、出库悬移质泥沙实时监测与预报成果，利用入库洪峰、沙峰在水库内传播时间的差异，进行减淤调度试验，一方面减轻了长江中下游的防洪压力，另一方面增加了水库的排沙效果，减少了水库淤积，取得了较好的成效。

2)2012 年汛期沙峰排沙调度初步试验

利用入库洪峰、沙峰在水库内传播时间的差异，2012 年汛期三峡水库进行了 2 次典型的沙峰调度：

①6 月底至 7 月初寸滩出现沙峰（峰值出现在 7 月 2 日），7 月 5 日，日均下泄流量增加至 41000m^3/s 左右，黄陵庙断面含沙量明显增加，7 月 7 日出现沙峰，当沙峰过坝后，即使枢纽维持较高的下泄流量，黄陵庙断面平均含沙量仍维持较低的水平。

②7 月 24 日左右寸滩出现沙峰，7 月 23—31 日，枢纽日均下泄流量维持在 43000～45000m^3/s，沙峰过坝后，黄陵庙断面含沙量明显增大。

2012 年汛期寸滩站和黄陵庙站流量含沙量过程见表 10.2-1。从表 10.2-1 可知，2012 年 7 月份不同时段排沙效果有显著提高，特别是 27—31 日水库排沙比达到 67%。

表 10.2-1　2012 年 7 月份三峡水库排沙比统计

时间段	入库输沙量(万 t)	出库输沙量(万 t)	排沙比
7 月 1 日至 31 日	10833	3024	28%
7 月 4 日至 8 日	1689	606	36%
7 月 9 日至 14 日	1812	771	43%
7 月 16 日至 22 日	1934	409	21%
7 月 23 日至 26 日	2724	422	15%
7 月 27 日至 31 日	1089	730	67%

3)2013 年汛期沙峰排沙调度初步试验

2013 年 7 月，三峡库区上游由于受强降雨影响，许多地区出现不同程度的洪水和泥石流。从 7 月 19 日 12 时起，三峡水库出库流量增加至 35000m^3/s。由于下泄流量的增加，22 日 11 时 30 分庙河出现沙峰，峰值 0.95kg/m^3，23 日 12 时黄陵庙出现沙峰，峰值 0.93kg/m^3，直到 25 日下泄流量减小至 30000m^3/s 以下，出库含沙量也随之剧减，21—25 日黄陵庙一直位于较高的输沙量，日均输沙量为 240 万 t。

统计分析，从入库到坝前沙峰传播了 10d 天，7 月 10—18 日三峡入库沙量约 5827 万 t（寸滩＋武隆），按照沙峰传播时间计算，7 月 19—27 日三峡水库排沙约 2277 万 t（黄陵庙），排沙比约 39%，成功地进行了水库沙峰排沙调度试验，有效减轻了水库泥沙淤积。

表 10.2-2 统计了 2009—2013 年 7 月份水库排沙比同期对比情况，可发现 2012 年和 2013 年 7 月排沙比均高于 2009—2011 年同期排沙比。

表 10.2-2　7 月三峡入、出库沙量及排沙比与同期对比

时　段	入库沙量(万 t)	出库沙量(万 t)	水库淤积(万 t)	坝前水位(m)	入库平均流量(m^3/s)	水库排沙比
2009 年 7 月	5540	720	4820	145.86	21600	13%
2010 年 7 月	11370	1930	9440	151.03	32100	17%
2011 年 7 月	3500	260	3240	146.25	18300	7%
2012 年 7 月	10833	3024	7809	155.26	40100	28%
2013 年 7 月	10313	2812	7501	150.08	30600	27%

(2)三峡工程消落期库尾减淤调度

1)消落期库尾减淤调度原理研究

三峡水库库尾河段床沙属于宽级配非均匀沙,河床冲淤以细颗粒泥沙为主,河床冲淤与床沙颗粒起动条件密切相关。通过2009年以来的消落期实测资料统计分析,并结合数学模型的计算,研究得出:在铜锣峡至涪陵河段,当寸滩站流量大于4300m^3/s时,坝前水位低于169.3m,该河段即开始走沙,当坝前水位继续下降至164m以下,寸滩流量大于4700m^3/s,该河段走沙能力增强,当寸滩站流量大于6700m^3/s,坝前水位下降至161m左右时,该河段走沙能力达到最强。该项研究成果先后在2012年和2013年消落期减淤调度试验中得到了应用。

2)2012年库尾减淤调度试验

2012年5月7日开始,结合三峡水库消落适时开展了针对重庆主城区河段的第一次库尾减淤调度。至5月24日,三峡坝前水位由161.92m消落至154.05m,消落幅度7.87m,日均消落0.46m。实测资料表明,三峡水库库尾整体呈沿程冲刷,其中重庆主城区河段冲刷101.1万m^3,铜锣峡至涪陵河段冲刷泥沙140万m^3。

与往年同期相比(见表10.2-3),2012年三峡水库库尾减淤调度期间,重庆主城区河段河床冲刷强度有所加大,一方面与三峡水库实施减淤调度有关(坝前水位消落幅度较大、速度较快),另一方面也与此期间上游来水较2010年、2011年同期偏大有关。

表10.2-3　试验性蓄水以来汛前消落期重庆主城区河段泥沙冲淤统计表

起止时间	坝前水位(m)		消落幅度(m)	日均消落幅度(m/d)	寸滩站平均流量(m^3/s)	冲刷量(10^4m^3)
	调度前	调度后				
2009.4.11—5.11	159.80	156.05	3.75	0.13	5590	48.3
2009.5.11—6.11	156.05	146.26	9.79	0.33	7460	−22.0
2010.5.11—25	156.18	151.81	4.37	0.29	7860	45.8
2011.4.22—5.18	158.56	154.53	4.03	0.16	5310	76.3
2012.5.7—24	161.92	154.05	7.87	0.46	7570	−101.1
2013.5.13—20	160.17	156.12	4.05	0.58	6320	−33.3

3)2013年库尾减淤调度试验

2013年5月7日开始实施三峡水库生态调度和兼顾重庆主城区、变动回水区中下段的库尾减淤调度。5月7日至5月13日,三峡水库实施生态调度,下泄流量持续增加,但受上游来水增大影响,三峡水库水位持续维持160m左右波动。5月13日生态调度结束后,三峡水库持续维持日均15000m^3/s下泄,库水位从5月13日8时开始持续消落,至5月20日三峡水库水位从160.17m逐渐消落至156.12m,此后转接汛前消落期调度。

实测资料表明,2013年三峡水库实施减淤调度期间,库尾大渡口—涪陵段呈冲刷状态,其冲刷量为441.3万m^3(大于2012年减淤调度期间实测冲刷量241.1万m^3)。从干流沿程分布来看,重庆主城区干流段仅有少量冲刷,其冲刷量仅为1.7万m^3;铜锣峡至涪陵段则表现为沿程全线冲刷，累计冲刷泥沙 408.0 万 m³。

通过 2012 年、2013 年连续两年的三峡水库库尾减淤调度试验，使得库尾铜锣峡至涪陵河段河床冲刷量明显增多(见表 10.2-4)，将库尾河段淤积的泥沙冲至汛限水位 145.0m 以下的河槽内。三峡水库每年 5 月相机实施库尾减淤调度，解决了水库提前蓄水而影响库尾变动回水区冲(走)沙问题，降低了重庆主城区河段泥沙淤积导致碍航的风险。

表 10.2-4　　试验性蓄水以来不同时期铜锣峡至涪陵河段泥沙冲淤统计表

时段	铜锣峡—涪陵河段河床冲淤量(万 m³)	备注
2008.11—2009.04	563.0	2009 年汛前消落期
2009.04—11	−900.0	2009 年汛期
2009.11—2010.04	−237.0	2010 年汛前消落期
2010.04—11	2523.0	2010 年汛期
2010.11—2011.04	−748.0	2011 年汛前消落期
2011.04—11	414.0	2011 年汛期
2011.11—2012.05	−862.0	2012 年汛前消落期(含减淤调度)
2012.05—10	41.0	2012 年汛期
2012.10—2013.06	−732.0	2013 年汛前消落期(含减淤调度)
2013.06—10	−134.9	2013 年汛期

总体而言，针对三峡水库泥沙特点，实施了汛期沙峰排沙调度和消落期库尾减淤调度，首次采用“蓄清排浑”运行新模式，达到了排沙冲(走)沙的效果，减小了水库泥沙淤积风险。

10.2.3　实施工程措施，防治库尾淤积碍航及调控坝下游河道冲刷

为改善三峡水库变动回水区的通航条件，中国长江三峡集团公司和长江航道局先后委托长江重庆航运工程勘察设计院对变动回水区渝北上洛碛至丰都蚕背深 120km 的航道、涪陵至铜锣峡河段 90km 的航道以及铜锣峡至娄溪沟河段 32km 航道进行了整治工程设计，并组织实施了炸礁、疏浚和筑坝等航道治理工程措施，达到了Ⅰ级航道标准。三峡水库 175m 水位试验性蓄水运行以来，变动回水区航运条件明显改善，但局部库段在枯季库水位消落时出现泥沙淤积碍航情况，通过疏竣等措施保证了通航条件。

三峡大坝下游荆江河段，在 2008—2010 年实施了下荆江河势控制工程，并对冲刷崩岸进行了应急治理，实施了洪水港、文村夹段护岸工程。交通部门组织实施了坝下游碍航浅滩治理工程，如太平口、马家咀、周公堤、天星洲、姚圻脑和铁铺浅滩等，保障了航道满足航运水条件。通过实施长江中下游河势控制工程，对调控河道冲刷、缓解河势变化起到有效作用。

10.3　减小对生态环境不利影响的对策

10.3.1　水库运行实施生态调度，改善坝上游及下游水生态环境

三峡水库蓄水位抬高后，库内干支流河道水流变缓，污染物滞留时间延长，对水质造成

不利影响，库区一些支流河口库湾处多次暴发水华。汛期实施中小洪水调度，库水位上下变动，有利于库区干支流水体交换，改善水质；枯水期，研究优化调度，在保障航运安全带和库区地质灾害治理工程安全的前提下，发挥电站日调峰作用，使库水位在0.8m范围内变动，以促进水库干支流水体交换，降低库区水体受污染的程度，有利于减少支流河口库湾处暴发水华；为解决大坝下游荆江河段“四大家鱼”（青、草、鲢、鳙）产卵繁殖问题，在“四大家鱼”产卵高峰期5—6月，通过水库优化调度，在4—5天内使下泄流量由15000m^3/s逐步加大至24000m^3/s，形成“人造小洪峰”，大坝下游河道水位上涨2～3m，可产生较大的鱼苗汛，每年应视鱼类产卵时间、当年的气候条件安排“人造小洪峰”，以促进“四大家鱼”产卵繁殖生长。

10.3.2 加强试验研究和跟踪监测，探索减小生态环境不利影响措施

实施中小洪水调度，汛期水库水位变幅加大，有利于水体交换，但汛期洪水漂浮物增多，影响水库水质，监测资料也表明汛期水库水质劣于枯水期水库水质。三峡水库蓄水提前至9月10日，在9月及10月蓄水期间，下泄流量减小，坝下游河道水位降低，使两湖出湖水量增加，枯水期提前，对生态环境用水安全产生一定影响，应加强试验研究和跟踪监测，探索减小生态环境不利影响的措施，以降低生态环境影响风险。

10.3.3 建设生态环境保护工程，减缓对“两湖”（洞庭湖、鄱阳湖）枯水造成的不利影响

为保护长江中游“两湖”生态环境，提高湖区的经济和生态承载能力，研究在洞庭湖入江水道城陵矶附近兴建城陵矶综合枢纽工程，在鄱阳湖入江水道星子县城附近兴建鄱阳湖水利枢纽工程，两工程作为生态环境保护工程，实施“调枯水控洪”的运行方式，抬升湖区枯水期水位，增加枯期蓄水量，减轻上游干支流控制性水库建成运用对“两湖”水文情势的影响；改善“两湖”供水条件，缓解湖区水资源供需矛盾；提高湖区航道等级，并具有为长江中下游应急补水调度潜力；恢复和调整了江湖关系，维系其生态系统，保护了“两湖”的生态环境。

10.3.4 研究长江流域干支流控制性水库联合运行调度，减小对生态环境的不利影响

长江流域上游干支流和中游支流已陆续建设一批控制性水库，应进一步研究干支流控制性水库联合运行调度，减小三峡水库蓄水期间下泄流量降低而对两湖生态环境造成的不利影响；减轻三峡水库蓄水后，引起水温及水文情势变化而对葛洲坝下中华鲟产卵造成的不利影响。

10.4 三峡工程洪水资源利用效益

自2008年试验性蓄水以来，除2009年因来水偏少最高蓄至171.41m外，2010—2014年连续5年完成175m蓄水任务，为水库综合效益的发挥奠定了良好基础。三峡水库试验性

蓄水期间实际蓄水过程见表 10.2-5。

2009—2014 年汛期，三峡工程有效利用了洪水资源，实际运行数据统计表明（见表 10.2-6至表 10.2-7），累计蓄洪量 1139.4 亿 m³，年平均蓄洪量 189.9 亿 m³；年最大洪水平均削峰率达 35.2%，最大达到 54.8%，降低了下游水位，有效减轻了长江中下游的防洪压力。

表 10.2-5　三峡水库试验性蓄水期间实际蓄水过程汇总表

年份	水库蓄水期		各节点水位/m				
	起蓄时间	结束时间	起蓄水位	8 月底	9 月底	10 月底	最高蓄水位
2008	9 月 28 日	11 月 4 日	145.27	145.85	150.23	165.47	172.80
2009	9 月 15 日	11 月 24 日	145.87	146.45	157.50	170.91	171.43
2010	9 月 10 日	10 月 26 日	160.20	158.58	162.84	174.83	175.00
2011	9 月 10 日	10 月 31 日	152.24	150.02	166.16	175.00	175.00
2012	9 月 10 日	10 月 30 日	158.92	150.08	169.40	174.80	175.00
2013	9 月 10 日	11 月 11 日	156.69	149.90	167.02	173.90	175.00
2014	9 月 15 日	10 月 31 日	164.63	158.08	168.58	175.00	175.00

表 10.2-6　三峡水库试验性蓄水期间入库洪水次数汇总表

入库流量/m³·s⁻¹ \ 年份	2008	2009	2010	2011	2012	2013	2014
≥30000	8	3	5	5	7	5	8
≥40000	1	1	3	1	7	1	4
≥50000	0	1	3	0	4	0	0
≥60000	0	0	1	0	1	0	0
≥70000	0	0	1	0	1	0	0

表 10.2-7　三峡水库试验性蓄水期间中小洪水调度情况汇总表

年份	最大入库洪峰流量/m³·s⁻¹	最大下泄流量/m³·s⁻¹	蓄洪次数	总蓄洪量/亿 m³	最大削锋流量/m³·s⁻¹	最高蓄洪水位/m	削锋率	降低下游水位/m
2008	41000	39000				145.96		
2009	55000	39000	2	56.5	16300	152.89	29.6%	沙市 2.4
2010	70000	40000	7	264.3	30000	161.02	42.9%	沙市 2.3
2011	46500	29100	4	247.2	25500	153.84	54.8%	沙市 2.6
2012	71200	45800	5	200.0	26200	163.11	36.8%	沙市 1.5～2.0
2013	49000	35000	5	118.4	14000	156.04	28.6%	
2014	55000	45000	14	253.0	10000	163.02	18.2%	

2009 年至今的年平均发电量 856.23 亿 kW.h，给经济社会发展提供了有力的能源支撑。自 2010 年开展中小洪水综合利用调度以来，三峡电站增发电量分别为 51.9 亿 kW·h、

61.2亿kW·h、89.4亿kW·h、45.4亿kW·h和51.1亿kW·h，累计增加发电量299.3亿kW·h，年平均增发电量59.9亿kW·h，统计结果见表10.2-8。

表10.2-8　三峡电站2010年以来发电情况统计表

年份	增发电量(亿kW·h)
2010	51.9
2011	61.2
2012	89.7
2013	45.4
2014	51.1

此外，遇长江中下游发生伏旱灾情，三峡水库也通过调度补水，如2013年7月下旬至8月，长江中下游持续高温少雨天气，三峡水库自7月27日起持续向中下游补水，期间水库累计补水约70亿m^3，大大缓解了中下游抗旱压力。

10.5　小结

三峡工程洪水资源利用主要包括汛期运行水位上浮、中小洪水调度和汛末提前蓄水三种方式，在三峡工程洪水资源利用可行性分析的基础上，针对以上三种方式展开了详细的分析和阐述，并相应地提出了三峡工程洪水资源利用减小风险的对策：

(1)减小防洪风险的对策

①加强水库控制运用方式研究，进一步优化水库水位运行方案；

②设定中小洪水调度启用条件，达到防洪风险可控；

③相机适时控泄流量大于50000m^3/s，检验下游堤防抗洪能力，防止河道萎缩；

④水库蓄水位分时段控制，根据水情预报分析来制定蓄水方案。

(2)减小水库泥沙淤积的对策

①优化水库调度，提高枢纽建筑物排沙孔(洞)排沙效果；

②针对三峡水库特点，试验得出“蓄清排浑”新模式；

③实施工程措施，防治库尾淤积碍航及调控坝下游河道冲刷。

(3)减小对生态环境不利影响的对策

①水库运行实施生态调度，改善坝上游及下游水生态环境；

②加强试验研究和跟踪监测，探索减小生态环境不利影响措施；

③建设生态环境保护工程，减缓对“两湖”枯水造成的不利影响；

④研究长江流域干支流控制性水库联合运行调度，减小对生态环境的不利影响。

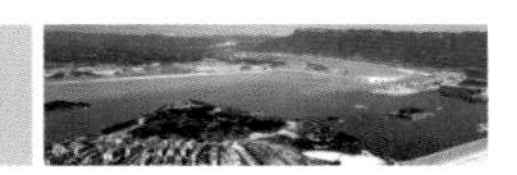

11 结语与展望

11.1 结语

(1)流域洪水资源利用是发挥洪水资源特性、缓解水资源短缺、实现水资源可持续开发利用的重要措施。在确保防洪安全的前提下，适度利用长江洪水资源，是解决长江流域水资源短缺、充分发挥长江水能资源优势、改善流域生态环境等的迫切需求，对缓解我国北方水资源危机，保障我国水安全具有十分重要的战略意义。

(2)长江流域水资源丰富，多年平均水资源总量为9960亿m^3，宜昌站多年(1877—2013年)平均径流量4440亿m^3；但时空分布不均匀，以宜昌站为例，汛期(6—9月)来水占全年60%以上，主汛期(7—8月)来水占全汛期的34.1%，可利用的洪水资源较多。

20世纪90年以来，长江上游的来水量有减少的趋势，与1990年前相比，1991—2002年三峡入库(寸滩+武隆)年平均径流量减少4%，三峡坝址年平均径流量减少4.94%，2003—2013年三峡入库(寸滩+武隆)年平均径流量减少8%，三峡坝址年平均径流量减少12.17%，为适应综合利用需求，洪水资源化利用显得尤为重要。三峡工程蓄水以来，2003—2013年三峡入库(寸滩+武隆)沙量有明显的减少，较初步设计值减少62.1%，这也为洪水资源利用创造了条件。

对长江流域大通以上地区未来100年的径流量进行了模拟和分析，结果表明：长江流域前40年左右(2000到2040年)径流量将逐渐减小，未来60年以后将转变为增大趋势。

20世纪90年代以来，受水利工程拦沙、降雨时空分布变化、水土保持、河道采砂等因素的综合影响，长江流域输沙量明显减少，为洪水资源利用创造了有利的条件。

(3)辨析了洪水资源利用相关概念，研究了洪水资源现状评价与潜力计算的方法，定量给出了长江流域洪水资源现状利用潜力、规划利用潜力、理论利用潜力以及现状可利用量、规划可利用量、理论可利用量等的计算过程，对长江流域及其二级分区进行洪水资源利用现状评价与潜力计算，其中长江流域洪水资源现状可利用量、规划可利用量和理论可利用量分别为1368亿m^3、2827亿m^3和4747亿m^3，现状利用潜力、规划利用潜力、理论利用潜力分别为52亿m^3、1507亿m^3和3427亿m^3。

(4)选取长江干流金沙江中游金江街站、支流雅砻江小得石站、干流金沙江下游向家坝站(屏山站)、支流嘉陵江亭子口站、支流乌江武隆站、长江干流宜昌站、支流清江长阳站和支流汉江黄家港站为典型代表，进行了长江流域大中型水库洪水资源利用水平分析。其中长江干流宜昌站汛期多年(1877—2013年)平均洪水资源总量为2686亿m^3,利用量为2436亿m^3,理论利用潜力为250亿m^3。

(5)针对金沙江溪洛渡水电站、大渡河瀑布沟水电站、乌江彭水水电站、清江梯级水电站、汉江丹江口水电站、两湖水系开展了洪水资源利用典型分析,研究提出了汛期水位上浮、汛期水位分期控制运用、水库(群)汛限水位动态控制运用、常遇洪水调度、中小洪水调度、汛末提前蓄水等洪水资源利用方式,并重点围绕三峡工程进行了汛期水位上浮、中小洪水调度、汛末提前蓄水共三种洪水资源利用方式研究,从防洪、泥沙、生态环境等方面开展了影响分析,进而提出了洪水资源利用对策措施。

其中,2009—2014年汛期,三峡水库有效利用了洪水资源,年平均拦蓄水量189.9亿m^3,年最大洪水的平均削峰率达35.2%,有效减轻了长江中下游的防洪压力。自2010年开展中小洪水综合利用调度以来,三峡电站累计增加发电量299.3亿KW·h,年平均增发电量59.9亿KW·h。

(6)从三峡工程采用汛期防洪限制水位上浮、中小洪水调度和汛末提前蓄水等调度方式利用部分洪水资源,研究提出了相应的风险对策措施。总体而言,三峡水库在汛期科学调度运用防洪库容,合理利用一部分洪水资源,对于防洪而言尚存在一定的风险,但长江流域水文站网布设时间早,控制范围广,洪水预报精度比较高,可为洪水资源利用和防洪安全提供技术支撑。随着我国科学技术水平的提高,通过全流域气象水文预报,大中型水库群科学调度,采取干支流控制性水库防洪库容联合运用和预泄的技术措施,可最大限度地降低防洪风险。三峡水库初步设计采用"蓄清排浑"运行方式,减少水库泥沙淤积。试验性蓄水运行期间,通过实施库尾减淤调度和汛期沙峰调度试验,为三峡水库"蓄清排浑"运行探索出新的模式,减少水库泥沙淤积量并将泥沙淤积调控在死库容范围内;建设生态工程设施和采取生态调度,减小对生态环境的不利影响。在确保防洪安全、减少水库泥沙淤积和控制生态环境不利影响的前提下,合理利用洪水资源,充分发挥三峡工程综合效益,对促进长江流域经济社会发展具有十分重要的意义。

(7)从洪水资源利用风险分析定义、属性、分类和流程等方面阐明了长江流域洪水资源利用风险分析的架构,以长江流域干支流主要水库和两湖水系为典型实例开展了洪水资源利用风险分析,提出了长江流域洪水资源利用的总体策略,即遵循统一规划、防洪安全为首、工程措施与非工程措施并举、统一调度、生态效益最大化、依法治江等原则,在此基础上提出了长江流域洪水资源利用风险对策总体策略和长江流域主要水库洪水资源利用风险对策措施。

11.2 展望

长江流域洪水资源利用过程中必须把防洪减灾放在首位,要综合应用堤防、控制性水库、分蓄洪区、河道整治、水土保持等各种工程措施与非工程措施相结合的防洪体系,提高长

江防洪能力，同时要防止内涝和旱灾，以适应该地区经济、社会、环境可持续发展的要求。充分利用水能资源优势，在上游干支流修建控制性水库，既可发电，促进西电东送，又能承担防洪任务，渠化河道，发展航运，并可改善工农业供水，达到综合利用长江水资源的目的。当然，也要加强治理水土流失，整治河道，保持河势稳定，必须重视水资源保护，防止水环境恶化，狠抓节约用水，强化管理，以保证长江水资源可持续利用，这是实现长江“黄金水道”可持续发展的必要前提，也是“长江经济带”建设和发展的必备条件。

(1)深化长江流域洪水资源利用及其风险对策等相关问题及其衍生问题的研究

开展水文、水资源、水动力、泥沙学、水生态、水环境、系统论、对策论、控制论等交叉学科综合研究，收集和整理更多数据资料，选取更多子流域作为典型代表，深入分析长江流域洪水资源利用潜力，深化和完善长江流域洪水资源利用风险对策措施。

(2)加强三峡工程和上游干支流水利水电工程投运后对长江中下游的影响及对策研究

鉴于上游干支流控制性水库兴建、来水来沙、坝下游河道冲淤、江湖关系变化等的不确定性以及三峡工程和上游干支流水利水电工程蓄水运用后对长江中下游的影响有一个逐步发展的过程，加之三峡工程和上游干支流控制性水库对防洪、河道、供水、灌溉、生态环境等方面的影响还需不断地深入认知，因此，需加强对长江中下游的原型观测、专门监测和分析工作，不断深化三峡工程和上游干支流水利水电工程工程运用后对长江中下游河势变化、江湖关系的影响及对策研究。

(3)加强长江流域干支流水库群统一调度研究

遵循“保障长江防洪安全、减少水库泥沙淤积、有利改善生态环境、提高库群综合效益”的调度理念，对远景建库水平年的库群体系进行研究，优化和完善远景建库水平年水库群统一调度方案，加强中长期径流预报和汛限水位控制技术研究，合理安排上游干支流水库群的蓄水、泄水时机，充分发挥上游干支流水库群对长江中下游的防洪作用和整体综合效益，为流域防洪安全、供水安全、能源安全以及改善生态环境、维护河流健康和推进长江流域水资源综合管理提供有效保障。

(4)关于“两湖”地区生态环境保护工程的研究

三峡工程和上游干支流水利水电工程先后投运后，致使长江中下游“两湖”(洞庭湖、鄱阳湖)枯水期提前，对湖区生态环境造成不利影响。研究在“两湖”入江水道附近兴建水利枢纽工程，采取“调枯不控洪”的运行方式，抬升了湖区枯水期水位，增加湖泊蓄水量，可减轻长江上游干支流控制性水库建成运用对“两湖”水文情势的不利影响，缓解了湖区水资源供需矛盾；并可起到恢复和调整江湖关系作用，维系其生态系统，保护了“两湖”的生态环境。提请国家主管部门尽快立项，建设鄱阳湖水利枢纽工程和洞庭湖水利枢纽工程，这两项工程也是“两湖“地区的生态环境保护工程。

(5)开展洪水资源化利用相关生态问题研究

结合生境修复、人工鱼巢等措施弥补栖息地面积减小、降低对生境的影响，研究三峡水库汛期水位上浮幅度及其维持时间等调度方式;进一步优化中小洪水调度,实施生态调度,满足四大家鱼自然繁殖及其他水生态保护需求;开展汛末蓄水对中华鲟生态影响分析和促进中华鲟自然繁殖的调度方式等研究。

(6)进一步加强建立长江流域控制性水库洪水资源利用风险补偿基金的管理体制机制研究

基金可由水电站增收效益中提取,由国家授予权限的部门统一管理、专款专用,主要用于因水库洪水资源利用造成损失的补偿、风险管控监测站网建设、风险管控决策支持系统构建、风险管理控制技术研究等。

参考文献

[1]长江水利委员会．长江流域综合利用规划报告[R]，1990.

[2]长江水利委员会．长江三峡水利枢纽初步设计报告(枢纽工程)第一篇综合说明书[R]，1992.

[3]长江水利委员会．三峡工程泥沙研究[M]．武汉：湖北科学技术出版社，1997

[4]长江水利委员会．三峡工程生态环境影响研究[M]．武汉：湖北科学技术出版社，1997.

[5]长江水利委员会．三峡工程水文研究[M]．武汉：湖北科学技术出版社，1997.

[6]长江水利委员会．三峡工程综合利用与水库调度研究[M]．武汉：湖北科学技术出版社，1997.

[7]长江水利委员会．长江流域及西南诸河水资源公报[R]．2004-2013

[8]水利部．三峡水库优化调度方案[Z]．北京：水利部，2009.

[9]长江水利委员会．长江治理开发保护 60 年[M]．武汉：长江出版社，2010.

[10]王忠静，谢自银，廖四辉，等．洪水资源化利用评价技术开发及应用[M]．北京：清华大学，2010.

[11]长江水利委员会．长江流域综合规划(2012—2030 年)[Z]，2012.

[12]长江水利委员会水文局．2010—2013 年消落期三峡水库库尾河床冲淤情况及 2013 年减淤调度监测成果总结[Z]，2013.

[13]中国工程院．三峡工程试验性蓄水阶段评估报告[R]，2014.

[14]长江水利委员会水文局．三峡工程汛期洪水特性专题研究阶段性报告[R]，2008.

[15]长江勘测规划设计研究有限责任公司．长江三峡枢纽工程竣工验收设计报告第一篇综合说明[Z]，2015.

[16]郑守仁．三峡工程建设与长江水资源综合利用及治理开发[J]．中国水利，2003，(3)：51-53.

[17]郑守仁．21 世纪长江治理开发与河流可持续发展[J]．三峡大学学报(自然科学版)，2004，26(2)：97-103.

[18]王浩，殷峻暹．洪水资源利用风险管理研究综述[J]．水利发展研究，2004，4(5)：1-5.

[19]李继清，张玉山，王丽萍，等．洪水资源化及其风险管理浅析[J]．人民长江，2005，36(1)：36-37.

[20]刘攀．水库洪水资源化调度关键技术研究[D]．武汉大学，2005.

[21]陈进，黄薇．长江流域水资源配置的思考[J]．水利发展研究，2005，5(12)：14-17.

[22]仲志余，宁磊．三峡工程建成后长江中下游防洪形势及对策[J]．人民长江，2006，37

(9):8-9,23.

[23]李文义. 河流洪水资源结构分解与洪水资源利用研究[D]. 大连理工大学,2007.

[24]许继军,吴道喜,霍军军. 长江流域洪水资源利用途径与措施初步探讨[J]. 人民长江,2008,39(15):1-4,17.

[25]郑守仁. 三峡工程优化调度与洪水资源利用问题的思考[J]. 武汉大学学报(工学版),2009,42(5):545-549,564.

[26]许继军,陈进,黄思平. 鄱阳湖洪水资源潜力与利用途径探讨[J]. 水利学报,2009,40(4):474-480.

[27]冯峰. 河流洪水资源利用效益识别与定量评估研究[R]. 大连理工大学,2009.

[28]胡庆芳,王银堂,杨大文. 流域洪水资源可利用量和利用潜力的评估方法及实例研究[J]. 水力发电学报,2010,29(4):20-27.

[29]刘丹雅. 三峡及长江上游水库群水资源综合利用调度研究[J]. 人民长江,2010,41(5):5-9.

[30]王翠平,胡维忠,宁磊,等. 长江流域洪水资源利用与策略研究[J]. 人民长江,2011,42(18):85-87.

[31]陆佑楣. 三峡工程是改善长江生态、保护环境的工程[J]. 中国工程科学,2011,13(7):9-14.

[32]刘丹雅,纪国强,安有贵. 三峡水库综合利用调度关键技术研究与实践[J]. 中国工程科学,2011,13(7):66-69,84.

[33]仲志余,胡维忠,丁毅. 三峡工程规划与综合利用[J]. 中国工程科学,2011,13(7):38-42,65.

[34]陈桂亚,郭生练. 水库汛期中小洪水动态调度方法与实践[J]. 水力发电学报,2012,31(4):22-27.

[35]郑守仁. 三峡工程利用洪水资源与发挥综合效益问题探讨[J]. 人民长江,2013,15(8):1～6.

[36]胡维忠,刘小东. 上游控制性水库群运用后长江防洪形势与对策[J]. 人民长江,2013,44(23):7-10.

[37]丁毅. 以三峡水库为核心的长江干支流控制性水库群综合调度研究[J]. 中国水利,2013,13:12-16.

[38]王宗志,程亮,刘友春,等. 流域洪水资源利用的现状与潜力评估方法[J]. 水利学报,2014,45(4):474-481.

[39]王忠静,朱金峰,尚文绣. 洪水资源利用风险适度性分析[J]. 水科学进展,2015,26(1):27-33.

[40]郑守仁. 三峡水库实施中小洪水调度风险分析及对策探讨[J]. 人民长江,2015,46(5):7-12.